GEHEIMNISSE DES KOSMOS

NATIONAL GEOGRAPHIC

GEHEIMNISSE DES KOSMOS

DIE SPEKTAKULÄRSTEN BILDER DES UNIVERSUMS

VON JAMES TREFIL

VORWORT VON DAVID H. LEVI

STEIGER

INHALT

[Vorhergehende Doppelseite] Ein Akt der Schöpfung: Der Nebel NGC 604 ist ein riesiges Sternentstehungsgebiet, das sich sich über nahezu 1500 Lichtjahre erstreckt. In seinem Herzen liegen mehr als 2000 massereiche heiße Sterne, die die umgebenden Gase erhitzen und zum Leuchten bringen. [Oben, von links] Die Sonne, Mars, Jupiter und M100, eine der hellsten Galaxien des Virgohaufens.

VON RAUM UND ZEIT

VON DAVID H. LEVY

Mit seinen unzähligen Wundern versetzt uns der Nachthimmel stets aufs Neue in Erstaunen. Wie viele Sterne und Galaxien es dort draußen wohl geben mag? Wie viele ferne, fremde Welten? Und sind wir allein – ist die Erde der einzige Planet, der Leben hervorgebracht hat?

Meine Begeisterung für die Astronomie begann im Sommer 1960. Ich zählte gerade zwölf Lenze und hatte eine Armbanduhr geschenkt bekommen. Während mein Blick den Bewegungen von Sekunden-, Minuten- und Stundenzeiger folgte, wanderten meine Gedanken weg von der Erde, hin zum Sonnensystem, dessen Planeten ihr Zentralgestirn mit der Präzision eines Schweizer Uhrwerks umlaufen. Und indes mir die Unendlichkeit von Raum und Zeit aufzugehen begann, überlegte ich, wie überfordert die kleine Uhr wohl wäre, hätte sie die Zeit seit Beginn des Universums anzeigen müssen, vielleicht zehn Milliarden Jahre lang.

Uhren und Teleskope sind zentrale Hilfsmittel des Astronomen. Zum einen betrachtet die moderne Wissenschaft Raum und Zeit als duale Manifestation ein und derselben Sache. Uhren messen Zeit, und Zeit misst Raum, insbesondere astronomischen Raum. Wir berechnen die Entfernungen zwischen Sternen und Galaxien in Lichtjahren – der Distanz, die Licht in einem Jahr zurücklegt (etwa 9,46 Billionen Kilometer). Weil Licht Zeit braucht, um sich fortzupflanzen, ist jede Beobachtung des Nachthimmels zugleich eine Reise in Vergangenheit. Je weiter ein Stern von uns entfernt ist, desto länger ist sein Licht zu uns unterwegs, und deshalb hat sich alles, was wir heute sehen, schon vor sehr, sehr langer Zeit abgespielt.

Mein erstes Teleskop war ein sehr bescheidener 3,5-Zoll-Reflektor. Aber für mich besaß es mehr Signifikanz als der berühmte 200-Zoll-Koloss des kalifornischen Mount-Palomar-Observatoriums, denn es war *mir* zugänglich. Wie Palomar dazu beitrug, den Astronomen das Universum zu erschließen, so versetzte dieses kleine Fernrohr einen Buben in die Lage, den Nachthimmel zu erkunden.

ZAUBER DES NACHTHIMMELS
Funkelnden Edelsteinen gleich, schimmern die Mitglieder der Sagittarius-Sternwolke, einer relativ staubfreien Region in Richtung Milchstraßenzentrum, auf dieser Aufnahme des Hubble-Teleskops in erstaunlich leuchtenden Farben. Einige der abgebildeten Sterne zählen zu den ältesten unserer Galaxis. Mit ihrer Hilfe hoffen Wissenschaftler mehr über Ursprung und Entwicklung der Milchstraße zu erfahren.

Ich weiß noch genau, mit welcher Erwartung ich es zusammenbaute. An jenem Abend füllte sich der Abendhimmel rasch mit unzähligen Lichtpunkten, von denen jeder einzelne näher erkundet werden wollte. Ich besaß damals keine Sternkarte und wählte deshalb eines der helleren Objekte in Richtung Süden. Ich fokussierte das Okular und beobachtete gebannt, wie eine wundersam gestreifte, von vier „Sternen“ umgebene Kugel Gestalt annahm. Schon mit zwölf Jahren war mir klar, dass ich zufällig Jupiter, den größten Planeten des Sonnensystems, und seine vier größten Monde ins Visier genommen hatte.

Nacht für Nacht starrte ich von nun an auf Jupiter und sah seine Monde ihre Kreise ziehen – ganz ähnlich den Zeigern meiner Armbanduhr. Ich wusste es damals nicht, aber in jenen frühen Tagen meiner eigenen astronomischen Erkundungen war nicht einmal das Teleskop von Palomar in der Lage, einen anderen Satelliten des Gasriesen auszumachen. Denn während die größten Jupitermonde für einen Umlauf nur Tage oder Wochen benötigen, umkreiste jener den Planeten gerade alle zwei Jahre einmal! Und während sämtliche 16 Jupitermonde, große wie kleine, hübsch kreisförmige Orbits beschreiben, zog dieser seine Bahn in schmalen, lang gestreckten Schleifen.

Gut dreißig Jahre später, 1993, suchte ich gemeinsam mit dem Astronom und Geologen Gene Shoemaker und seiner Frau Carolyn, ebenfalls Astronomin, den Himmel nach Asteroiden und Kometen ab und machte zwei Aufnahmen eines bestimmten Himmelsfelds, in dem sich gerade auch Jupiter aufhielt. Während ich das Teleskop nachführte, fiel mir wieder meine erste Begegnung mit dem Planeten ein. So viel war seit 1960 geschehen, und doch beobachtete ich Nacht für Nacht das Firmament, und Jupiters Monde umkreisten den Planeten, wie sie es immer getan hatten.

So wenigstens schien es – bis Carolyn zwei Jupiterfilme betrachtete und einen Lichtbalken mit mehreren Schwänzen entdeckte. Sie fand, es sähe aus wie ein „zusammengedrückter Komet“, und tatsächlich war es genau das: ein Komet, der von Jupiters gewaltiger Gravitation zertrümmert wurde. So gab der Komet Shoemaker-Levy 9, jener jovianische „Mond“ mit der extrem lang elliptischen Umlaufbahn, unserer Welt seine Existenz bekannt. Doch selbst damals hatten wir noch keine Ahnung, dass unsere Entdeckung lediglich die Overtüre zu einem aufregenden Finale bildete, das sich ein Jahr später ereignen sollte.

Experten errechneten schnell, dass sich unser zertrümmerter Komet auf einem Kamikaze-Orbit befand, weiter auseinanderbrechen und zuletzt mit Jupiter kollidieren würde. Dies passierte schließlich im Juli 1994, als im Verlauf nur einer Woche sämtliche Fragmente von Shoemaker-Levy 9 im Abstand von rund acht Stunden nacheinander auf dem Riesenplanet aufschlugen. Es war ein faszinierendes Schauspiel und lieferte den Beweis, dass Kometen in der Tat eine wichtige Rolle spielen. Mit diesem gelangten viele Tonnen Wasser auf Jupiter, genauso wie uralte Kometeneinschläge vor Jahrmilliarden Wasser, Kohlenstoff und Stickstoff – die Bausteine des Lebens – auf die Erde gebracht haben dürften. Vor wesentlich kürzerer Zeit (vor „nur“ 65 Millionen Jahren nämlich) vernichtete der Aufprall eines riesigen Kometen oder Asteroiden fast alles Leben auf der Erde, darunter die Dinosaurier.

Ständig ereignen sich faszinierende Dinge am Himmel, doch so gut wie alles wird von zwei Grundtatsachen beherrscht. Die erste ist Bewegung: Planeten beschreiben eine Bahn um die Sonne, und Monde umkreisen Planeten. Wir erleben dies Woche für Woche und sogar Nacht für Nacht, wenn unser Mond die Phasen wechselt und wir, auf längere Sicht, den Weg der Planeten um die Sonne verfolgen. Die zweite Tatsache ist, dass sich bewegende Körper zusammenstoßen können. Dies geschieht nicht allnächtlich oder auch nur wöchentlich, aber es passierte mit Shoemaker-Levy 9. Für mich war dieses Erlebnis mit derselben Erregung und Hoffnung verbunden, die allen Sternenguckern zueigen ist. Wir beobachten, weil wir sehen und lernen wollen. Mein eigener erster Blick auf Jupiter im Jahr 1960 war Auslöser für eine lebenslange Jagd, die in der Entdeckung von – bislang – 21 Kometen gipfelte, darunter jener, der auf Jupiter zerschellte.

Wie es sich als Kometenjäger so lebt? Für mich standen die letzten 38 Jahre ganz im Zeichen der Mondphasen und der Willkür des Wetters. In klaren, mondlosen Nächten – den aus meiner Sicht besten – richte ich mein Teleskop ein und durchstreife manchmal die ganze Nacht hindurch den Himmel nach Kometen. Geht der Mond am frühen Abend auf, lege ich mich häufig schlafen und stelle den Wecker auf die frühen Morgenstunden, wenn sich Frau Luna zurückgezogen hat und ich eine oder zwei Stunden allein mit den Sternen verbringen kann. Die Kometenjagd ist eine ruhevolle Beschäftigung. In den dunklen Stunden vor Sonnenaufgang finde ich mich häufig ganz allein mit meinem Fernrohr, den Sternen und einer ungeheuren Stille.

Freilich erfordert ein solcher Lebensrhythmus eine gewisse Anpassungsfähigkeit, auch von Seiten meiner Umwelt. So darf mich beispielsweise niemand vor dem frühen Nachmittag anrufen! Und es ist nicht immer leicht, ein Nachtmensch zu sein, doch mir war der Preis nie zu hoch. Trotz ungezählter Beobachtungsstunden, die sich mittlerweile zu Jahren summiert haben dürften, habe ich nie das Staunen darüber verlernt, was sich dort oben alles abspielen kann. Diese Liebe zur Astronomie resultiert nicht aus einer formellen Ausbildung. Ja, ich habe nicht einen einzigen Astronomiekurs besucht. Alles, was ich weiß – und nicht weiß –, habe ich mir vielmehr durch Lesen und Beobachten angeeignet – und natürlich dadurch, dass ich das Glück hatte, mit zwei der besten Astronomen des Jahrhunderts zusammenarbeiten zu dürfen: mit Gene Shoemaker und Clyde Tombaugh.

Tombaugh, der als einziger Mensch des 20. Jahrhunderts einen neuen Planeten in unserem Sonnensystem ausfindig machte, kannte sich am Nachthimmel so gut aus wie unsereins in der eigenen Wohnung. Er entdeckte Pluto, den äußersten Planeten, 1930 in einer unendlich mühevollen Suchaktion. Noch heute bewundere ich die Art und Weise, wie er es schaffte, „Hauptplanetenjäger" des arizonischen Lowell-Observatoriums zu werden: Über Jahre hinweg hatte er mit einem selbst gebauten Instrument Mars und Saturn beobachtet und eines schönen Tages dem Direktor der Sternwarte einige grobe Bleistiftskizzen dieser Planeten geschickt. Im günstigsten Fall hatte er auf eine Kritik seiner Zeichenkünste gehofft. Stattdessen erhielt er das Angebot für einen Job, der letztlich zur Entdeckung des Pluto führte. Clydes Leben war in vielerlei Hinsicht typisch für das, was Astronomie wirklich ausmacht: durch Stunden geduldiger Beobachtung und Forschung eins zu werden mit dem Nachthimmel.

Auch Gene Shoemaker war ein passionierter Beobachter, der zu der Überzeugung gelangte, dass Kometen- und Asteroideneinschläge die Evolution des irdischen Lebens wesentlich beeinflusst haben. Auch er begann den Himmel systematisch zu durchforsten, allerdings nicht nach Planeten wie Clyde, sondern nach Asteroiden und Kometen. Er und seine Frau Carolyn machten über 26 000 Aufnahmen vom Nachthimmel.

Ich gesellte mich 1989 zu ihnen, und 13 der 21 von mir entdeckten Kometen wurden zuerst durch das 18-Zoll-Teleskop am Mount Palomar gesichtet, das ich mir mit den Shoemakers teilte. Leider kam Gene 1997 bei einem Autounfall ums Leben, aber Carolyn, meine Frau Wendee und ich suchen weiter nach Kometen, gewöhnlich mit zwei Teleskopen in der Nähe unseres Hauses in Arizona.

Neben jahrelanger Beobachtung hat vor allem Lesen mein Wissen über den Nachthimmel erweitert. Kurz bevor ich 1960 jenes erste Fernrohr bekam, hatte mir mein Cousin ein Astronomiebuch geliehen, das ich regelrecht verschlang. Bei der Lektüre der einzelnen Kapitel hatte ich das Gefühl, mich auf eine richtige Entdeckungsreise zu begeben: von den inneren Planeten vorzustoßen zu den äußeren „Gasriesen", dann weiter zu unserer Galaxie, der Milchstraße, und endlich noch darüber hinaus zu fernen Sternsystemen bis an die Grenzen des Universums. Und auch mein Leben glich einer großen Fahrt. Unterwegs traf ich andere Reisende wie Tombaugh und die Shoemakers, und wir legten manches Wegstück gemeinsam zurück. Und natürlich profitierte ich von dem enormen Wissensfundus zahlreicher Bücher und Artikel.

Jetzt können Sie sich auf Ihre eigene Reise begeben, die einzelnen Planeten und ihre Monde erforschen, Asteroiden und Kometen kennen lernen und anschließend vordringen in unsere Heimatgalaxie. Weiter führt die Reise in das Reich der Supernovae, Pulsare und Schwarzen Löcher – die geheimnisvollen Endstadien im Leben eines Sterns – sowie zu Quasaren, unglaublich kraftvollen Energiequellen am Rande des sichtbaren Universums. Ich erinnere mich noch an die ersten Berichte über regelmäßige, pulsierende Signale aus dem All. Das war 1968. Da manche Wissenschaftler diese als Zeichen extraterrestrischen Lebens interpretierten, wurden sie zunächst LGMs getauft – „kleine grüne Männchen" („little green men"). Mit der Zeit stellte sich freilich heraus, dass es sich dabei um Strahlungspulse eines rotierenden Sterns handelte, der wie der Lichtstrahl eines Leuchtturms durch Rotation zu blinken scheint, eben „pulsiert". Von Quasaren hörte ich zum ersten Mal in den 60er Jahren, als Astronomen im Sternbild Virgo eine rätselhafte Radioquelle ausmachten. Sie war so weit entfernt, dass niemand zu sagen vermochte, worum es sich dabei handelte, weshalb man sie „quasistellares Objekt" oder kurz Quasar taufte. Heute sind mehrere Hundert Quasare bekannt, die man mittlerweile für sehr aktive Galaxienkerne hält. Sie zählen zu den am weitesten entfernten Objekten im Weltraum und strahlen immense Energiemengen ab. Wir dürfen uns glücklich schätzen, dass unsere Galaxis keinen Quasar im Zentrum hat – dann nämlich würde unsere Erde Tag und Nacht von einem Feuerball mit der Helligkeit des Vollmonds beleuchtet.

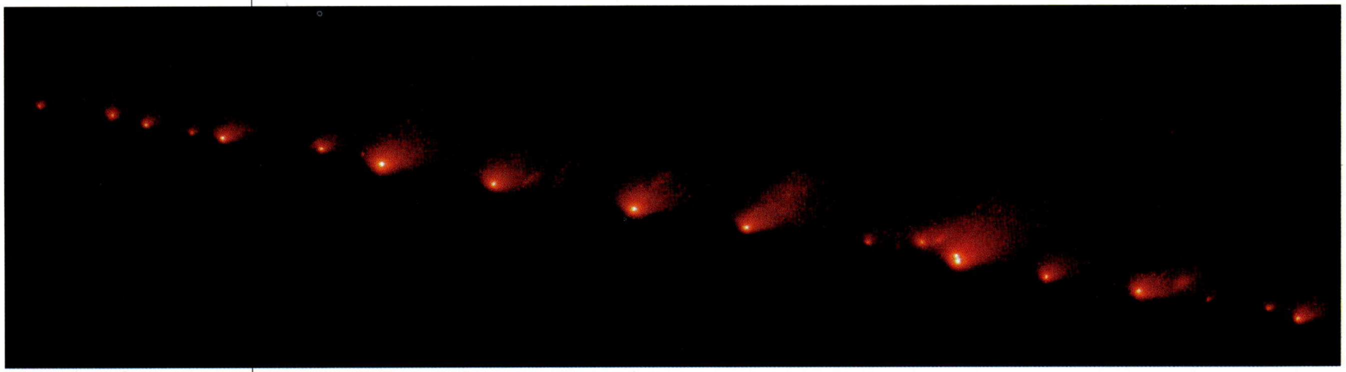

TOD EINES KOMETEN

Zum sicheren Untergang verdammt, zerbirst der Komet Shoemaker-Levy 9 im Mai 1994 auf seinem Weg zum Jupiter in 21 Eisbrocken und hinterlässt eine über 1 120 000 km lange Leuchtspur im All (oben). Zwei Monate später kollidieren die Fragmente mit dem Planeten (gegenüber), jagen mehrere Tausend Kilometer hohe feurige Fontänen in den Raum und hinterlassen auf der Planetenoberfläche dunkle Einschlagsnarben.

Natürlich sind die wichtigsten Anlaufstellen meiner Reise durch den Nachthimmel stets Kometen, aber ich bewundere auch gerne die Mondkrater und verfolge das merkwürdige Verhalten von Cepheidenveränderlichen. 1975 konnte ich die Explosion des Sterns V1500 Cygni miterleben.

Für Astronomen gibt es kaum etwas Aufregenderes als Zeuge eines unerwarteten Himmelsschauspiels zu werden, und explodierende Sterne stehen auf der Liste ganz oben. V1500 Cygni zerstörte sich allerdings nicht völlig, sondern stieß lediglich einen Teil seiner äußeren Atmosphäre ab. Zwölf Jahre später bot sich mir ein sogar noch selteneres Phänomen: Einem massereichen Stern in der Großen Magellanschen Wolke (LMC), der uns nächst gelegenen Galaxie, ging der Brennstoff aus, er kollabierte und sprengte sich anschließend selbst in die Luft. Ein paar Wochen lang strahlte dieser eine zerborstene Stern – im Fachjargon eine Supernova – mehr Energie ab als alle übrigen Sterne der LMC zusammengenommen!

Ganz anderer Art, längst nicht so weit entfernt und keineswegs selten, aber kaum weniger eindrucksvoll ist ein anderes Himmelsschauspiel, das ich immer wieder mit Genuss beobachte – das Polarlicht. Polarlichter treten nur wenige Dutzend Kilometer über unseren Köpfen in der Erdatmosphäre auf, und so führt mich meine persönliche Reise über den Nachthimmel von solchen fast regional zu nennenden Erscheinungen hin zu den fernsten Galaxien und Quasaren. Dieses Buch lädt ein zu einer ähnlich abwechslungsreichen Reise, durch die verschiedenen Welten unseres eigenen Sonnensystems bis hin zu den Wundern am Rande des Universums. ●

EINE FRAGE DES MASSSTABS

Das Universum mag riesig sein, aber im Verlauf der letzten zweitausend Jahre haben die Menschen doch eine ganze Menge darüber in Erfahrung bringen können. Und mit unserem Wissen hat sich unsere Vorstellung davon gewandelt, wie und wo wir uns in dieses große Bild einfügen.

Ich vergleiche das Universum, das uns die moderne Wissenschaft enthüllt hat, gerne mit einer russischen Matrjoschka-Steckpuppe, die sich öffnen lässt und eine kleinere Puppe freigibt, die ihrerseits wieder eine noch kleinere enthält und so fort, bis man bei der allerkleinsten angekommen ist. Unsere Erkundung des Weltalls ähnelt in gewisser Hinsicht dem Wiederzusammensetzen einer solchen Puppe-in-der-Puppe: Ausgehend von unserem eigenen Planeten, der trotz all seiner Wunder dennoch die kleinste Puppe verkörpert, haben wir uns auswärts zum Sonnensystem (der nächst größeren Puppe) und über die Sterne unserer Milchstraße (die nächst größere) hin zu den Beziehungen zwischen den Galaxien vorgearbeitet (die größte Puppe, die wir uns derzeit vorstellen können). Jeder Schritt hat die klügsten Köpfe der Menschheit beschäftigt, von den technologischen Errungenschaften, die frühe Astronomen nicht einmal zu erträumen wagten, ganz zu schweigen. An der Entwicklung von den primitiven Fernrohren, mit deren Hilfe die Saturnringe entdeckt wurden, zur Cassini-Raumsonde, die sich, während ich dies schreibe, auf dem Weg zu eben diesen Ringen befindet, waren zu jeder Epoche unzählige Menschen beteiligt, ohne die unser heutiges weitreichendes Bild des Universums nicht verfügbar wäre.

Bevor wir uns ihrer Geschichte und den Ergebnissen ihrer Visionen zuwenden, wollen wir uns jedoch ein wenig im Universum umschauen, um zumindest einen Eindruck von dem Größenverhältnis der Puppen zu gewinnen. Fangen wir mit der Erde an. Sie ist eine steinige Kugel, die zusammen mit acht anderen Planeten unsere Sonne umkreist. Ihr Durchmesser beträgt rund 12 800 km. Entgegen der landläufigen Meinung ist seit Jahrtausenden bekannt, dass sie keine Scheibe, sondern rund ist. Tatsächlich entwickelte der hellenistische Gelehrte Eratosthenes bereits um 250 v. Chr. eine recht akkurate Methode, den Erdumfang zu bestimmen.

EYE IN THE SKY
Einer übersinnlichen Vision gleich, umringt der Sanduhr-Nebel einen sterbenden Weißen Zwerg, unmittelbar links von der „Pupille" des „Auges". Wissenschaftler erhoffen sich aus der Untersuchung solcher Planetarischer Nebel neue Erkenntnisse über den Ausstoß stellarer Materie während des langsamen Todes sonnenähnlicher Sterne. Der junge Sanduhr-Nebel liegt etwa 8000 Lichtjahre von der Erde entfernt.

DER KOSMOS: ZWEI ANSICHTEN

Eine Karte des Gesamthimmels im Infrarotlicht (oben) zeigt „fossile Strahlung", ein Hintergrundleuchten des kosmischen Staubs, der von sämtlichen jemals existierenden Sternen aufgeheizt wurde. Viele dieser Sterne sind selbst mit optischen Teleskopen nicht auszumachen, weil sie – so nimmt man wenigstens an – entweder von Staubwolken verdeckt oder durch „Lichtverschmutzung" unserer eigenen Galaxie überlagert werden.

Die untere Karte zeigt den Kosmos frei von jeglichem Vordergrundlicht unseres Sonnensystems und der Milchstraße. Diese und ähnliche Bilder lassen hoffen, dass es Wissenschaftlern bald gelingen wird, Näheres über die Entstehung und Entwicklung von Sternen und Sternsystemen herauszufinden.

BEKANNTES UNIVERSUM
Wie Seifenblasen schweben die 125 Milliarden Galaxien des sichtbaren Universums in den unermesslichen leeren Weiten des Raums. Während die Sterne jeder Galaxie und die Galaxien jedes Haufens durch Gravitation zusammengehalten werden, driften die einzelnen Haufen und Gruppen auseinander – eine Folge des Urknalls, einer ungeheuren Explosion, die vor rund 12 Milliarden Jahren stattgefunden haben soll.

LOKALER SUPERHAUFEN
Diese riesige Ansammlung von Galaxienhaufen hat einen Durchmesser von mehr als hundert Millionen Lichtjahren. In ihrem Zentrum liegt der Virgohaufen, außerdem gehören dazu der Ursa-Major- und weitere Haufen, die aus jeweils tausenden einzelnen Galaxien bestehen. Die Gesamtmasse dieses Superhaufens wird auf eine Billarde oder tausend Billionen Sonnenmassen geschätzt.

LOKALE GRUPPE
Als relativ kleiner Galaxienhaufen am Rande dieses Superhaufens erstreckt sich die Lokale Gruppe über drei Millionen Lichtjahre. Neben unserer Milchstraße umfasst sie zwei weitere große Spiralgalaxien: die Andromeda-Galaxie (M31) und die Triangulum-Galaxie (M33). Mit wachsender Ausdehnung des Universums entfernt sie sich von Virgo.

DIE GROSSE MATRJOSCHKA

Der Kosmos, den wir sehen, ist wahrhaft gigantisch: Er umfasst 28 Milliarden Lichtjahre oder 265 Trilliarden Kilometer (das sind 265 000 000 000 000 000 000 000 km). Wie aber lässt sich das Unbegreifbare begreifbar machen? Durch Aufteilung in immer kleiner werdende Untereinheiten, die ineinander passen wie russische Matrjoschka-Puppen! Das sichtbare Universum enthält rund 125 Milliarden Galaxien, jede davon, wie unsere Heimatgalaxie, die Milchstraße, eine eigene „Welteninsel" aus Milliarden von Sternen. Galaxien treten in relativ kleinen Gruppen, in größeren, Haufen genannten Ansammlungen sowie in noch größeren filamentartigen Aggregationen auf, die als Superhaufen bezeichnet werden. Sie enthalten immense Materiemengen und sind doch nur entlang der Peripherie noch viel gigantischerer „Leerräume" angeordnet, die nichts Sichtbares enthalten.

MILCHSTRASSE

Mit einem Durchmesser von rund 100 000 Lichtjahren enthält unsere Heimatgalaxie einige Hundert Milliarden Sterne. Die Sterne der Milchstraße umkreisen das galaktische Zentrum, in dessen Mitte ein gigantisches Schwarzes Loch vermutet wird.

LOKALE STERNE

Zur Sonnenumgebung im Orionarm zählen Sterne, die nicht weiter als 20–30 Lichtjahre von der Erde entfernt liegen. Die meisten sind zu lichtschwach, um mit bloßem Auge erkennbar zu sein, aber einige wenige, wie etwa Sirius, sind selbst Gelegenheitssternguckern vertraut. Der dem Sonnensystem nächst gelegene Stern, Proxima Centauri, ist ein etwa 4,3 LJ entfernter Roter Zwerg. Er besitzt lediglich ein Zehntel der Masse unserer Sonne.

ÄUSSERES SONNENSYSTEM

Zu den fünf äußeren Planeten des Sonnensystems zählen die vier so genannten Gasriesen – gewaltige, kalte Gasbälle mit Ringen und zahlreichen Monden – sowie der felsiger Zwerg Pluto. Jenseits der Gasriesen befinden sich der flache Kuipergürtel sowie die weit größere, kugelförmige Oortsche Wolke, die beide große Ansammlungen von Kometen enthalten. Man nimmt an, dass sämtliche Planeten und Kometen sowie die Sonne vor rund 4,5 Milliarden Jahren aus der scheibenförmigen Gas-und-Staub-Wolke des Solaren Nebels hervorgingen.

INNERES SONNENSYSTEM

Hierzu gehören neben den vier steinigen „terrestrischen Planeten" auch viele Tausend kleinerer, aber gleichfalls steiniger Asteroiden, die die Sonne im zwischen Mars und Jupiter gelegenen Asteroidengürtel umkreisen. Unsere Erde bildet nicht nur insofern eine Ausnahme, als sie Leben birgt, sondern auch wegen ihrer Oberflächenbeschaffenheit – mit flüssigem Wasser, aktivem Vulkanismus, Meeresbodenspreizung (Sea-Floor-Spreading), Gebirgsbildung, Kontinentaldrift und ähnlichen dynamischen Entwicklungsprozessen.

Unser Heimatplanet ist in vielerlei Hinsicht außergewöhnlich, doch macht ihn nichts bemerkenswerter als die Tatsache, dass er der einzige Ort im Universum ist, von dem wir mit Sicherheit sagen können, dass es dort Leben gibt.

Wir alle haben Bilder der im Raum schwebenden Erde gesehen, deshalb sollte es uns nicht schwerfallen, sie als eine von Leere umgebene Welt zu betrachten. Das Problem besteht darin, sich vorzustellen, wie leer dieser Raum tatsächlich ist – selbst innerhalb der relativ engen Grenzen des Sonnensystems. Nehmen wir an, Sie sitzen in einem 950 km/h schnellen 747-Jumbojet, der durch den Raum fliegen kann. Um zum Mond zu kommen, unserem nächsten Nachbarn im All, bräuchten Sie gute zwei Wochen. Eine Reise zur Sonne würde mehr als 17 Jahre dauern, und bis zum Pluto wären Sie fast 700 Jahre unterwegs! Angesichts der Tatsache, dass dieselbe 747 Sie innerhalb weniger Stunden an (fast) jeden Punkt der Erde bringt, wird deutlich, welch ein Schritt bereits von der kleinsten Puppe (Erde) zur nächst größeren (Sonnensystem) nötig ist.

Ein anderes Beispiel: Stellen Sie sich vor, die Erde wäre auf die Größe einer Grapefruit geschrumpft. Der Mond entspräche dann einer etwa 3,6 m entfernten Walnuss, und die Sonne gliche einer Kugel von der Größe eines vierstöckigen Gebäudes in gut 1500 m Distanz. Die anderen Planeten wären praktisch außer Sichtweite, Pluto zöge als Eichel seine Bahn in einer Entfernung von fast 60 km! Wundert es da noch, dass der Mensch Jahrtausende gebraucht hat, um das gewaltige Ausmaß des Sonnensystems auch nur halbwegs zu begreifen?

Doch selbst diese Entfernungen verschwinden neben jenen, die unser Sonnensystem von anderen Sternen der Galaxis, also der nächst größeren Puppe trennen. All seiner leeren Weiten zum Trotz würde unser Grapefruit-Modell ja wohl problemlos auf die Fläche einer größeren Metropole passen. Doch nach demselben Maßstab läge Proxima Centauri, der uns nach der Sonne nächste Stern, über 400 000 km entfernt! (Seine wahre Entfernung beträgt schier unvorstellbare 40 *Billionen* Kilometer.) Wollen wir das Bild der Puppe-in-der-Puppe beibehalten, müssen wir den Maßstab erneut verkleinern.

Lassen wir also nicht die Erde, sondern das *gesamte Sonnensystem* auf die Größe unserer Grapefruit schrumpfen. Nun läge der nächste Stern nurmehr rund 800 m entfernt. Aber die Milchstraße, unsere spiralförmige Heimatgalaxie, deren Milliarden Sterne sich über 100 000 Lichtjahre erstrecken, würde immer noch einen Durchmesser von fast 20 000 km aufweisen – weiter als die Distanz Tokio–Buenos Aires!

Aber natürlich gibt es jenseits der Milchstraße noch andere Galaxien, jede einzelne nicht weniger komplex als unsere eigene. Sie alle zusammengenommen repräsentieren die größte Puppe unserer Matrjoschka, die äußersten Randbereiche des bekannten Universums. An diesem Punkt beginnen jegliche Analogien zu versagen. Selbst wenn wir die 100 000 Lichtjahre der Milchstraße auf Grapefruitgröße reduzierten, drehte sich Andromeda, die nächste größere Galaxie, als geringfügig größere Spirale in 3 m Entfernung, und der Virgohaufen, eine gigantische Ansammlung von Galaxien, läge eine volle Fußballplatzlänge weit weg, während sich die fernste Galaxie, die Astronomen mit den stärksten Teleskopen bislang ausmachen konnten, in fast 20 km Distanz befände.

Jenseits davon liegt das Unbekannte. Wir zeichnen hier nicht, wie es mittelalterliche Kartographen mit den weißen Flecken ihrer Landkarten taten, See- oder sonstige Ungeheuer ein. Mit der Zeit werden wir sicher in der Lage sein, Vermutungen darüber anzustellen, was jenseits der heute bekannten Grenzen liegen könnte, aber für den Augenblick müssen wir uns damit abfinden, dass unser Wissen lückenhaft ist. Allen Erkenntnissen der vergangenen Jahrhunderte zum Trotz gibt es immer noch unendlich viel zu lernen, zu entdecken.

Einer meiner Lieblingsphilosophen ist der wenig bekannte Grieche Archytas von Tarent (um 430–350 v. Chr.), ein Zeitgenosse Platos und der wohl bedeutendste Pythagoräer. Er ging ein kniffliges Problem – die Frage, ob das Universum endlich oder unendlich sei – auf ausgesprochen kreative Weise an: Angenommen, so argumentierte er, es sei endlich, dann müsste es auch einen Rand haben. Träte man an diesen Rand und streckte seinen Arm oder einen Stock aus, könne nur zweierlei passieren: Entweder der Stock reicht über die Kante hinaus, oder etwas blockiert ihn und er biegt sich. Da laut Definition in der Leere jenseits des begrenzten Universums nichts existieren kann, kann es auch nichts geben, was den Stock umbiegt. Das heißt, man könnte bis zu dem Punkt weitergehen, bis zu dem das Stockende reicht, und den Stock dann erneut nach vorne strecken. Gleichgültig, wo der Rand des Universums auch vermutet würde, ließe sich dieser also logischerweise immer weiter nach außen verschieben. Folglich, so Archytas, müsse das Universum unendlich und grenzenlos sein.

Diese Argumentationskette hielte modernen Anforderungen natürlich nicht stand. Archytas hatte keine Ahnung von dem, was Albert Einstein über die Raumkrümmung und die Einheit von Raum und Zeit lehren sollte. Trotzdem vermittelt uns sein Vergleich einen Eindruck davon, wie sich unsere Vorstellung vom Universum gewandelt hat. Ab und zu tauchen Pioniere mit Namen wie Nikolaus Kopernikus oder Edwin Hubble auf und machen uns darauf aufmerksam, dass wir in einem Universum leben, das weit größer und geheimnisvoller ist als alles, was wir uns bislang vorzustellen vermochten. Immer wieder müssen wir eine Lektion lernen, die der britische Biologe J. B. S. Haldane um die Jahrhundertwende auf den Punkt gebracht hat: „Das Universum ist nicht nur merkwürdiger als wir denken, es ist merkwürdiger als wir zu denken *in der Lage sind.*"

Uns modernen Stadtbewohnern fällt es häufig schwer, die Faszination zu verstehen, die der Nachthimmel vor Einführung elektrischer Beleuchtung auf die Menschen ausgeübt haben muss. Wer heute von einer Stadt aus auf das Firmament blickt, sieht selten mehr als den Mond und ein paar der allerhellsten Sterne, die jedoch in Vergleich zu dem künstlichen Licht blass und unbedeutend erscheinen. Man muss schon hinaus aufs Land, weit weg von den lichtverschmutzten Städten, um den Himmel so zu sehen, wie es unsere Vorfahren taten: ungemein prächtig, Ehrfurcht erweckend, staunenswert – und voller hell leuchtender Sterne, die fast zum Greifen nah scheinen. Ein solcher Anblick gehörte früher zum täglichen Leben. Kein Wunder, dass Spekulationen über das Universum und unseren Platz darin die Menschheit von Anbeginn an begleitet haben.

Zuerst hielt man sich an den Augenschein: Was war naheliegender als die „Tatsache", dass es sich bei der Erde um eine Scheibe handelte, um die sich Sonne, Mond und Sterne herum bewegten? Doch bereits im ersten vorchristlichen Jahrtausend rechneten Astronomen aus, dass die Erde keineswegs flach, sondern vielmehr rund ist. Die Beweisführung verlief unterschiedlich: Beobachtet man ein fortsegelndes Schiff, taucht zuerst der Rumpf unter den Horizont, gefolgt von der Takelage. Wäre die Erde flach, würden die Schiffe einfach immer kleiner und schließlich verschwinden. Frühe Astronomen bemerkten auch, dass Himmelsschauspiele wie Sonnenfinsternisse an verschiedenen Orten zu unterschiedlichen Zeiten stattfanden. Auf einer Scheibe würden sie sich überall zur gleichen Stunde ereignen, und auch die Sonne würde überall zur gleichen Zeit untergehen.

Doch indes Gelehrte und gebildete Bürger schon lange um die Kugelform der Erde wussten, hielt sich die zweite „vernünftige" Vorstellung – dass sie den ruhenden Mittelpunkt des Universums bilde – hartnäckig. Dieselben Astronomen, die die Erde als Kugel sahen, entwickelten ein geozentrisches Weltbild, demzufolge Sterne und Planeten die Erde in einem System von Sphären umkreisten, das durchdacht genug war, um Ereignisse wie Finsternisse und Planetenpositionen vorauszusagen. So war der Stand der Dinge im Spätmittelalter.

1543 veröffentlichte der polnische Kleriker Nikolaus Kopernikus ein Buch mit dem Titel *Über die Kreisbewegungen der Weltkörper,* das, randvoll mit komplizierten Berechnungen, ein Modell des Universums präsentierte, das, ebenso komplex und akkurat wie das der alten Griechen war, jedoch die Sonne ins Zentrum des Sonnensystems stellte.

Dieses kopernikanische Weltbild zeitigte weitreichende Folgen, wie sie weder der Astronom selbst noch seine Zeitgenossen voraussehen konnten. Bewegte sich die Erde nämlich tatsächlich, hätten eigentlich auch die Sterne ihre Position ändern müssen – genauso wie Leitungsmasten sich im Vorbeifahren zu bewegen scheinen. Da die Sternpositionen jedoch scheinbar gleich blieben, mussten die Sterne sehr weit entfernt sein – viel weiter, als irgend jemand jemals angenommen hätte. Mit einemmal lebten die Menschen also nicht mehr in der Geborgenheit eines geozentrischen Universums, sondern drifteten in den unermesslich leeren Weiten des Alls.

Ein paar Jahrhunderte nach Kopernikus gab es dann endlich Teleskope, die leistungsfähig genug waren, um Astronomen die durch die Bahnbewegung der Erde bedingte scheinbare Bewegung der Sterne entdecken zu lassen. 1838 gelang es dem deutschen Astronomen und Mathematiker Friedrich Bessel, auf diese Weise die Distanz zu einem bestimmten Stern zu messen. Seine Entfernungsbestimmung räumte ein für allemal mit der Vorstellung auf, dass unser Blauer Planet den Mittelpunkt des Universums bildet.

ZWEI PIONIERE
Der amerikanische Astronom Edwin Hubble (1889–1953), hier am Okular des Palomar-Teleskops, wies die Existenz anderer Galaxien nach und konnte zeigen, dass sich unser Universum ausdehnt. Das nach ihm benannte Weltraumteleskop (rechts, über der Westküste Australiens, 1993) brachte der Astronomie wesentliche Fortschritte.

Nicht einmal hundert Jahre später verschob der amerikanische Astronom Edwin Hubble die Grenzen erneut. Mit Hilfe des damals leistungsfähigsten Teleskops am südkalifornischen Mount Wilson vermaß Hubble den Abstand zu mehreren Nachbargalaxien. Dabei gelang ihm nicht nur der Nachweis, dass Sternsysteme Millionen von Lichtjahren voneinander entfernt liegen, sondern er fand auch heraus, dass sie sich fast alle von uns weg bewegen. Diese Expansion des Universums, die nach Hubble benannt ist, bildet die Grundlage einer weiteren bahnbrechenden Theorie: der Vorstellung, dass das Universum zu einer bestimmten Zeit an einem Punkt begann und sich seither beständig ausdehnt. Dieses so genannte Urknall-Szenario zählt heute zu den Ecksteinen der modernen Astronomie. Näheres über diese Expansion herauszufinden – ob sie sich beispielsweise verlangsamt oder beschleunigt –, bleibt eine Herausforderung für die Wissenschaft. Dem oben besprochenen *räumlichen* Aufbau des Universums fügte Hubble also noch eine zeitliche Dimension hinzu – eine Zeitachse, die uns von den allerersten Anfängen bis in die Gegenwart führt und Astronomen zu Spekulationen über das weitere Schicksal des Universums anregt.

In diesem bewegten, expandierenden, hierarchischen Universum entstand die Menschheit und entwickelte jene Wissenschaft, die uns heutige Erdenbürger in die Lage versetzt, den Nachthimmel zu verstehen. Doch die vielleicht wichtigste Erkenntnis ist, dass wir das Ganze nicht als unbeteiligte Beobachter verfolgen, sondern integraler Bestandteil davon sind. Bisweilen ist unsere Verbindung mit dem Universum ganz offensichtlich: Subatomare Teilchen aus dem All treffen ständig auf unseren Planeten und durchdringen unsere Körper. Meteoriten und Bruchstücke von Kometen und Asteroiden regnen herab, schätzungsweise 40 000 Tonnen sind es, die so jährlich zur Erdmasse hinzukommen. Und große Einschläge können weltweite Katastrophen auslösen, wie zum Beispiel das Aussterben der Dinosaurier.

In anderen Fällen sind die Zusammenhänge subtiler (wenngleich nicht weniger bedeutsam). So entstanden beispielsweise das Kalzium unserer Knochen und das Eisen in unserem Blut nicht auf unserer Erde, sondern vor Jahrmilliarden bei der Explosion heute verschwundener Sterne. Wir alle sind also buchstäblich eins mit den Sternen. Wir sind nicht nur Zuschauer des universalen Schauspiels, sondern auch Mitspieler.

In diesem Bewusstsein können wir nun unser Raumschiff besteigen und die Reise in dieses fantastische Universum antreten, das wir bewohnen. Sehen Sie selbst, was es dort draußen alles gibt und welche Bedeutung es für uns hat. ●

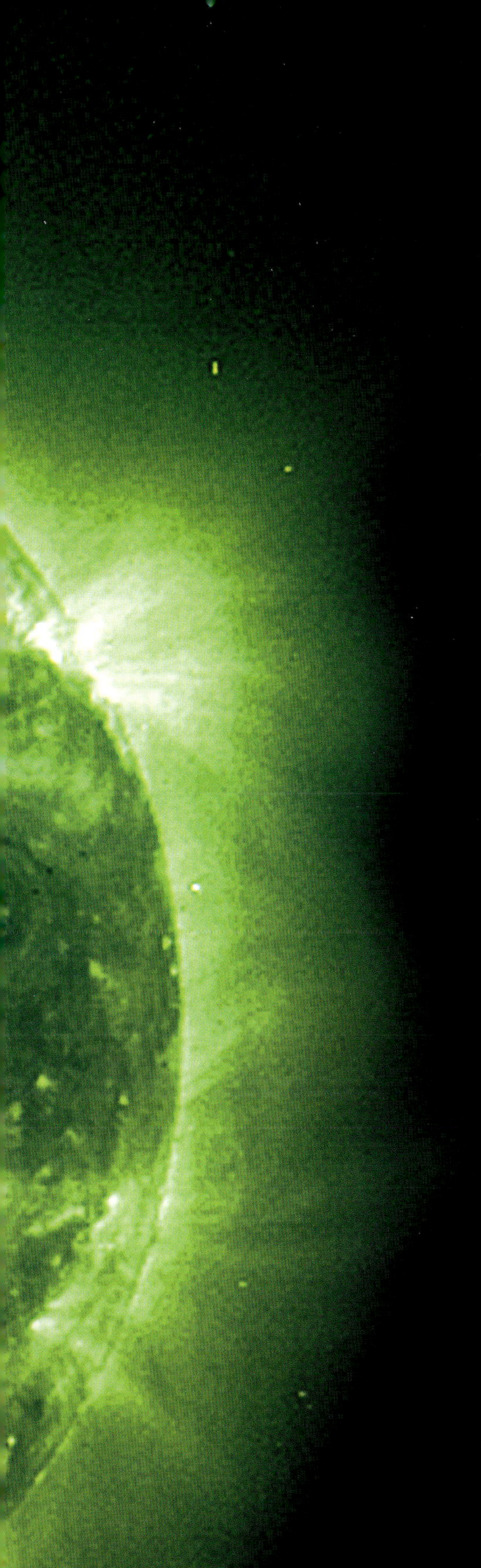

GEBURT DES SONNENSYSTEMS

[Vorhergehende Doppelseite] Vom extremen Ultraviolettbereich aufgenommen, umgibt die Korona, die äußerste Schicht der Sonnenatmosphäre, eine scheinbar sturmgepeitschte Oberfläche.

DIE SONNE
Unser Heimatstern nahm vor etwa 4,5 Milliarden Jahren Gestalt an, als eine interstellare Gas- und Staubwolke einen Gravitationskollaps erlebte und sich aufzuheizen begann. Ähnliche Geburtsszenen ereignen sich auch heute noch überall im Universum. Eine Aufnahme des Weltraumteleskops Hubble (rechts) zeigt gigantische trichterförmige Wolken in Wechselwirkung mit jungen, heißen Sternen im Lagunen-Nebel.

Vor fünf Milliarden Jahren gab es keine Sonne, keine Erde und natürlich auch keine Menschen, die deren Abwesenheit hätten bemerken können. Das einzige, was in der Region unserer heutigen Heimatgalaxie existierte, war eine riesige, diffuse Wolke aus interstellarem Staub und Gas. Sie bestand vorwiegend aus Helium und Wasserstoff, den Hauptkomponenten des Universums, doch hie und da trieb auch etwas Staub – winzige Partikel schwereren Materials, das sterbende Sterne lange Zeit zuvor ausgeworfen hatten. Wären wir dort gewesen, es hätte sich kein spektakulärer Anblick geboten: nur durchscheinende Wolkenfetzen, die gemächlich in den Weiten des Raumes rotierten.

Dabei waren die Bestandteile der Wolke keineswegs einheitlich verteilt. Ganz im Gegenteil: Es gab regelrechte Klumpen, und hätten wir sie näher untersuchen können, hätten wir gesehen, dass die Materie durch Zufall in einem Gebiet besonders dicht war. Da die Gravitation eines Objekts von seiner Masse abhängt, zog diese relativ dichte Region ihrerseits nun verstärkt Materie an und vergrößerte damit ihre Masse. Als Folge davon stieg wiederum die Anziehungskraft – und so fort. Schließlich begann der massereichste Teil der Wolke alles regelrecht anzusaugen, und die gesamte Wolke kollabierte.

Daraufhin geschahen zwei Dinge: Erstens wuchs die Materiemasse im Zentrum gewaltig an und entwickelte sich zu einer riesigen, zunehmend dichter werdenden Kugel. Mit der Dichte aber stieg die Temperatur. Derselbe Effekt lässt sich an einer gewöhnlichen Fahrradpumpe beobachten: Pumpen Sie einen Schlauch von Hand auf, und die Pumpe erwärmt sich. Das hängt damit zusammen, dass Sie Luft komprimieren, sie also dichter machen, wodurch sie sich aufheizt und ihrerseits das Pumpengehäuse erwärmt.

Das zweite, was passierte, war, dass sich die ursprünglich langsame Rotation der Wolke – wie ein Eiskunstläufer, der zur Pirouette die Arme anlegt – mit zunehmender Verdichtung und abnehmender Größe immer mehr beschleunigte und die umliegende Materie in einer flache Scheibe in der Rotationsebene zusammenzog. Mit der Zeit nahm das System so das Aussehen eines Pfannkuchens an, mit einem dicken Klecks Butter in der Mitte. Beide Teile bestanden im Grunde aus demselbem Material, doch enthielt die Scheibe, auf eine wesentlich größere Fläche verteilt, weit weniger Materie – gerade einmal rund ein Prozent der ursprünglichen Wolke. Alles andere gehörte nunmehr zum Zentrum.

Die Zukunft dieser beiden Teile, des Zentralkörpers und der Scheibe, sollte sehr unterschiedlich aussehen: Aus dem Zentralkörper wurde ein Stern, unsere Sonne, während aus der Materie der Scheibe die Planeten und ihre Monde, die Asteroiden und Kometen hervorgingen, die heute den auffälligsten Teil unseres Sonnensystems ausmachen. Schauen wir uns aber zuerst die Sonne an.

Je stärker sich die zentrale Kugel verdichtete und je mehr Materie hinzukam, desto heißer wurde sie und begann schließlich zu glühen. Die stetig kontrahierende Kugel komprimierte und erhitzte das Material immer weiter. Schließlich erreichte die Temperatur einen Punkt, an

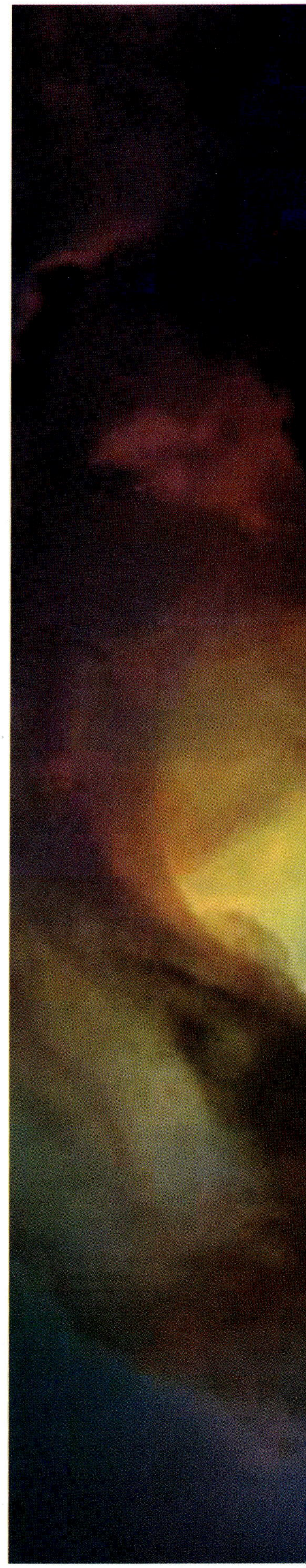

dem die Elektronen von den Atomkernen abgespalten wurden, so dass als Grundstoff unserer späteren Sonne eine brodelnd heiße Masse negativ geladener Elektronen und positiv geladener Atomkerne übrig blieb. Physiker nennen eine solche Ansammlung derartiger Teilchen ein Plasma und bezeichnen es – neben fest, flüssig und gasförmig – als vierten Aggregatszustand. Heute befindet sich der größte Teil der Materie unserer Sonne und anderer Sterne im Plasmazustand.

Während die Temperatur im Kern der rotierenden Gaskugel stetig stieg, beschleunigten sich auch die Partikel zunehmend. Nun bestand die in der Entstehung begriffene Sonne vorwiegend aus Wasserstoff, dessen Atome sich aus einem Proton und einem Elektron zusammensetzen. Wie wir gesehen haben, lösen sich die Elektronen bei großer Hitze; es bleiben die Protonen, die herumjagen und ständig zusammenstoßen. Bei niedrigeren Temperaturen treten solche Kollisionen nicht auf, da Wasserstoffkerne positiv geladen sind und gleiche Ladungen einander abstoßen. Als sich die Temperatur aber der heutigen Kerntemperatur der Sonne (15 Millionen °C) anzunähern begann, bewegten sich die Protonen so schnell, dass sie diese gegenseitige Abstoßung überwanden und miteinander in Wechselwirkung traten. Das war der Beginn der Kernfusion, die eigentliche Geburt unserer Sonne.

Bei der Kernfusion im Sonneninneren verschmelzen vier Protonen zu einem Heliumatomkern – zwei Protonen und zwei Neutronen –, wobei neben einigen anderen Teilchen vor allem eine Menge Energie erzeugt wird. Diese Energie erhitzt den Sonnenkern noch weiter und baut einen nach außen gerichteten Druck auf, der der nach innen gerichteten Anziehungskraft der Gravitation entgegenwirkt. Die zur Kernfusion nötigen enormen Temperaturen und Drücke existieren nur im Kern der Sonne. Das äußere Material, zwar immer noch vorwiegend in Plasmaform, ist bei weitem nicht heiß genug, um eine solche Reaktion auszulösen.

Nach kurzem Geflacker (wie Aussetzer bei einem Auto mit kalten Motor) wurde die Sonne dann endlich ein Stern, der Wasserstoffkerne zu Heliumkernen verschmolz und dabei genügend Energie erzeugte, um einen Gravitationskollaps zu vermeiden. Und durch dieselbe Reaktion entstanden auch das Licht und die Wärme, die letzlich das Leben auf der Erde möglich machten.

Heute verbraucht unsere Sonne Wasserstoff in wahrlich astronomischen Mengen: Jede Sekunde werden rund 700 Millionen Tonnen in Helium umgewandelt! Seit ihrer Geburt vor rund 4,5 Milliarden Jahren zehrt sie beständig mehr Wasserstoff auf, doch dürften ihre Vorräte noch für weitere 6 Milliarden Jahre ausreichen. Und solange genügend Wasserstoff in ihrem Inneren vorrätig ist, bleibt sie der sichere, zuverlässige Stern, als den wir sie kennen und lieben.

Ein paar Fakten über die Sonne:

- Sie hat einen Durchmesser von über 1,3 Millionen km. Eine Boeing 747 (Reisegeschwindigkeit ca. 950 km/h) bräuchte für eine Sonnenumrundung mehr als sechs Monate. Man könnte 100 Erden nebeneinander legen und hätte den Sonnendurchmesser noch nicht erreicht. Die Masse unseres Tagesgestirns ist derart gigantisch, dass man über 333 000 erdgroße Planeten daraus machen könnte!

- Die Oberflächentemperatur der Sonne beträgt ca. 5500 °C. Das liegt weit über dem Schmelzpunkt von Metallen wie Wolfram und dem Siedepunkt von Stoffen wie Kohle! (Die Temperatur in ihrem Kern ist noch weit höher, nämlich 15 Millionen °C.)
- Obwohl die Dichte ihres Kerns sämtliche irdische Materialien bei weitem übersteigt, liegt die Gesamtdichte der Sonne nicht einmal 50 Prozent über der von Wasser. Das heißt, Sie könnten – wäre da nicht das Problem der Temperatur – leicht einen badewannengroßen Brocken durchschnittliche Sonnenmaterie auf einen Lieferwagen laden und damit in der Stadt herumfahren.

Ein durch Kernfusion im Sonnenkern erzeugtes Energiequant benötigt unglaublich lange, um an die Oberfläche zu gelangen: Die Schätzungen reichen zwischen zehntausend und einer Million Jahren. Das hängt damit zusammen, dass die vom nuklearen Feuer freigesetzten Gammastrahlen zunächst im Sonneninneren von Teilchen zu Teilchen springen und sich auf ungefähr dieselbe Weise nach außen bewegen, wie wir uns auf einem hoffnungslos überlaufenen Flughafen den Weg durch die Menschenmassen bahnen. Nach etwa 70 Prozent der Wegstrecke sinkt der Druck der Sonne auf einen Punkt, wo Sonnenmaterie zu „kochen“ beginnt. Gewaltige Mengen ultra hoch erhitzten Gases steigen an die Oberfläche, strahlen ihre Energie ab, werden kühler und sinken wieder nach unten, um sich erneut aufzuheizen.

Ist unser Sonnenenergiequant nach seiner jahrtausendelangen Reise endlich an der Oberfläche angelangt, benötigt sein Licht nurmehr acht Minuten bis zur Erde. Also denken Sie daran, wenn Sie das nächste Mal Ihr Gesicht in die Frühlingssonne halten, dass die Wärme, die die spüren, nicht erst wenige Minuten oder Stunden zuvor entstanden ist, sondern lange bevor der erste Mensch mit einem selbst gebauten Pflug seinen Acker bestellte.

Aber wie auch immer: Das Licht, das die Sonne abstrahlt – und das Ihnen im Sommer die begehrte leichte Bräune verleiht – kommt von einer Photosphäre genannten leuchtenden Oberflächenschale. Die Temperatur der Photosphäre (sie ist die gelbe Scheibe, die wir sehen) liegt bei 5500 °C. Außerhalb dieser Kugel befinden sich mehrere Schichten immer dünnerer, heißerer Atmosphären, deren Licht jedoch gewöhnlich im gleißenden Strahlen der Photosphäre untergeht und die man deshalb nur bei Finsternissen sieht. Die Chromosphäre beispielsweise ist eine rund 900 km dicke Schicht, der Wasserstoffgas ein strahlendes Hellrot verleiht, das allerdings nur erkennbar ist, wenn der Hauptkörper der Sonne verdeckt wird.

Die Korona, jenes zarte, perlweiße Leuchten, das sich ausschließlich bei einer totalen Sonnenfinsternis zeigt, erstreckt sich viele Millionen Kilometer weit ins All. Ihre Temperatur liegt bei über einer Mil-

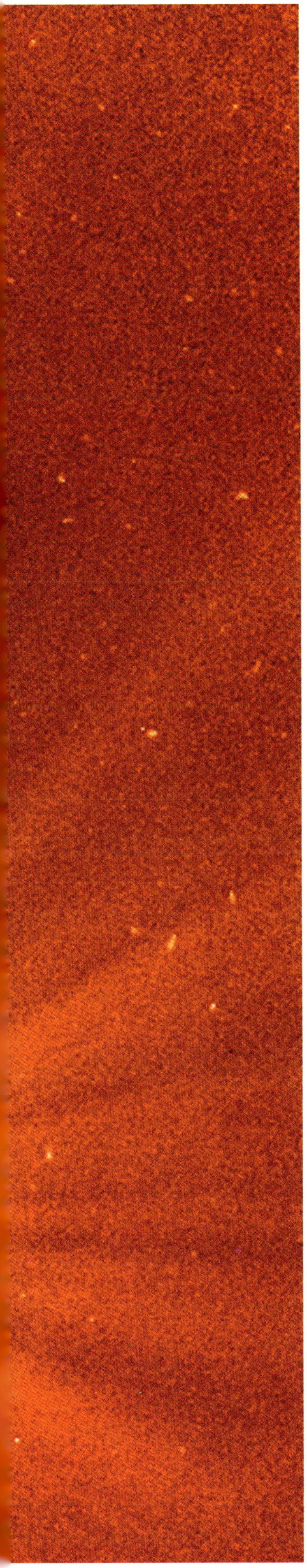

lion °C, und sie geht in einen Partikelstrom über, der an den Planeten vorbei in den interstellaren Raum fliegt. Bei diesem so genannten Sonnenwind handelt es sich um eine Strömung geladener Teilchen, die das Magnetfeld der Erde auf der „stromaufwärts" gelegenen Seite komprimieren und es auf der „stromabwärts" gelegenen hinausziehen sowie geomagnetische Stürme verursachen, die ihrerseits Polarlichter hervorrufen und Radioübertragungen stören können.

Der Sonnenwind weist aber auch auf ein weiteres wichtiges Charakteristikum der Sonne hin, die Tatsache nämlich, dass sie ein eigenes Magnetfeld besitzt. Ein Großteil dessen, was wir auf der Sonnenoberfläche sehen, steht in engem Zusammenhang mit der Wechselwirkung zwischen eben diesem Feld und dem Sonnenplasma. Der springende Punkt ist, dass sich Plasmen und Magnetfelder gerne eng verbinden – etwa so, wie Gras in die Uferzone eines vereisten Sees einfriert. Bewegt sich also entweder das Plasma oder das Magnetfeld der Sonne, zieht es das andere mit. Genau genommen handelt es sich beim Sonnenwind ebenfalls um ein schwaches Plasma, weshalb er das Magnetfeld der Erde beeinflusst und auch selber von diesem beeinflusst wird.

Aus der Nähe betrachtet ist die Sonnenoberfläche alles andere als glatt – sie gleicht vielmehr einem sturmgepeitschten Ozean. Hier und da schießen Protuberanzen empor, gigantische, teilweise mehr als 150 000 km hohe Fontänen aus Sonnenmaterie. Protuberanzen hängen mit Störungen im Magnetfeld der Sonne zusammen, die ihrerseits von Turbulenzen in der äußeren Gashülle der Sonne sowie der Tatsache verursacht werden, dass, anders als bei der Erde, verschiedene Teile der Sonne mit unterschiedlicher Geschwindigkeit rotieren.

Stellen Sie sich vor, was passieren würde, wenn sich die Erdkruste auf der Höhe von Florida rascher bewegte als auf der Höhe von Neufundland: Früher oder später würde sich die Oberfläche des Planeten völlig verziehen. Glücklicherweise ist das auf der Erde nicht der Fall, auf der Sonne aber sehr wohl. Die ständige Spannung auf der Sonnenoberfläche dehnt und zieht auch am Magnetfeld unseres Tagesgestirns, bis dieses schließlich reißt – wie ein überdehntes Gummiband. An diesen Stellen werden gewaltige Mengen Plasma ausgeworfen, die dem Magnetfeld folgen. Das Resultat ist ein gigantischer Energieausbruch, der Flare genannt wird. Ein großer Flare kann das Energieäquivalent einer Milliarde Bomben mit einer Sprengkraft von je einer Megatonne freisetzen.

Bei so genannten Koronalen Eruptionen werden rund eine Milliarde Tonnen Sonnenmaterie in das All abgestoßen – mit einer Geschwindigkeit von 1,6 Millionen km/h! Ein anderes mit dem Magnetfeld der Sonne verbundenes Phänomen sind die Sonnenflecken, relativ dunkle Stellen auf der Oberfläche.

Im Grunde sind Sonnenflecken sehr helle Stellen, denn ihre Temperatur beträgt mehr als 3500 °C, was heißt, dass sie beträchtliche Mengen Energie abstrahlen. Sie erscheinen nur deshalb dunkel, weil wir sie vor der noch helleren Sonnenscheibe sehen. Sonnenflecken waren schon in der Antike bekannt, wurden damals jedoch für

KAMIKAZE-KOMET

Dem sicheren Untergang geweiht, fliegt der Komet SOHO 6, der zur Klasse der extrem sonnennahen Kometen gehört, auf die Sonnenkorona zu, wo er in der gewaltigen Hitze unseres Heimatsterns vergehen wird. Sowohl Komet als auch Korona sind nur deshalb sichtbar, weil die gleißend helle Sonnenscheibe verdeckt wurde.
Man nimmt an, dass die mehr als 75 bekannten extrem sonnennahen Kometen aus einem einzigen größeren Körper hervorgingen, der im 12. Jahrhundert nahe an der Sonne vorbeiflog und mehrfach auseinander brach.

Wolkenschatten gehalten. 1610 beobachtete Galileo Sonnenflecken, die über die Sonnenscheibe wanderten, und zog daraus den richtigen Schluss, dass sie sich auf der Sonnenoberfläche befinden mussten. Und 1843 wies der deutsche Amateurastronom Heinrich Schwabe darauf hin, dass Sonnenflecken in Zyklen erscheinen und verschwinden. Heute wissen wir, dass diese Zyklen im Mittel 11 Jahre dauern und mit den normalen Störungen des Magnetfelds der Sonne zu tun haben. Je stärker diese zunehmen, desto mehr Sonnenflecken tauchen auf, bis das Magnetfeld zusammenbricht, sich wieder aufbaut und der Zyklus von neuem beginnt.

Obwohl Sonnenflecken mit Veränderungen im Magnetfeld der Sonne zusammenhängen, konnte bislang nicht wirklich geklärt werden, wie es zu dem 11-Jahres-Zyklus kommt. Wie Sie sehen werden, ist unser Wissen über Magnetfelder, seien sie planetarischer oder stellarer Natur, nicht besonders groß. Dabei ist das nur eines der unzähligen ungelösten Rätsel unseres Universums. Seit Jahrhunderten versuchen Astronomen, einen Bezug zwischen Sonnenflecken und dem Wetter auf der Erde herzustellen. Im 19. Jahrhundert wollten einige – ausgehend von dem (irrigen) Schluss, viele Sonnenflecken würden schlechtes Wetter bringen – sogar Ernteprognosen erstellen. Heute hält man sich mit derartigen Vorhersagen deutlich zurück, doch bleibt die Frage, ob bzw. welchen Einfluss dieses Sonnenphänomen auf das Leben auf unserer Erde hat.

Die moderne Sonnenbeobachtung beschränkt sich nicht auf erdgestützte Teleskope; viele Messungen stammen von in der Erdumlaufbahn befindlichen Satelliten und interplanetarischen Sonden. 1990 etwa wurde das Raumschiff Ulysses gestartet, das als erstes von Menschen gefertigtes Objekt die Ebene des Sonnensystems verließ, um die Sonnenpole zu umrunden. Der letzte Orbit fand 1994–95 in einem Fleckenminimum statt, beim nächsten sollte der Zyklus in seinem Maximum stehen. Vielleicht gelingt es dieser Mission, die wie der griechische Held, dessen Namen sie trägt, unerforschte Gebiete bereist, etwas zur Lösung des Sonnenfleckenrätsels beizutragen. 1995 – Ulysses vollendete gerade seinen ersten Vorbeiflug an den Sonnenpolen – kam ein neues, wichtiges Hilfsmittel zur Erkundung unseres Heimatsterns hinzu: das europäisch-amerikanische Sonnenobservatorium SOHO (Solar and Heliospheric Observatory). Anders als Ulysses bleibt SOHO in relativer Nähe zur Erde, die es in etwa 1,5 Millionen km Entfernung umrundet. SOHO wurde zu L1, dem ersten Lagrange-Punkt, geschickt, einer Stelle im Raum, an dem sich die Anziehungskräfte von Sonne und Erde gerade aufheben. Hier wird SOHO bleiben, seine rund ein Dutzend Instrumente unentwegt auf unser Tagesgestirn gerichtet. Bisher hat der Satellit auf der aufgewühlten, wogenden Sonnenoberfläche schwache seismische Wellen aufgespürt und vermessen. Erdgestützte Beobachtungen mit der Global Oscillation Network Group (GONG) ermöglichen Astronomen die Erkundung des Sonneninneren. Auf dieselbe Weise, wie wir durch exaktes Überwachen von Erdbeben ausgelöster seismischer Wellen mehr über die Zusammensetzung unseres Heimatplaneten erfahren, lernen Sonnenforscher mit Hilfe dieser Wissenschaftsprojekte beständig mehr über das Innere der Sonne.

Und was für eine Welt das ist! Unterhalb des scheinbar ruhigen Äußeren steigen und fallen gewaltige Gasströme schneller als ein Düsenjet zu fliegen vermag, befördern heiße Materie nach oben und tragen abgekühlte Gase zurück ins Innere, wo sie von neuem erhitzt werden. Gleichzeitig strömen von der Korona aus gigantische Gasmassen ins All – groß genug, um die Erde zu umhüllen, und bisweilen begleitet von gigantischen Materieauswürfen. Kein Zweifel: Die Sonne ist weitaus komplexer, als sich ein sommerlicher Sonnenanbeter vorzustellen vermag.

Aber noch einmal zurück zu jener interstellaren Wolke, aus der unsere Energie erzeugende Sonne entstand. Zu derselben Zeit, als sie kollabierte und sich aufzuheizen begann, machten sich auch in der umliegenden Scheibe Veränderungen bemerkbar. In der Nähe des Zentrums waren Staub und Gas dichter und heizten sich entsprechend auf. Man nimmt an, dass dies in der Region stattfand, in der heute die Bahnen von Merkur, Venus, Erde und Mars sowie der Asteroidengürtel liegen. Weiter außerhalb waren die Temperaturen deutlich niedriger, weshalb dort Planeten ganz anderer Art entstanden.

Im inneren Teil der Scheibe wurden leichte Gase wie Wasserstoff und Helium – sowie Dämpfe flüchtiger Substanzen wie Wasser – fortgeblasen. Übrig blieb nur, was weder schmelzen noch verdampfen konnte: also feste Körner verschiedener Minerale. Diese begannen nun zu kollidieren und sich zu immer größeren Brocken zusammenzuballen. In dieser so genannten Akkretionsphase entstanden zunächst die Planetesimale, Planeten-Vorläufer mit einem Durchmesser zwischen etwa 1 km und mehreren Hundert Kilometer.

Natürlich stießen auch diese die Sonne umkreisenden Klumpen wiederum zusammen. Bei vielen Kollisionen wurden die Planetesimale zertrümmert, aber andere verbanden sich zu immer größeren Körpern. Neuesten Theorien zufolge könnte sich der innere Teil des jungen Sonnensystems ähnlich einem gigantischen Billardspiel mit klebrigen Kugeln verhalten haben. Die Planetesimale wuchsen also immer weiter an, bis zu Objekten von Mond- und schließlich Planetengröße. Jeder Massezuwachs erhöhte ihre Gravitation und damit ihre Anziehungskraft auf umherfliegende kleinere Materiestücke. Und je mehr Materie auf sie herabregnete, desto mehr Hitze entwickelten sie und schmolzen teilweise bis zum Kern. Heute glaubt man, dass nicht nur unsere Erde, sondern alle inneren Planeten des Sonnensystems auf diese Weise entstanden: aus bei Kollisonen zusammengeballter Materie, die sich aufheizte und entweder völlig oder teilweise schmolz.

Diese frühe Entwicklungsphase, etwa 4,6 bis 4,0 Milliarden Jahre vor unserer Zeit, dürfte aus Sicht der im Entstehen begriffenen Planeten recht aufregend gewesen sein. Riesige Gesteinsbrocken schlugen

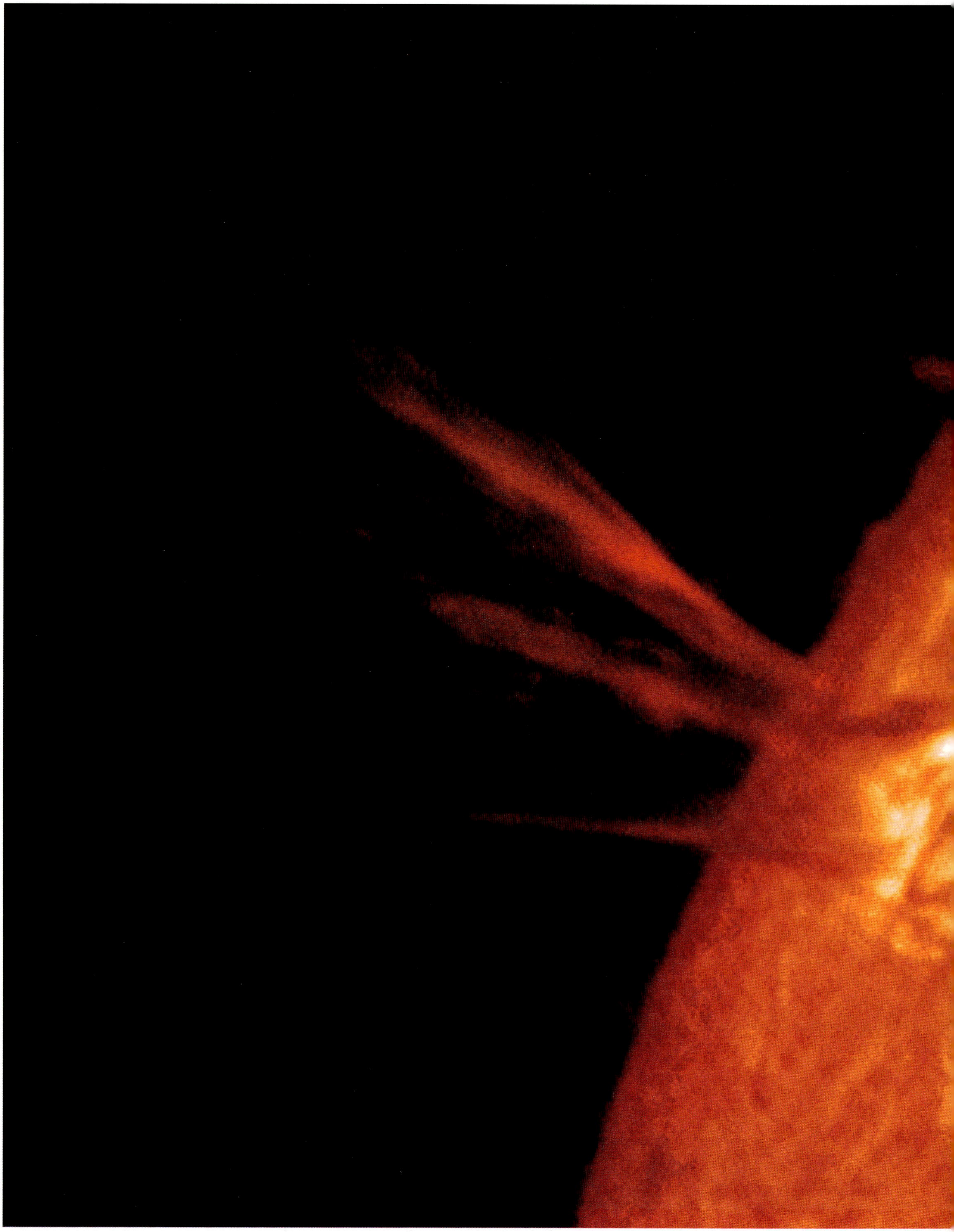

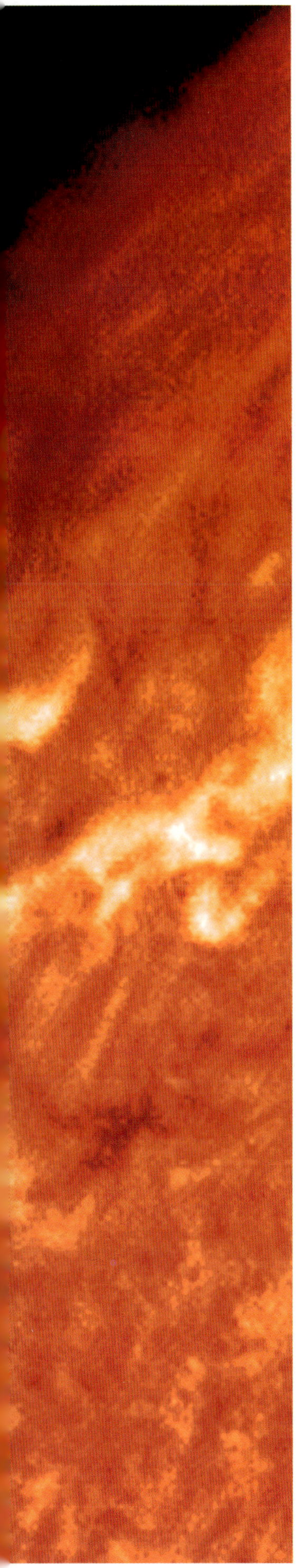

auf sie ein und brachten nicht nur neue Masse und Energie, sondern veränderten durch Kraterbildung auch die Oberfläche. Astronomen bezeichnen diese Periode gerne als das Große Bombardement. Auf Planeten wie unserer Erde, die eine Atmosphäre und Wetter ausbildeten, verwitterten diese frühen Krater rasch, doch auf Körpern wie dem Mond – ohne Atmosphäre und Erosionskräfte – blieben sie als stumme Zeugen einer gewalttätigen Vergangenheit erhalten.

Heute gilt als nahezu sicher, dass alle sonnennahen Planeten – die so genannten terrestrischen Planeten Merkur, Venus, Erde und Mars – durch Akkumulation aus dem „Pfannkuchen", d. h. der protoplanetarischen Scheibe entstandener Planetesimale gebildet wurden. Dass sie alle denselben Prozess durchmachten, bedeutet jedoch nicht, dass sich auch alle gleich entwickelten. Denn obwohl alle vorwiegend aus Gestein und Metallen aufgebaut wurden, dürfte die Scheibe keineswegs von uniformer Zusammensetzung gewesen sein, sondern eher einem gemischten Salat als einem Püree geglichen haben. Planeten, die sich an unterschiedlichen Stellen formten, wurden verschieden groß und hatten verschiedene Zusammensetzung, da in unterschiedlicher Entfernung von der Sonne auch unterschiedliche Mengen und Arten von Materie existierten. Hinzu kam, dass sich jeder Planet auch anders entwickelte, etwa hinsichtlich Atmosphären und Ozeanen. Wir werden diese Unterschiede ausführlicher im nächsten Kapitel behandeln, aber sie illustrieren einen wichtigen Punkt über unser Universum: Dass von identischen physikalischen Gesetzen beherrschte Prozesse keinesfalls zu identischen Ergebnissen führen müssen. Tatsächlich ist jede einzelne Welt unseres Sonnensystems das Produkt einer einzigartigen Entwicklungsgeschichte und konfrontiert uns mit einem völlig neuen Komplex von Fragen. Und je mehr Lösungen wir finden, desto mehr Rätsel tun sich auf.

Während in Sonnennähe die Planetesimale kollidierten und sich zusammenballten, fanden weiter draußen, in den frostigen Regionen jenseits des heutigen Asteroidengürtels, andere Ereignisse statt: Hier herrschten derart niedrige Temperaturen, dass sich Eis und sogar Gase mit steinigem Material verbanden. Jupiter und Saturn wurden so groß, dass sie gewaltige Gasmengen anzogen. So kommt es, dass die Planeten unseres Sonnensystems in zwei Klassen zerfallen – die harten, erdähnlichen in Sonnennähe, und die weiter entfernten so genannten Gasriesen. Sie unterscheiden sich, weil sie unter sehr verschiedenen Bedingungen entstanden. Dies eingedenk, machen wir uns nun auf, unser Heimatsystem zu erkunden. ●

SONNEN-ERUPTION

Gewaltige Feuerfontänen schießen hoch über die Sonnenoberfläche hinaus. Extreme Hitze lässt diese Flares Röntgenstrahlung, ultraviolettes Licht und Filamente von Sonnenmaterie freisetzen. Derartige Schauspiele finden häufig im Rahmen so genannter Koronaler Eruptionen statt, noch gigantischerer Strahlungsausbrüche der Sonne, bei denen Milliarden Tonnen ultra hoch erhitzten Plasmas mit einer Geschwindigkeit von mehreren Millionen Stundenkilometern ausgestoßen werden.

DIE SONNE

Ebenso mystisch wie majestätisch verdunkelt eine totale Sonnenfinsternis am 11. Juli 1991 den Taghimmel: Der Mond bedeckt das gleißend helle Strahlen der Sonnenscheibe und lässt das zarte Leuchten ihrer Korona oder äußeren Atmosphäre zum Vorschein kommen. Als Hauptenergiequelle des Planetensystems erzeugt unser Tagesgestirn durch Kernfusion von Wasserstoff zu Helium ungeheure Energiemengen. So wunderbar und einzigartig sie uns auch erscheinen mag, ist unsere Sonne – was Größe, Masse, Zusammensetzung, Alter und Energieausstoß anbelangt – doch absoluter Durchschnitt und von unzähligen anderen Sternen nicht zu unterscheiden.

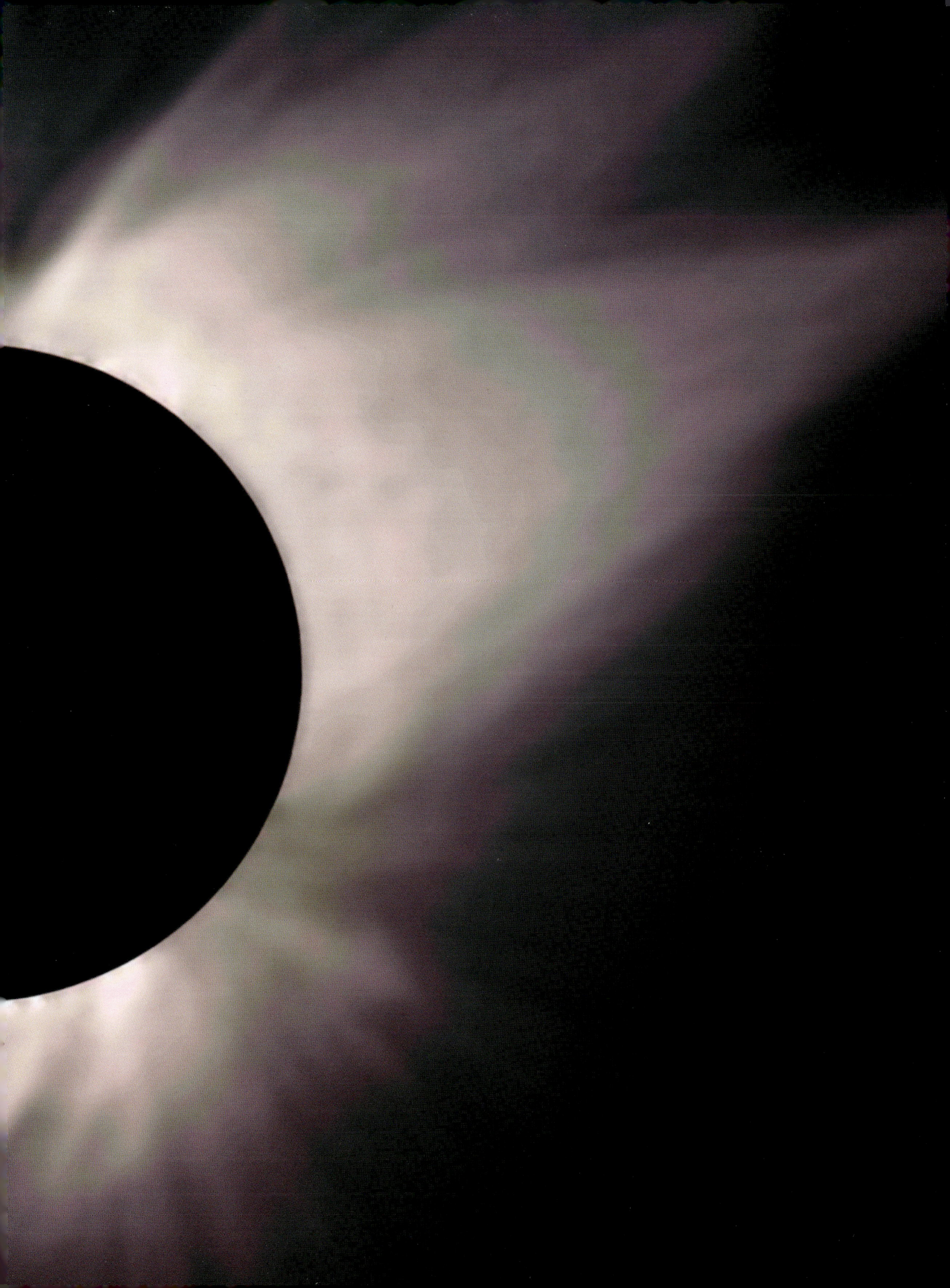

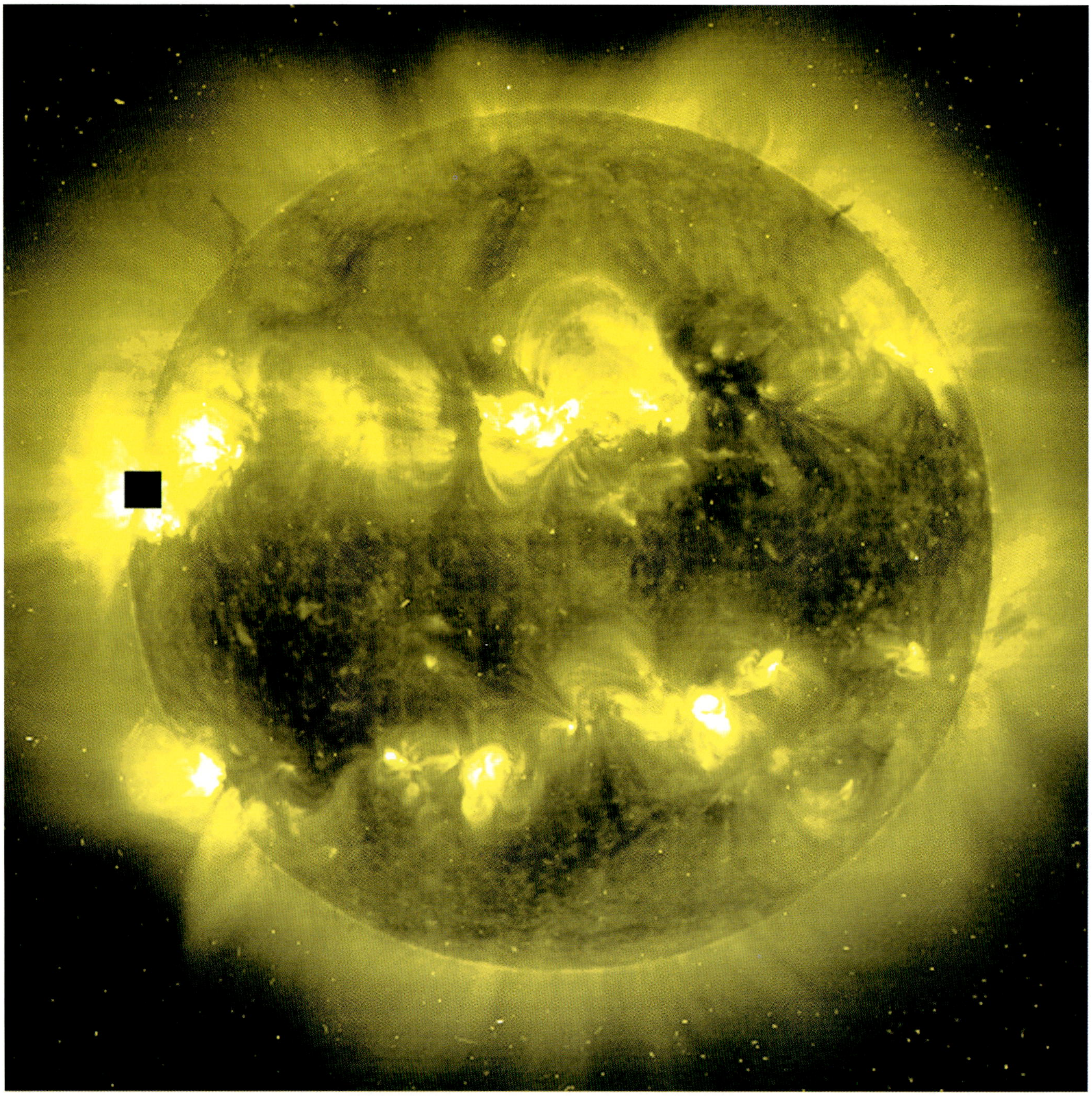

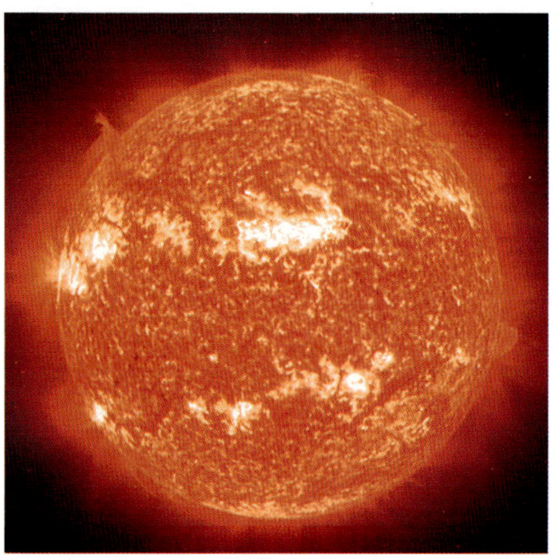

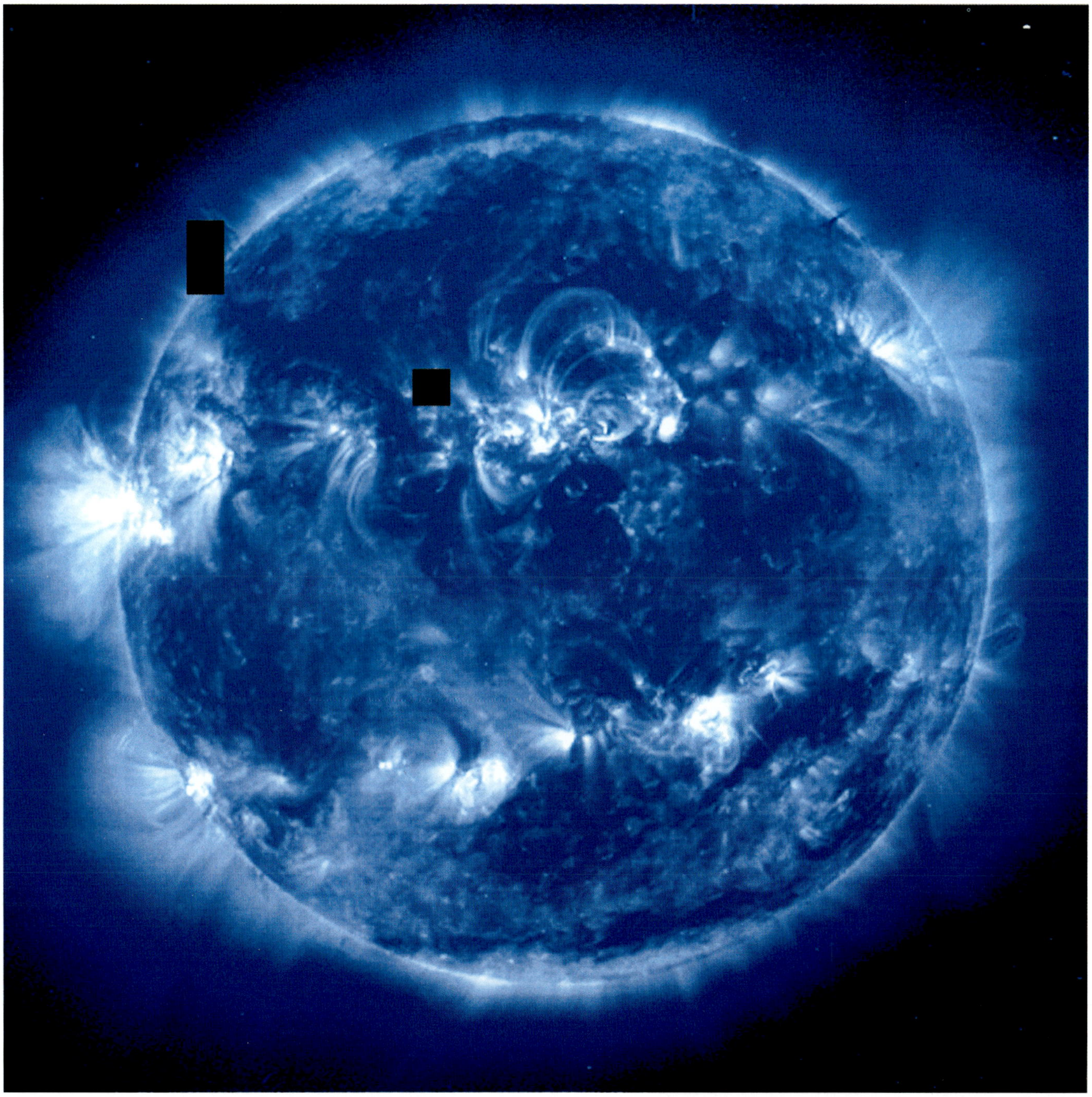

SONNENTRIO

Drei Sonnenansichten, aufgenommen von der Sonnensonde SOHO (Solar and Heliospheric Observatory) bei unterschiedlichen Wellenlängen im extremen Ultraviolettbereich. Umwandlung der Daten in sichtbare Farben macht die grandiosen Konvektionsmuster sichtbar, die durch Wechselwirkungen der relativ kühlen Sonnenoberfläche mit den inneren Regionen einerseits und der diffusen, aber weitaus heißeren Korona andererseits entstehen. Die Datenaufzeichnung für alle drei Bilder erfolgte im November 1998. SOHO führt seine Sonnenbeobachtungen von dem Lagrange-Punkt L1 aus durch, einem rund 1,5 Millionen km von unserem Heimatplaneten entfernten Ort, an dem sich die Gravitationskräfte von Sonne und Erde genau aufheben.

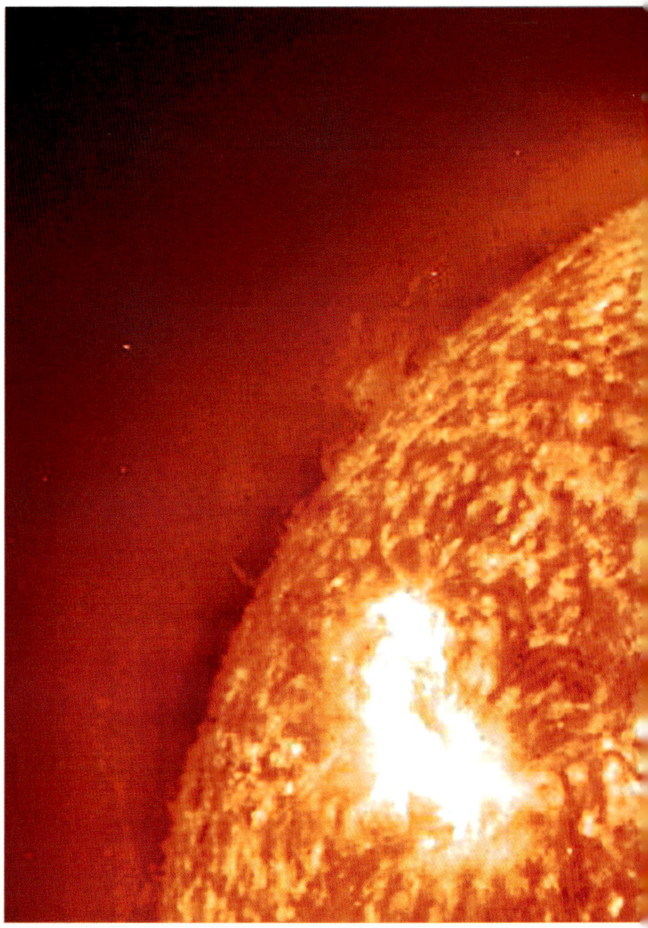

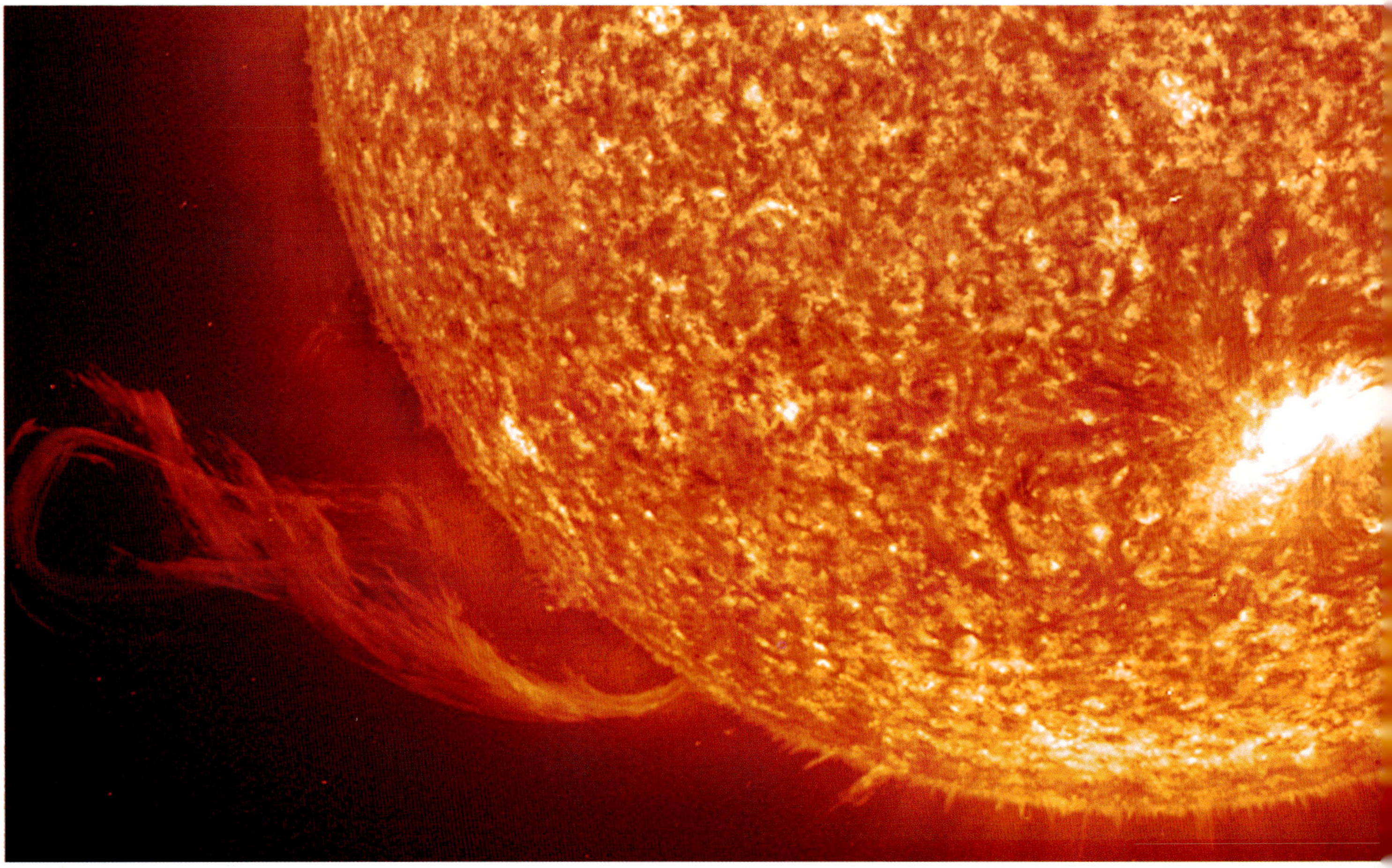

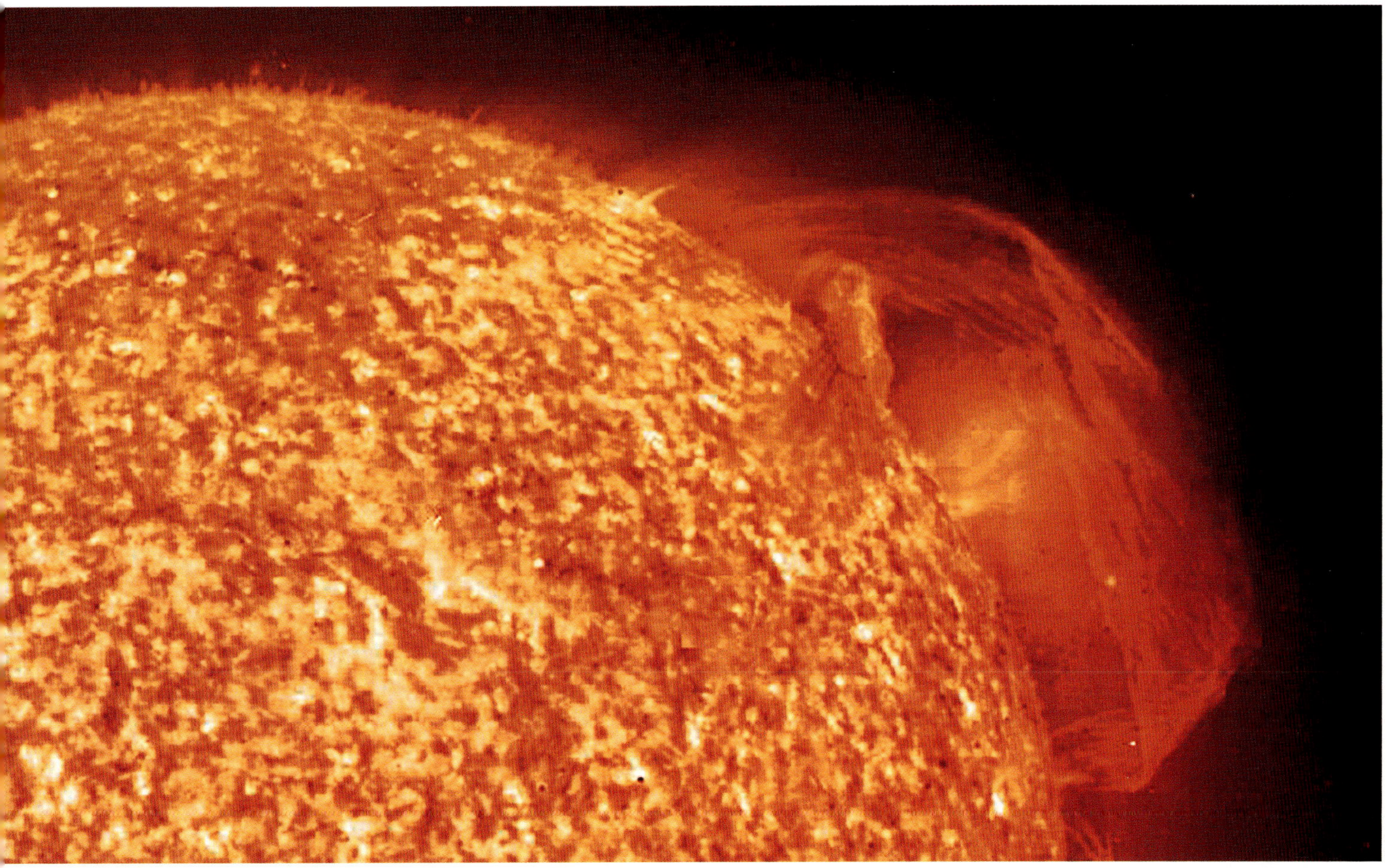

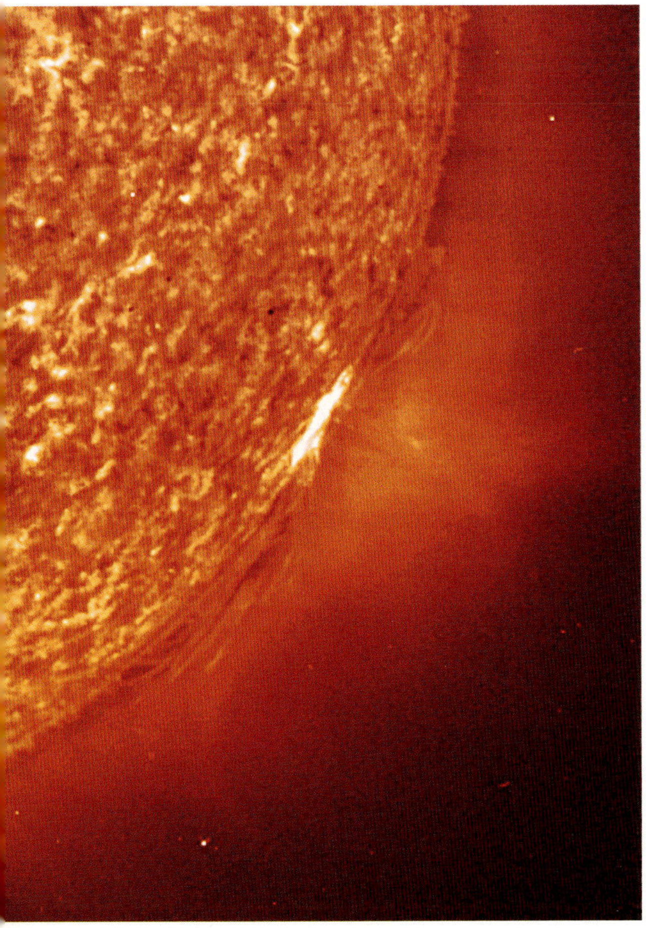

SONNEN-PROTUBERANZEN

Die Sonnenoberfläche ist ständig in Aufruhr. Als riesige Zungen aus brodelnder Materie ragen die so genannten Protuberanzen bis zu 150 000 km hoch. Eine besonders gigantische Wolke (oben) überspannt wie ein Brückenbogen mehr als 300 000 km – eine Fläche, groß genug, um 27 Erden zu fassen! Durch Konvektion der Gase und durch die unterschiedliche Rotationsgeschwindigkeit bedingte Störungen im Magnetfeld senden Wolken relativ kühler Gase in die wesentlich heißere Korona, aus der sie bisweilen mit hoher Geschwindigkeit hervorschießen (links).

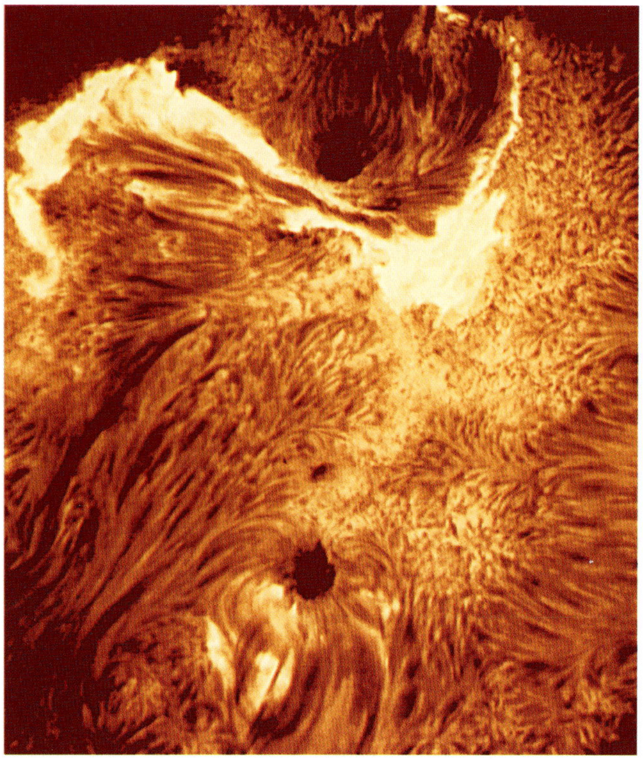

FEURIGE FONTÄNEN

Neben Protuberanzen prägen noch viele andere Energiephänomene die scheinbar glatte Oberfläche der Sonne. Bei Flares (oben) etwa werden innerhalb weniger Sekunden gewaltige Energie- und Plasmamengen in den Weltraum geschleudert. Die häufig paarweise auftretenden Sonnenflecken (rechts) enthalten Magnetfelder, die stark genug sind, um eine normale Konvektion zu verhindern. Sie erscheinen uns dunkel, weil sie etwas kühler sind als ihre „granulierte" Umgebung – nur etwa 3500 °C statt 5500 °C. Die auf der Abbildung gut erkennbaren einzelnen Granulen, die aus aufgestiegenem heißem Gas bestehen, messen im Durchmesser mehrere Hundert Kilometer.

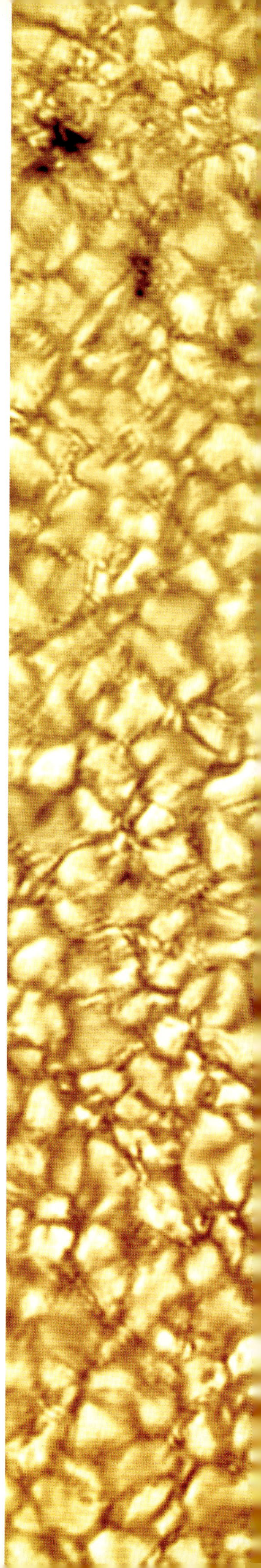

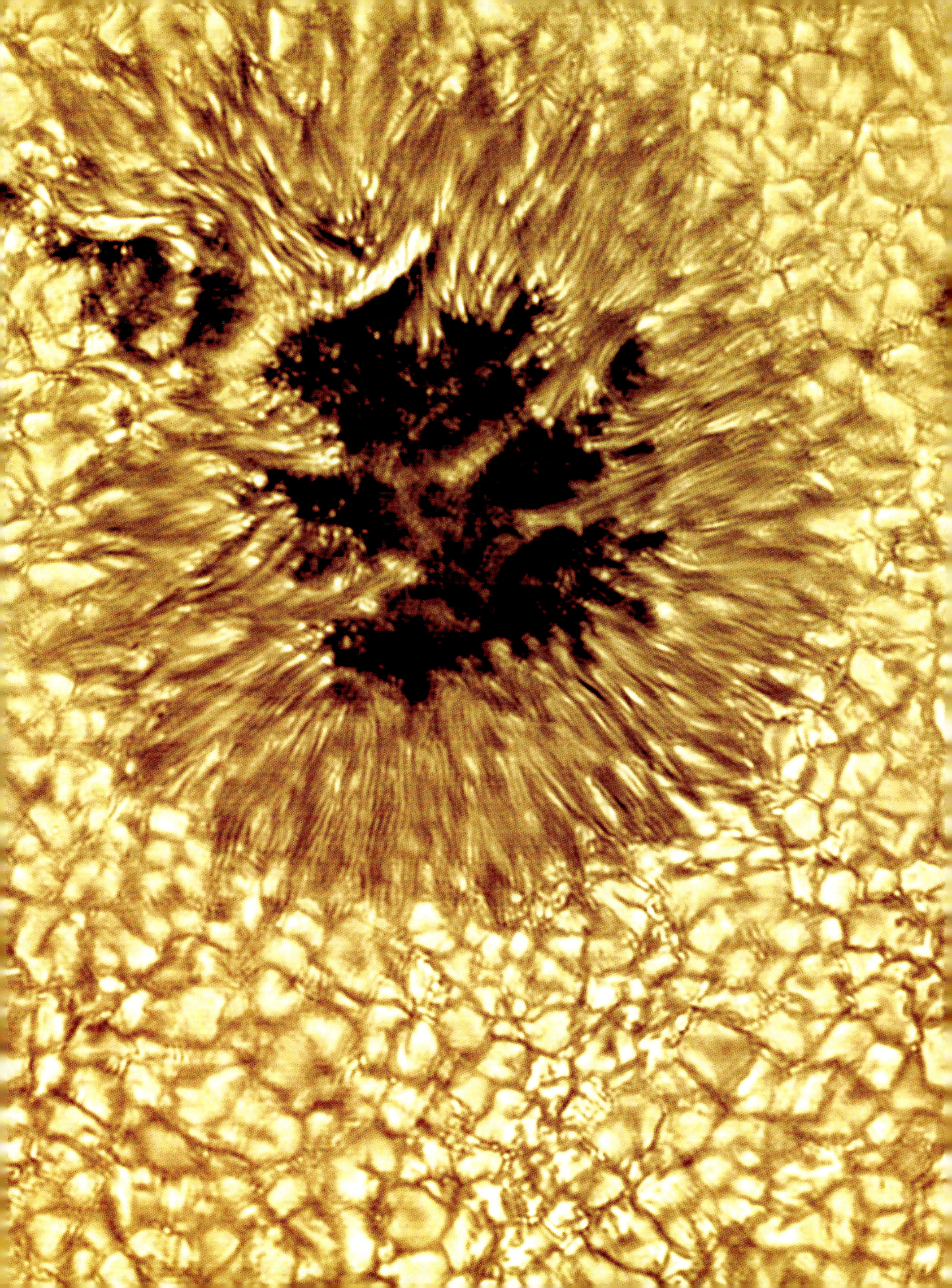

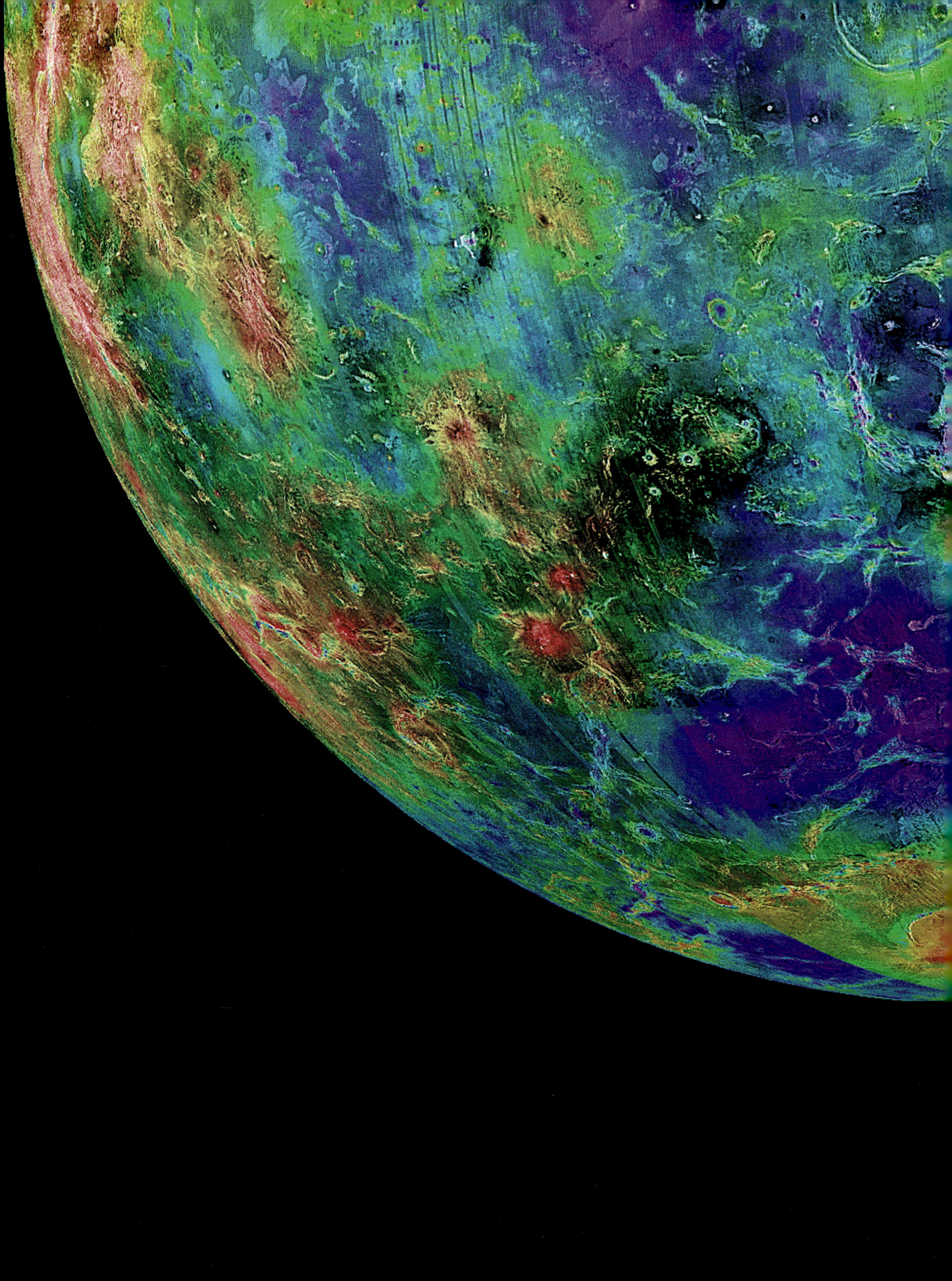

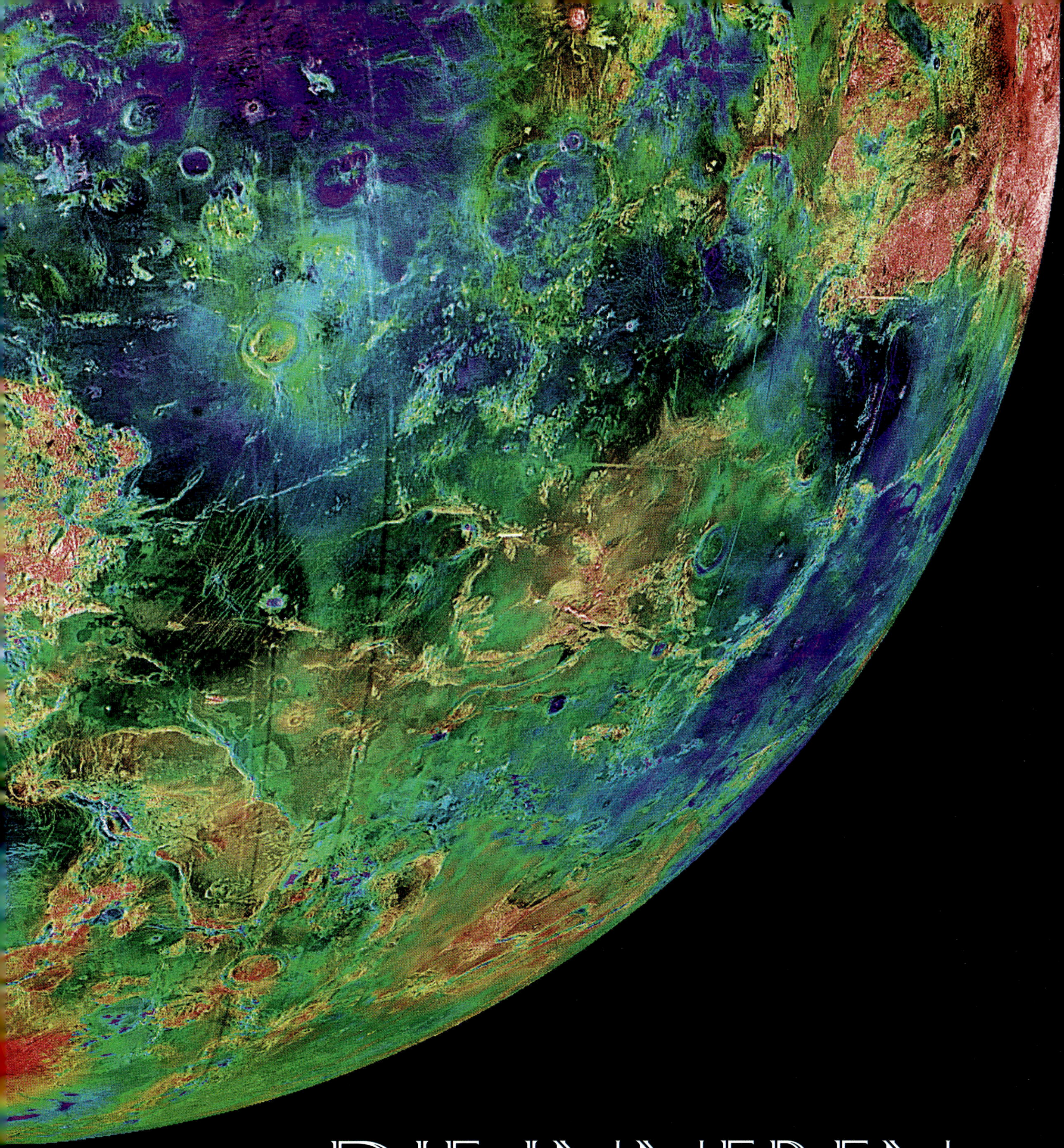

DIE INNEREN PLANETEN

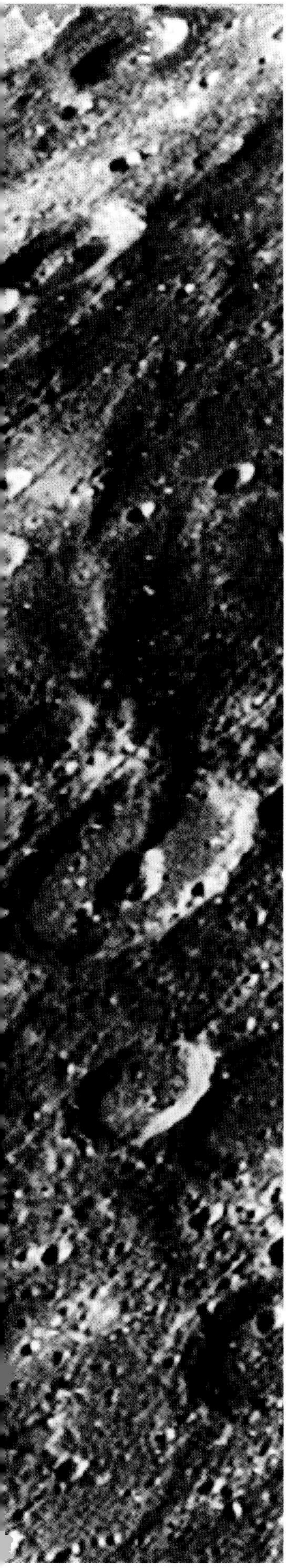

Das erste Objekt, dem wir, die Sonne im Rücken, auf unserer Reise ins All begegnen, ist Merkur, der kleinste der terrestrischen Planeten. Von der Erde aus nur in der Morgen- oder Abenddämmerung sichtbar, braucht er für eine Sonnenumrundung gerade einmal 88 Tage. Diese Eile, mit der er sich über das Himmelszelt bewegt, veranlasste auch frühe Astronomen, ihn nach dem schnellfüßigen Götterboten zu benennen.

Merkur zu beobachten, ist schwierig, da er sich aus Erdperspektive niemals mehr als 28 Grad von der Sonne entfernt – was in etwa dem Winkel zwischen 11 und 12 Uhr auf einer Uhr entspricht – und deshalb meist in ihrem gleißenden Licht verschwindet. Die für das Weltraumteleskop Hubble verantwortlichen Techniker wagen es deshalb nicht, ihre Instrumente direkt auf Merkur zu richten, weil sie fürchten, versehentlich die empfindlichen Geräte zu beschädigen. So kommt es, dass Merkur, der sonnennächste, und Pluto, der kleinste und sonnenfernste, die beiden am wenigsten erforschten Planeten des Sonnensystems sind.

Bislang hat nur eine einzige Raumsonde den Merkur besucht: 1974–75 kartierte Mariner 10 auf drei Vorbeiflügen rund ein Drittel der Oberfläche des Planeten. Die Aufnahmen der Sonde zeigen eine unwirtliche, steinige Welt, deren Landschaftsbild von Tausenden von Kratern dominiert wird, die wohl aus der Zeit des Großen Bombardements vor über vier Milliarden Jahren stammen. Als Namensgeber für die Merkurkrater wählte man große Künstler, Schriftsteller und Komponisten wie Mozart, Beethoven und Shakespeare. Die Temperaturen auf Merkur schwanken zwischen ca. 450 °C (heißer als der Schmelzpunkt von Blei) auf der sonnenbeschienenen Seite und -170 °C auf der Rückseite. Dies ist der größte Temperaturunterschied bei Planeten überhaupt, und hätte Merkur eine Atmosphäre, würden auch gewaltige Stürme über ihn hinwegfegen. Doch außer Spuren von Natrium und Kalium von der Planetenkruste und winzigen Mengen Helium, entweder ebenfalls von der Kruste oder aber vom Sonnenwind, besitzt Merkur keine Atmosphäre – er ist einfach zu klein, um Gase am Entweichen in den Weltraum zu hindern. So brät er also in der sengenden Sonnenhitze, ohne dass auch nur eine Brise Linderung brächte. Am besten stellen Sie ihn sich wie eine heißere, gröber strukturierte Version unseres Erdmondes vor.

Früher nahmen Wissenschaftler an, dass der Planet für einen Umlauf um die Sonne dieselbe Zeit benötige wie für eine Eigenrotation – dass ein Merkurjahr folglich identisch sei mit einem Merkurtag. Spannende Sciencefiction-Storys basieren auf der „Tatsache", dass dieser Planet der Sonne stets dieselbe Seite zuwendet, so wie unser Mond uns immer dasselbe Gesicht zeigt. In Wahrheit entspricht ein Merkurtag jedoch etwas mehr als 58 Erdtagen und genau zwei Dritteln des 88-tägigen Merkurjahrs, und jeder Fleck des Planeten kommt irgendwann in den Genuss von Sonnenlicht. Könnte man auf Merkur stehen, käme einem ein Tag jedoch noch weit länger vor: Da der Planet die Sonne im Eiltempo umrundet, sich dabei aber rela-

MERKUR
Der sonnennächste Planet, der praktisch keine Atmosphäre besitzt, ist Temperaturschwankungen von rund 600 °C ausgesetzt. Die kraterübersäte Oberfläche (links) gleicht der unseres Mondes, doch lässt eine relativ hohe Dichte darauf schließen, dass er in seinem Inneren eher erdähnlich ist.

[VORHERGEHENDE DOPPELSEITE] Radar-Daten lieferten dieses prächtige Falschfarbenbild, das Venus ohne ihre Wolkenhülle zeigt. Die verschiedenen Farbtöne repräsentieren unterschiedliche Höhenbereiche.

tiv langsam um die eigene Achse dreht, würde es 176 Erdtage dauern, bis man von einem bestimmten Punkt aus die Sonne wieder im Zenit sieht. Insofern dauert ein Merkurtag genau zwei Merkurjahre!

Die eindrucksvollste Formation des Planeten ist ein gigantischer Krater auf der Nordhalbkugel. Die wegen der dort herrschenden extremen Temperatur Caloris (Hitze)-Becken genannte Einschlagsstruktur hat einen Durchmesser von 1300 km. Astronomen halten sie für die Überreste eines gewaltigen Meteoriteneinschlags, der vor 3,8 Milliarden Jahren passierte und das Gelände im Umkreis von mehreren Tausend Kilometern formte. Der Beckenboden wurde später von Lava überflutet und ist daher weitgehend glatt.

Auf der anderen Seite des Merkur, dem Caloris-Becken direkt gegenüber, erstreckt sich eine Region linear verlaufender Täler und zerklüfteter, zum Teil über 1500 m hoher Hügel. Planetologen vermuten, dass durch den Caloris-Einschlag ausgelöste seismische Wellen sowohl durch den Planeten hindurch- als auch an seiner Oberfläche entlangliefen und dieses „chaotische Gelände" schufen.

Nähere Details über die Geschichte des Merkur sind nicht bekannt. Man nimmt an, dass er wie die übrigen terrestrischen Planeten aus Planetesimalen entstand und sich bis zum Schmelzpunkt erhitzte. Schwere Materialien wie Eisen sanken ab und formten im Zentrum einen Kern, währende leichtere an der Oberfläche trieben. Dieser Differenziation genannte Prozess fand bei allen erdähnlichen Planeten statt, und wir werden ihm folglich auf unserer Reise noch öfter begegnen. Nach einer relativ kurzen Phase als Kugel aus geschmolzenem Material kühlte Merkur ab und bekam eine feste Oberfläche. Nachfolgende Meteoriteneinschläge setzten Lavaflüsse frei, deren erstarrte Überreste wir heute noch sehen.

Als kleiner Planet tat – und tut – sich Merkur schwer, seine Wärme gegen die Kälte des Weltraums zu halten. Viele Jahre lang glaubte man, dass er im Anschluss an das flüssige Stadium vollständig durchfror und selbst im Inneren völlig erhärtet sei. Er galt als tote Welt, die einzig durch gelegentliche Meteoriten- oder Kometeneinschläge verändert wurde. Von Mariner 10 übermittelte Messungen ermöglichten es Wissenschaftlern jedoch, die Masse des Planeten recht genau zu bestimmen. Merkur erwies sich als außerordentlich schwer für seine geringe Größe, woraus sich schließen lässt, dass er im Verhältnis sehr viel mehr Eisen enthält als unsere Erde. Warum das so ist, bleibt allerdings ein Rätsel.

Zudem weist das überraschend starke Magnetfeld darauf hin, dass zumindest ein Teil des Eisens nach wie vor flüssig ist – genau wie im Erdkern. Und obwohl es verschiedene Theorien gibt, die das hohe Eisenvorkommen auf Merkur und sein ungewöhnliches Magnetfeld erklären, bleiben sie alle doch reine Spekulation, so lange wir nicht mehr und genauere Daten erhalten.

Und noch etwas: Die hohe Dichte des Planeten ist nicht allein durch Kondensation und Anlagerung erklärbar. Merkur könnte einst mehr felsiges Material besessen haben, das verdunstete und fortwehte.

Alternativ könnte ein gewaltiger Einschlag einen Großteil der leichteren Außenhaut ins All geschleudert haben. Um mehr über diesen rätselhaften kleinen Bruder unserer Erde zu erfahren, müssen wir auf die nächste Merkur-Mission (2004) warten.

Von unserem Mond einmal abgesehen, ist die stets wolkenumhüllte Venus das hellste Objekt am Nachthimmel. Selbst von lichtverschmutzten Großstädten aus erkennt man sie häufig gut als Abend- oder Morgenstern. Venus verdankt ihre Helligkeit zwei Tatsachen: ihrer relativen Nähe zur Erde und einer dicken Schicht weißer, stark reflektierender Wolken. Da Planeten leuchten, indem sie Licht reflektieren, trägt diese Wolkenhülle beträchtlich zum Strahlen der Venus bei. Ihr Glanz und das geheimnisvolle Erscheinen am Abendhimmel brachte antike Astronomen auf den Gedanken, diesen Planeten nach der Göttin der Liebe zu benennen.

Venus ist in vielerlei Hinsicht der erdähnlichste aller terrestrischen Planeten. Ihre Masse beträgt 82 Prozent der Erdmasse, und ihr Durchmesser liegt gerade fünf Prozent unter dem unseres Heimatplaneten. Nicht ohne Grund nahmen Wissenschaftler lange Zeit an, Venus sei eine warme und feuchte Welt, vergleichbar vielleicht den irdischen feuchtheißen Tropen. Die „Sümpfe" der Venus waren noch Mitte des 20. Jahrhunderts fester Bestandteil der Sciencefiction-Literatur. Heute wissen wir es besser: Die flauschig-weißen venusischen Wolken, die so einladend aussehen, sind in Wahrheit ein brodelnder Höllenschlund aus Schwefelsäuretröpfchen – demselben Zeug, das sich in Ihrer Autobatterie befindet. Auch die Temperaturen an der Oberfläche sind weit von einem angenehmen Tropenklima entfernt und mit 500 °C heiß genug, um eventuelle Sümpfe, so sie je existiert haben, im Handumdrehen verdampfen zu lassen.

Schon frühe Messungen mit erdgestützten Radioteleskopen ergaben, dass Venus bei ihrem 243-tätigen Umlauf um die Sonne „rückwärts" rotiert. Das heißt, wenn Sie auf ihr stehen und durch die dichte Wolkendecke schauen könnten, würde die Sonne im Westen auf- und im Osten untergehen – genau umgekehrt wie bei uns auf der Erde. Diese ungewöhnliche Rotation gilt allerdings als ein historischer Zufall, der wenig über die eigentliche Natur des Planeten aussagt.

Nun wissen wir, trotz ihrer dichten Wolkenhülle, erstaunlich viel über Venus, denn sie zählt zu den nur drei Himmelskörpern, auf denen von Menschen gefertigte Sonden aufgesetzt haben (die beiden anderen sind der Mond und Mars). Den ersten Lander schickte 1970 die damalige Sowjetunion zur Venus. Die Strategie für den Umgang mit den hohen Temperaturen war simpel: Man nutze die lange Reise durch den Weltraum, um das Raumschiff ordentlich durchfrieren zu lassen, lande es weich auf der Oberfläche und lasse es solange Informationen zur Erde funken, bis ihm die Gluthitze den Garaus bereitet. In einer Serie von Landungen mit vier Sonden kamen wir so in den Besitz von Aufnahmen vier verschiedener venusischer „Landschaften". Einige Bilder zeigen weite Ebenen mit Gesteinsbrocken und Lavaflüssen – karg und öde und gänzlich anders als die fiktionalen

VENUS
Der nur aus der Ferne wunderschöne, heißeste Planet des Sonnensystems hüllt sich stets in ein blickdichtes Gewand aus Schwefelsäurewolken. Seine Atmosphäre speichert die Hitze und erzeugt auf der Oberfläche einen Luftdruck, der 90-mal stärker ist als auf der Erde. Obwohl von Größe und Position her unserem Heimatplaneten ähnlich, ereilte die Venus doch ein gänzlich anderes Schicksal.

ENTHÜLLTE VENUS

Die sowjetische Raumsonde Venera 14, die 1982 auf dem Planeten landete, schickte Bilder einer trostlosen Landschaft zurück: nackte Felsformationen ohne jegliches Erdreich oder auch nur kleinere Steine oder Kiesel, die auf Erosion schließen lassen könnten. Die Atmosphäre unterhalb der Wolkenhülle – sie besteht fast völlig aus Kohlendioxid – war klar und erlaubte den Blick bis zum Horizont. Der auf der Aufnahme sichtbare Sägezahnring der Sonde trug zur Stabilisierung in der Abstiegsphase bei und dämpfte bei der Landung den Aufprall.

Sumpfgebiete. Und sie belegen auch, dass die Wolken nicht bis zur Oberfläche des Planeten hinabreichen, sondern über einer klaren Schicht orangefarbenen Himmels in knapp 50 km Höhe enden. Die Farbe resultiert daher, dass sich das Sonnenlicht seinen Weg durch eine dicke Atmosphäre bahnen muss, die die kürzeren Wellenlängen im blauen und grünen Bereich des Spektrums herausstreut, so dass Rot- und Orangetöne vorherrschen. Denselben Effekt erleben wir auf der Erde bei Sonnenauf- und -untergang, wenn die schräg einfallenden Sonnenstrahlen eine längere Strecke durch die Atmosphäre zurücklegen als zur etwa Mittagszeit, so dass ihr Licht stärker gestreut wird und daher rötlich erscheint.

Auf die frühen sowjetischen Venera-Missionen folgten zwischen 1978 und 1981 die Pioneer-Sonden der NASA, und 1990 kartierte der amerikanische Orbiter Magellan mit Hilfe eines Radargerätes die Oberfläche und schickte hoch auflösende Bilder zur Erde, die einen spektakulären Eindruck davon vermittelten, wie es unter der Wolkenschicht aussieht. Ich erinnere mich noch genau an die Erregung, mit der wir in den frühen Phasen der Magellankartierung im NASA-Hauptquartier die Bilder verfolgten, die, Sequenz um Sequenz, von einer fernen, fremden Welt herübergefunkt wurden und die lange verborgene Topographie der Venus enthüllten.

Knapp zwei Drittel der Venusoberfläche bestehen aus relativ flachen Ebenen und sanftem Hügelland. Die augenfälligste Formation ist eine kontinentähnliche Landmasse auf der Nordhalbkugel, Ishtar Terra genannt. (Gemäß der antiken Tradition, diesen Planeten einer weiblichen Gottheit gleichzusetzen, wurden die wichtigsten geographischen Merkmale auf Venus nach berühmten Frauengestalten aus Geschichte oder Mythologie benannt; Ishtar war die mesopotamische Göttin der Liebe und des Kriegs.) Ishtar Terra ist ein Hochplateau ähnlich unserem Tibet, aber so groß wie die Vereinigten Staaten. Es

wird von Gebirgen umschlossen, die zum Teil über anderthalb Kilometer höher sind als der Mount Everest. Zu fehlen scheinen hingegen Gebirgsketten wie die Anden oder die Rocky Mountains, geologische Grenzzonen wie die San Andreas-Verwerfung und der Mittelatlantische Rücken sowie jeglicher Hinweis auf aktuelle vulkanische Tätigkeiten.

Woran kann es nun also liegen, dass sich ein im Grunde so erdähnlicher Planet so vollkommen anders entwickelte? Die „Rückwärts"-Rotation ist in einem System, dessen größere Körper aus kleineren (den Planetesimalen) zusammenwuchsen, ganz einfach erklären: Bei einem solchen Prozess hängt die Rotationsrichtung des Planeten nämlich nur von dem Winkel und der Geschwindigkeit ab, mit der die letzten größeren Planetesimale aufeinander trafen. Um die Rotationsrichtung umzukehren, hätte es vollkommen ausgereicht, dass im Endstadium des Zusammenwachsens ein großes und rasch fliegendes Planetesimal auf die richtige Art und Weise mit Venus kollidierte. Dasselbe könnte uns heute auf der Erde passieren, wenn ein aus Osten kommender großer Asteroid mit genügend Wucht auf den Osten der Vereinigten Staaten träfe, um der Erdkugel den Anstoß zu einer anderen Drehrichtung zu geben. Obwohl Wissenschaftler solche Ad-hoc-Erklärungen gemeinhin ablehnen, ist ihnen in Bezug auf die Rotationsrichtung der Venus bislang nichts Besseres eingefallen.

Auch die hohe Temperatur lässt sich recht leicht erklären – dank eines uns Erdenbürgern zunehmend vertrauter werdenden Phänomens: dem Treibhauseffekt. Die derzeitige venusische Atmosphäre besteht zu 95 Prozent aus Kohlendioxid, das die Infrarotstrahlung der Venus absorbiert und umgehend zum Planeten zurückschickt. Stellen Sie sich diese dichte Atmosphäre wie eine Art gigantische Decke vor. Venus und Erde besitzen in etwa dieselben Mengen Kohlendioxid auf der Oberfläche, doch auf der Erde gelangte der größte Teil in die

Ozeane und von dort in Gesteine und die Knochen von Lebewesen. In anderen Worten: Bei uns wird Kohlendioxid letztlich entweder als Mineral oder als gelöster Bestandteil im Wasser gespeichert. Venus hingegen liegt der Sonne um so vieles näher, dass ihre Ozeane (sofern sich überhaupt jemals welche bildeten) rasch verdampft wären. Folglich blieb sämtliches Kohlendioxid in der Atmosphäre und trug dort zur globalen Erwärmung bei.

Venus kann somit als Beispiel für einen unkontrollierbaren Treibhauseffekt gelten, bei dem atmosphärisches Kohlendioxid die Temperatur auf einen Punkt ansteigen lässt, an dem jegliches Wasser verkocht und somit alle möglichen chemischen Reaktionen, die dasselbe Kohlendioxid binden und damit die Temperatur senken könnten, von vornherein ausschließt. (Die derzeitige Diskussion über den Treibhauseffekt auf unserer Erde dreht sich, das nur nebenbei bemerkt, übrigens darum, ob die Temperatur des Planeten im Laufe des nächsten Jahrhunderts um einige wenige Grad ansteigt – nicht darum, ob sie sich in eine kochend heiße Hölle nach dem Vorbild der Venus verwandelt!)

DIE ERDE

Unser Heimatplanet, der von der Sonne aus gesehen dritte, leuchtet im Blau flüssigen Wassers – wie es für Leben, wie wir es kennen, unabdingbar ist – und im Weiß der Wasserdampfwolken. Das Vorhandensein von Wasser diktiert zugleich geologische Veränderungen, denn die Ozeane und die Atmosphäre der Erde, die in ständiger Wechselwirkung stehen, führen zur Bildung von Wettersystemen und Erosionskräften, die die Oberfläche unserer Welt im Laufe der letzten 4,5 Milliarden Jahre laufend neu umgestalteten.

Der größte und uns vertrauteste der terrestrischen Planeten, jene bläulich-weiße Kugel, die wir Erde nennen, hat im sichtbaren Universum nicht ihresgleichen. Zum einen ist sie der einzige Ort, von dem wir mit Sicherheit sagen können, dass sich dort Leben entwickelt hat. Und zweitens ist sie der einzige Planet im Sonnensystem, dessen Oberfläche sich beständig wandelt.

Die Geschichte vom Leben auf unserer Erde und warum sie sich derartig von der dampfigen Venus und dem kargen Mars unterscheidet, beginnt zur Zeit des Großen Bombardements, als noch jede Menge Gesteinsbrocken zwischen den Planeten umherflogen. Mit jedem neuen Einschlag gewann die Erde an Masse, und die enorme Energie verwandelte sich in Hitze. Unser Heimatplanet begann buchstäblich von außen nach innen zu schmelzen und beschrieb – wie seine „Geschwister" auch – als flüssige glühende Kugel seine Bahn um die junge Sonne.

In diesem Stadium begannen sich die Minerale im Inneren der jungen Erde zu trennen – wie eine Vinaigrette, die zu lange herumsteht. Die schwereren, Eisen und Nickel etwa, sanken ins Zentrum und bildeten den kugelförmigen Erdkern. Enormer Druck ließ den innersten Teil dieses Kerns zu einer Metallkugel mit einem Durchmesser von knapp 2500 km aushärten. Weiter außen, wo weniger starker Druck herrschte, blieben Eisen und Nickel flüssig. (Bewegungen innerhalb dieses flüssigen Äußeren Kerns bedingen heute das Magnetfeld der Erde.) Noch weiter außen kristallisierten leichtere, silikat- und oxidhaltige Minerale aus und formten den Erdmantel. Die leichtesten, darunter Quarz und Feldspat, sammelten sich oberhalb des Mantels, so wie Schaum auf einer kochenden Flüssigkeit. Diese aluminium-, kalzium- und siliziumreichen Minerale schlossen sich zur dünnen äußeresten Schicht, der so genannten Erdkruste zusammen.

Diese Differenziation der schweren Minerale von den leichteren führte zu einem mehrschichtigen Aufbau, der jedoch – wie es in der Natur nun einmal ist – keineswegs durchgängig war. Hier und dort blieben selbst die schwersten Metalle an der Oberfläche (wo der Mensch sie seit Jahrtausenden dankbar abbaut).

Schließlich waren die meisten Gesteinsbrocken von den Planeten „eingefangen", und das Große Bombardement endete. Dass der Materialregen aus dem Weltall jedoch niemals völlig aufhörte, sieht man in klaren Sommernächten: Jede Sternschnuppe ist ein kleiner Rest der ursprünglichen Materialscheibe rings um die Sonne. Mit der Zahl der Einschläge sank auch die Temperaturzufuhr. Die Erde fing an sich abzukühlen und an der Oberfläche zu erstarren. Heute ist nurmehr der Äußere Kern flüssig. In dieser Abkühlungsphase begann sich erstmals ein wesentlicher Unterschied zwischen unserer Heimat und den übrigen terrestrischen Planeten abzuzeichnen.

Tief im Erdinneren, in das Gestein eingeschlossen, befand sich ein riesiges Vorkommen radioaktiver Elemente. Einige waren jahrmilliardealte Überreste früherer Supernovae, andere waren aus dem Zerfall von Uratomen entstanden, und wieder andere resultierten aus Kollisionen von Sonnenwindpartikeln mit irdischen Atomen. Den Gesetzen der Atomphysik folgend, zerfielen die Kerne dieser Atome im Laufe der Zeit und setzten ihre gewaltige Energie in Form von Hitze frei. Dieser Prozess dauert bis heute an.

Nun ist es nicht so, dass auf anderen Planeten kein radioaktiver Zerfall stattgefunden hätte. Das war sehr wohl der Fall. Nur verfügten kleinere Welten wie Merkur, Mars und unser eigener Mond über weit weniger Volumen und damit auch weniger radioaktives Material, das Energie erzeugen konnte. Auf diesen drei Körpern konnte die radioaktiv erzeugte Hitze – ebenso wie die beim Großen Bombardement angesammelte – ungehindert ins All entweichen. Die äußeren Schichten gefroren, und die im Planeteninneren noch vorhandene Restwärme drang durch sie hindurch, vergleichbar dem Wärmeverlust eines Hauses im Winter.

Die größeren terrestrischen Planeten Erde und Venus verfügten über zu starke Hitze, um diese – selbst im Laufe von Jahrmilliarden – allein durch Wärmeleitung zu verlieren. Bei ihnen trat der Wärmefluss in Form von Magma an die Oberfläche. Dieser Prozess dürfte auf Venus längst zum Stillstand gekommen sein, dauert auf der Erde jedoch an. Und unser Planet nutzt darüber hinaus noch ein weiteres Verfahren: die Plattentektonik, die ihren Namen der Tatsache verdankt, dass die Oberfläche unserer Welt in ein rundes Dutzend einzelner Platten aufgebrochen ist. Soweit wir wissen, ist die Erde der einzige Planet im Sonnensystem, der sich auf diese Weise abkühlt.

Angesichts ihres (im Vergleich mit anderen terrestrischen Planeten) relativ großen Volumens und geringen Oberflächenanteils hatte die Erde Probleme, die hohen Temperaturen in ihrem Inneren allein durch Wärmeleitung und Vulkanismus abzuführen. Deshalb begann

WELT IM WANDEL

Zwei Naturgewalten, die das Gesicht unserer Erde beständig verändern, sind auf dieser Gemini-12-Aufnahme deutlich erkennbar. Das Bild zeigt die Region um das Rote Meer, eine aktive Riftzone, wo zwei tektonische Platten die Oberfläche des Planeten langsam aufreißen. Quer dazu verlaufen die Wolkenbänder eines 160 km/h schnellen Jetstreams, wie sie in Zonen mit großen horizontalen Temperatur- und Druckunterschieden auftreten.
Süden ist oben; gleich rechts von der Bildmitte windet sich der Nil durch Ägypten, in der linken unteren Ecke sieht man die Spitze der Halbinsel Sinai. Tief unter der trügerischen Ruhe des Roten Meers ziehen gewaltige tektonische Kräfte die Küsten kontinuierlich weiter auseinander und verbreitern so den Graben. Irgendwann werden Afrika und der Nahe Osten vollständig getrennt sein.

das heiße Gestein im Mantel zur Oberfläche aufzusteigen, während kühleres Gestein von der Oberfläche ins Innere zurücksank. Dieser Prozess dauert bis heute an, und der Austausch von heißem und abgekühltem Material zwischen Erdmantel und Erdoberfläche ist eine ausgesprochen effektive Methode, Wärme abzugeben. In gewisser Hinsicht begann der Mantel wie am Herd erhitztes Wasser zu sieden – nur die Dimensionen waren natürlich vollkommen andere: Bis das Mantelgestein zum „Kochen“ kam, dauerte es mehrere hundert Millionen Jahre.

Als Reaktion auf diese Unruhe im Erdmantel geriet auch die Kruste des Planeten in Bewegung, vergleichbar etwa einer dünnen Ölschicht auf kochendem Wasser. Die leichtesten Materialien der Erde, die während der Differenziation nach oben gestiegen waren – wurden zu Graniten und anderen Gesteinen, aus denen unsere Kontinente bestehen. Unter diesen liegen schwerere Gesteine wie Basalt, dem wir gelegentlich an Stellen begegnen, an denen Lava an die Oberfläche gelangte. Aus diesem Gestein besteht der Meeresboden, und es formt auch den Sockel der Kontinente, die ihrerseits die Platten bilden und auf dem flüssigen („kochenden“) Gestein des Mantels treiben.

Bisweilen ziehen mit der Plattentektonik in Zusammenhang stehende Kräfte die Platten auseinander, und es entsteht eine mehrere hundert Kilometer lange Einbuchtung in der Erdoberfläche. Der Ostafrikanische Graben, der vom Mittleren Osten südwärts durch das östliche Afrika verläuft (rechts) ist ein Beispiel für eine solche Riftzone. In Konvergenzzonen, wo Platten zusammenstoßen, schiebt sich eine Platte unter die andere (Subduktion), wodurch es zur Auffaltung von Gebirgen kommt. Auf diese Weise erwuchsen etwa der Himalaya und die Alpen. Gleiten zwei benachbarte Platten in entgegengesetzter Richtung aneinander vorbei – wie bei der kalifornischen San-Andreas-Verwerfung – haben wir ein Erdbebengebiet. Die Geschichte der Erdoberfläche ist die Geschichte ihrer Plattenbewegungen, die je nach Aktivität des darunter befindlichen Erdmantels auseinanderdriften, kollidieren oder sich seitwärts zueinander verschieben.

Im geologischen Zeitrahmen betrachtet, zeigte diese Plattenbewegung ganz gravierende Auswirkungen. Beispielsweise liegt Antarktika und damit der Südpol heute unter einem mehr als 1,5 km mächtigen Eispanzer. Am Nordpol dagegen gibt es keine entsprechende Eiskappe, weil dort kein Kontinent vorhanden ist und sich eine derart dicke Eisschicht nur auf festem Untergrund aufbauen kann. Das war nicht immer so. Antarktika erreichte seine heutige Position vor rund 120 Millionen Jahren, und das Klima wurde erst vor etwa 36 Millionen Jahren kalt genug, um eine Eisdecke zu bilden. Vorher existierte keine polare Eiskappe. Im Laufe der langen Erdgeschichte gab es immer wieder Zeiten, in denen unser Planet keine Eiskappen besaß, Zeiten, in denen er zwei mächtige Eiskappen trug (wenn beide Pole von Kontinenten bedeckt waren), und Zeiten, wo er wie heute nur eine aufweist. Sie sehen, wie viel von der Bewegung der Kontinente abhängt.

Doch die Apollo-Astronauten sammelten nicht nur Steine, sondern stellten auch Seismographen auf, um „Mondbeben" aufzuzeichnen. Acht Jahre lang (aus finanziellen Gründen stellte die NASA das Projekt 1977 ein) informierten uns diese Geräte über die seismischen Wellen im Mondinneren. Aus diesen und anderen Daten bastelten sich Wissenschaftler ein recht genaues Bild vom Innenleben unseres Trabanten: Wie die Erde besitzt er eine Kruste aus leichtem Material, die jedoch auf der Mondrückseite doppelt so dick ist wie auf der uns zugewandten. Dies erklärt u. a., warum es auf der Rückseite so wenige Mare gibt: Dort erfolgte Einschläge verletzten die dickere Kruste nicht genug, um Lava aufdringen zu lassen. Unterhalb dieser Kruste liegt ein dichterer Mantel, der einen nochmals dichteren Kern umgibt, der möglicherweise noch flüssig ist.

Die mittlere Dichte des Mondes entspricht nur etwa dem 3,3fachen, die der Erde dagegen dem 5,5fachen von Wasser. Wissenschaftler rätselten lange, warum ein Körper, der der Erde so nahe steht, so anders sein konnte. Heute neigt man zu der These, dass der Mond das Ergebnis einer „Big Splash" genannten kosmischen Kollision ist.

Dabei soll sich Folgendes abgespielt haben: In der Frühzeit der Erde, als sich die schweren Stoffe wie Eisen und Nickel im Kern sammelten und der Mantel in etwa seine heutige Dichte besaß, wurde unser Planet von einem vielleicht marsgroßen Objekt gestreift. Der Zusammenstoß hinterließ einen riesigen Krater und schleuderte große Teile der äußersten Erdschichten ins All. Diese Gesteinstrümmer sowie Teile des aufschlagenden Körpers gerieten in eine Umlaufbahn um die Erde und schlossen sich dort – ähnlich wie bei der Geburt der Planeten – zu einem einzigen Körper zusammen. Da das von der Erde stammende Material keine schweren Elemente enthielt (sie waren ja vorher bei der Differenziation in den Planetenkern abgesunken), blieb die Dichte des Mondes relativ gering. In der Tat entspricht seine Dichte fast genau der des Erdmantels!

Man nimmt an, dass sich der Mond ausgesprochen rasch formte – innerhalb weniger Hunderttausend Jahre, geologisch gesprochen also vielleicht einer Mikrosekunde. Anschließend wurde er durch Einschläge und radioaktiven Zerfall aufgeheizt, seine Oberfläche schmolz, zumindest einige Hundert Kilometer tief, möglicherweise sogar bis zum Zentrum. 200 Millionen Jahre später hatte sich diese Oberfläche genügend abgekühlt, um die Hochlandformationen auszubilden.

Die geologisch aktivste Phase des Mondes dürfte vor 4,5 – 3,0 Milliarden Jahren gewesen sein, was die Erkenntnisse über die geologischen Aktivitäten auf der Erde wesentlich ergänzt. In mehrfacher Hinsicht ist der Mond somit ein Fossil aus der Frühzeit des Sonnensystems, das uns manchen äußerst aufschlussreichen Einblick in die Anfänge der Entstehungsgeschichte unseres eigenen Planeten zu geben vermag.

Mars, der nach dem blutrünstigen römischen Kriegsgott benannte Rote Planet, fasziniert die Menschheit seit ihren Anfängen. Heute wissen wir freilich, dass seine – schon mit bloßem Auge erkennbare – Rotfärbung nichts mit Blut zu tun hat, sondern auf Vorkommen von Eisenoxid (Rost!) auf der Planetenoberfläche zurückzuführen ist. In der Mythologie vieler Völker wurde dem Mars schon früh eine Hauptrolle zuteil; das Spektrum reicht von von kriegerischen Gottheiten bis hin zu Furcht erregenden Sciencefiction-Geschöpfen. Als 1938 Orson Welles' Hörspiel „War of the Worlds" gesendet wurde (das auf H. G. Wells' Klassiker über eine Invasion vom Mars basierte), kam es zu einer regelrechten Massenpanik, da viele Zuhörer glaubten, Zeugen einer Liveberichterstattung zu sein. Und das ist nur ein Beispiel für den immensen Einfallsreichtum, mit dem Schriftsteller und Filmemacher unseren Nachbarplaneten als Geldquelle anzuzapfen wussten.

Eine Illusion, von der wir uns sofort verabschieden müssen, betrifft die „Kanäle". Im ausgehenden 19. Jahrhundert herrschte die Theorie vor, dass die vier terrestrischen Planeten verschiedene Entwicklungsstadien darstellten – je weiter von der Sonne entfernt, desto fortgeschrittener. Diesem Konzept zufolge stand die Erde in der Blüte ihrer Jahre; Venus war noch jung und in der Entwicklung begriffen, während Mars einst der Erde geglichen hatte, jetzt aber nurmehr eine sterbende Kultur beherbergte.

1877 entdeckte der italienische Astronom Giovanni Schiaparelli (dessen Familie heute im Fashion-Business bekannter ist als in Wissenschaftskreisen) auf der Marsoberfläche kanalähnliche Strukturen. Er nannte sie „Canali", was sich sowohl als natürliche Rinnen als auch künstlich angelegte Kanäle übersetzen lässt, und einige Leute entschieden sich für letztgenannte Bedeutung. Und da die Menschheit seit alters dazu neigt, auf dem Mars Leben zu vermuten, verbreitete sich die Nachricht, man habe echte Zeichen einer Zivilisation entdeckt, natürlich wie ein Lauffeuer.

Eine Schlüsselrolle bei der Untersuchung der marsianischen Kanäle spielte der amerikanische Astronom Percival Lowell, der Gründer des Lowell-Observatoriums in Flagstaff, Arizona. Er zeichnete detaillierte Karten jener denkwürdigen Strukturen, die er als Kanäle deutete und errechnete – bis auf drei Stellen hinter dem Komma! – die Geschwindigkeit, mit der die Vegetation im marsianischen Frühling südwärts schritt.

Die simple Wahrheit lautet jedoch: Es gibt keine Kanäle auf dem Mars. Was Schiaparelli und Lowell sahen, waren nichts anderes als verschwommene Flecken, Nebenwirkungen der begrenzten Auflösung damaliger Teleskope. Der menschliche Geist meint häufig Muster wahrzunehmen, wo keine sind (denken Sie nur an die Deutung von Klecksbildern in der Psychologie). Eine andere Erklärung für die „Kanäle" gibt es derzeit nicht. Eigentlich schade – sie gaben einen so wunderbaren und bekanntlich auch immer wieder vielseitig interpretierten Sciencefiction-Stoff ab.

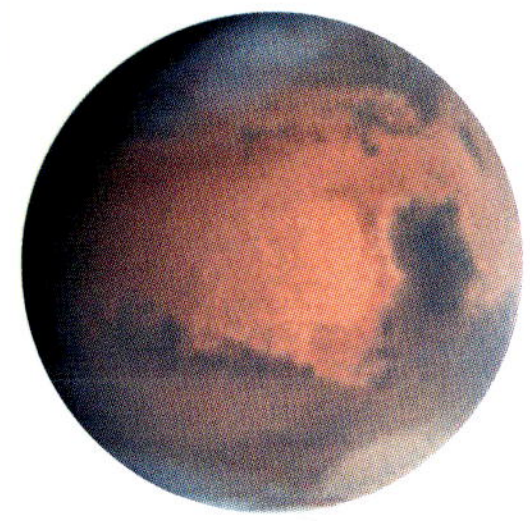

MARS

Weitaus komplexer als Merkur oder unser Mond, weist der Rote Planet eine stark bekraterte uralte Kruste, jüngere Ebenen, Vulkane mit Lavaströmen, Canyons und zahlreiche Kanäle auf, die an irdische Erosionsformen erinnern. Seine Oberfläche wird regelmäßig von vernichtenden Sandstürmen heimgesucht, während Kohlendioxideis und Wassereis die Polkappen je nach Jahreszeit wachsen und schrumpfen lassen. Vieles deutet darauf hin, dass die Kruste des Mars einst Wassereis oder sogar flüssiges Wasser enthielt – und möglicherweise noch enthält.

VIKING 2

Der Lander des Raumschiffs, der 1976 in einer Utopia Planitia genannten Region aufsetzte, streckt einen weißen Fühler aus, um Wetterdaten zu sammeln. Die Gesteinstrümmer dürften Auswurfmaterial eines Einschlagskraters sein. Seine blutrote Farbe verdankt Mars oxidiertem Eisen, während der gelblich braune Himmel von Staubpartikeln in der Kohlendioxidatmosphäre herrührt.

Heute wissen wir, dass der Mars ein höchst unwirtlicher Ort ist. Da er nur etwa ein Zehntel der Erdmasse besitzt, dürfte der größte Teil seiner – sofern überhaupt jemals vorhandenen – Atmosphäre schon vor Jahrmilliarden ins All entwichen sein. Die Überreste sind mager und diffus, vergleichbar der Erdatmosphäre in 45 km Höhe, und bestehen fast ausschließlich aus Kohlendioxid.

Darüber hinaus ist der Mars auch eine kalte Welt. Zwar gibt es auf dem Äquator einige wenige Stellen, an denen das Thermometer an einem Sommertag kurzzeitig über den Gefrierpunkt klettern könnte, aber aus eventuell vorhandenem Eis entstehendes Schmelzwasser würde sich wegen des geringen atmosphärischen Drucks sofort verflüchtigen. Auf dem größten Teil der Marsoberfläche liegt die Durchschnittstemperatur bei -60 °C und kann im Winter in den Polregionen bis auf -123 °C sinken. Der Mars verfügt über polare Eiskappen, die in der Kanal-Theorie eine wichtige Funktion erfüllten, da diese polare Wasservorräte in tiefer gelegene Gegenden leiten sollten. In Wahrheit bestehen die Kappen jedoch aus gefrorenem Kohlendioxid, also Trockeneis, unter dem bestenfalls Reste von Wassereis liegen. Im Winter werden die Pole von gewaltigen „Schneestürmen" aus Trockeneis heimgesucht, die mächtige Eiskappen aufbauen, die ihrer-

seits im darauffolgenden Sommer jedoch rasch wieder verdunsten.

Die Sonne, die vom Mars doch ein ganzes Stück weiter entfernt ist als von uns, zeigt sich als blasse Scheibe an einem zart karamellbraunen Himmel. Dieser verdankt seine Farbe feinen Staubpartikeln in der Atmosphäre, die gezielt Licht streuen. Die Oberfläche des Planeten besteht vorwiegend aus Gesteinsbrocken und Staub mit vereinzelten auffälligen geologischen Formationen – einem großen, aber vermutlich erloschenen Schildvulkan etwa, höher als der Mount Everest, und einem nahe gelegenen Tal namens Valles Marineris, das nicht nur länger ist als Nordamerika breit, sondern auch deutlich tiefer als der Grand Canyon. Im Großen und Ganzen gleicht die Geschichte des Mars der anderer kleiner terrestrischer Planeten: flüssiger Urzustand gefolgt von rascher Abkühlung und zum Stillstand gekommenen vulkanischen Aktivitäten.

Die moderne Marserkundung begann 1965 mit Mariner 4, die im Vorbeiflug erste grobe Aufnahme von der Oberfläche übermittelte. 1976 erreichten die beiden Viking-Sonden den Mars. Während die Orbiter den Planeten neu kartierten, machten die Lander Aufnahmen von der Oberfläche. Diese Mission sollte unsere Sicht auf den Roten Planeten völlig umkrempeln.

Wir dürfen nicht vergessen, dass die Frage, die damals allen auf den Nägeln brannte, nichts mit der marsianischen Geologie oder Atmosphäre zu tun hatte, sondern allein darauf hinauslief, ob es hier Leben gab oder nicht. Der wichtigste Auftrag der Viking-Landesonden bestand folglich darin, nach chemischen Spuren von Leben zu forschen. Bei einem Experiment wurden dem Boden Wasser und Nährstoffe zugegeben, und die Wissenschaftler warteten gespannt darauf, ob etwas wuchs. Ein anderes setzte radioaktives Material ein. Nach Abschluss der Mission waren die Wissenschaftler einhellig der Meinung, dass auf dem Mars kein Leben existierte, wenngleich einige wenige Forscher nach wie vor darauf beharrten, dass sehr wohl Lebensformen vorhanden wären, die Viking nur nicht habe aufspüren können, weil sie sich an uneinsehbaren Stellen verbargen. Einer weit verbreiteten These zufolge hatten Mikroben unterhalb der Oberfläche in einem marsianischen Gegenstück zu unserem Permafrostboden überdauert.

SCIENCE-FICTION...
Für Literaten, die auf ihm fremde, skurrile Lebewesen ansiedelten, war der Mars schon immer ein äußerst dankbares Objekt. H. G. Wells' *The War of the Worlds* und die Hollywood-Persiflage *Mars Attacks!* sind nur zwei Beispiele. Dass man gerade auf ihn verfiel, liegt buchstäblich nahe: Er zieht seine Bahn nicht allzu weit entfernt, zeigt erdähnliche Jahreszeiten und Tag- und Nachtwechsel und besitzt erkennbare Oberflächenmerkmale.

Doch so sehr die Viking-Landeeinheiten alle irdischen Hoffnungen, auf dem Mars Leben zu finden, enttäuschten, so sehr bestätigten die beiden Orbiter die Rückschlüsse, die Wissenschaftler aus früheren Mariner-Flybys gezogen hatten. Sie funkten detaillierte Bilder geologischer Formationen, die eigentlich nur durch fließendes Wasser verursacht sein konnten: Lange Rinnen, allem Anschein nach mit irdischen Flussbetten und -deltas identisch, gelten heute als Beweis, dass – wenngleich der Mars mittlerweile trocken und staubig ist – einst große Wassermassen über seine Oberfläche strömten. Einige Planetologen meinen sogar, auf der Nordhalbkugel Anhaltspunkte für einen einstigen Ozean entdeckt zu haben. Die von Viking dokumentierten Rinnen haben übrigens rein gar nichts mit Schiaparellis Kanälen zu tun – sie sind viel zu klein, um von der Erde aus sichtbar zu sein.

Unser heutiges Wissen über den Mars verwirft also sowohl die ursprüngliche „Alte-Lebens-Theorie", die Anfang des 20. Jahrhunderts die Phantasien beflügelte, als auch das „Dauerfrost-gefriergetrocknete-Bild" nachfolgender Forschergenerationen. Man nimmt vielmehr an, dass sich Erde und Mars in der Frühzeit relativ parallel entwickelten. Die Oberflächentemperaturen waren hoch genug für flüssiges Wasser, und beide Planeten verfügten über Atmosphären. Erst später, als die marsianische Atmosphäre allmählich in den Weltraum entwich, begann der Rote Planet jenes karge Antlitz zu entwickeln, in dem er sich heute präsentiert.

Dieses Bild von einem ursprünglichen wasserhaltigen Mars wurde am 4. Juli 1997 weiter untermauert, als der Mars Pathfinder auf dem Roten Planeten landete. Jedenfalls zeigten die faszinierenden Aufnahmen der Sonde eine von Felsbrocken, Geröll und Sediment übersäte Landschaft, wie wir sie auf der Erde von Ausflusstälern kennen.

Selbst die Twin Peaks, zwei niedere Hügel in der Nähe der Landestelle, schienen stromlinienförmig, wie von fließendem Wasser geformt.

Sollten Mars und Erde einander einst tatsächlich so ähnlich gewesen sein, ergeben sich daraus vollkommen neue Hypothesen: Wir wissen, dass sich das Leben hier relativ rasch entwickelte, binnen 500 Millionen Jahren nach Ende des Großen Bombardements. Hätte es damals auf dem Mars Ozeane, Tümpel oder auch nur eisbedeckte Seen gegeben, ist durchaus denkbar, dass auch dort eine Form von Leben entstand. Möglicherweise beschränkte sich diese auf einzellige Organismen, die ausstarben, als das Oberflächenwasser verschwand, doch auch solch einfache Formen könnten Spuren im Marsgestein hinterlassen haben – ähnlich Bakterien bei uns auf der Erde.

Einige Wissenschaftler, die nicht bis zum Jahr 2008 warten wollen, haben bereits angefangen, in jenem rund ein Dutzend Meteoriten, die mit hoher Wahrscheinlichkeit vom Roten Planeten stammen, nach entsprechenden Anhaltspunkten zu forschen. Man nimmt an, dass diese Steine bei einem Meteoriteneinschlag von der Marsoberfläche ins All geschleudert wurden und schließlich selber als kleine Meteoriten auf die Erde fielen. Dass diese Steine tatsächlich vom Mars kommen, scheint durch winzige Gaseinschlüsse belegt, die in ihrer chemischen Zusammensetzung exakt mit der Marsatmosphäre übereinstimmen.

1996 machte ein Forscherteam Schlagzeilen, das einen Meteoriten mikroskopisch untersucht hatte und dabei – angeblich – auf winzige Fossilien gestoßen war. Andere Wissenschaftler dementierten diese Entdeckung und deuteten die Funde als gewöhnliche Mineralstrukturen, die rein gar nichts mit ehemaligem Leben zu tun hätten.

Auch wenn der Mars folglich nicht das intelligente Leben trägt, das der Mensch einst dort zu finden hoffte, könnte er doch Hinweise auf frühe, wenn auch bereits im Anfangsstadium des Sonnensystems gescheiterte Experimente in dieser Hinsicht enthalten. Und er könnte uns viel darüber erzählen, wie Leben in anderen Teilen des Universums entstehen oder entstanden sein könnte – ein Thema, auf das wir an anderer Stelle zurückkommen werden.

Anders als Merkur, Venus und auch unsere Erde hat Mars zwei Monde, nach den beiden mythischen Begleitern des griechischen Kriegsgottes Ares Phobos (Furcht) und Deimos (Schrecken) genannt. Beide sind unregelmäßig geformte Gesteinskörper, unter 35 km groß, und von vollkommen anderer Zusammensetzung als ihr Mutterplanet. Phobos kreist in einer Höhe von nur etwa 6000 km – so tief, dass das faszinierende rote Antlitz des Mars für einen auf ihm stehenden Astronauten den halben Himmel einnehmen würde. Deimos zieht seine Bahn wesentlich weiter entfernt, in einer Distanz von gut 20 000 km, und scheint weniger zerklüftet. Beide dürften Asteroiden sein, die Mars mit seiner Schwerkraft einfing und in eine Umlaufbahn zog.

... UND FAKTEN

Dieses 4,5 Milliarden Jahre alte Meteoritenbruchstück – bekannt als ALH 84001 – dürfte vor 16 Millionen Jahren bei einem gewaltigen Einschlag von der Marsoberfläche abgesprengt und vor rund 13 000 Jahren auf der Erde gelandet sein. Entdeckt wurde es 1984 in Antarktika. Karbonatkügelchen und andere Einschlüsse werden von einigen Wissenschaftlern für das Werk primitiver bakterienähnlicher Lebewesen gehalten. Andere Forscher lehnen diese These vehement ab. Doch die Suche nach marsianischem Leben geht weiter ...

ASTEROIDEN-GÜRTEL
Zwischen den Umlaufbahnen von Mars und Jupiter verläuft der Asteroidengürtel, in dem es keine Planeten, dafür aber Millionen von Gesteinstrümmern unterschiedlichster Form und Größe gibt. Der Asteroid Mathilde (oben) misst im Durchmesser ca. 65 km und trägt die Narben zahlreicher Kollisionen. Auf einer Aufnahme des Weltraumteleskops Hubble (rechts) hat ein neu entdeckter Asteroid eine blaue Spur hinterlassen. Das Auffinden und Katalogisieren von Asteroiden bleibt eine Herausforderung für die Wissenschaft.

Den letzten Stopp auf unserer Reise durch das innere Sonnensystem legen wir weit jenseits der Umlaufbahn des Mars in einer planetenlosen Region ein, die als Asteroidengürtel bekannt ist. Hier ziehen Millionen von Asteroiden – Gesteinstrümmer, die in Form und Größe an Phobos und Deimos erinnern – ihre Bahn um die Sonne. Der erste Asteroid wurde 1801 entdeckt, und seit dieser Zeit hat man mehrere Tausend lokalisiert und mit Namen versehen. Im Oktober 1991 schickte die Raumsonde Galileo, die auf ihrem Weg zum Jupiter diese Region passierte, erste Nahaufnahmen einzelner Asteroiden. Nur ein rundes halbes Dutzend von ihnen haben eine Länge von mehr als 300 km. Der größte, Ceres, misst näherungsweise 950 km. Wesentlich handlicher ist Geographos, benannt nach der National Geographic Society, die die Erforschung des Weltraums seit Jahrzehnten dokumentiert. Der etwa 55 × 15 km große Asteroid Ida wird seinerseits von einem noch winzigeren Mond namens Daktyl umkreist.

Einst wurde der Asteroidengürtel für die Überreste eines explodierten Planeten gehalten, aber im 20. Jahrhundert fand man heraus, dass alle Asteroiden zusammengenommen nicht genügend Materie für einen Planeten aufbringen (alle zusammen haben gerade einmal ein Zwanzigstel der Masse unseres Mondes!). Nach derzeitigem Stand der Forschung sind Asteroiden Gesteinsbrocken aus der Zeit der Entstehung des Sonnensystems, die – möglicherweise bedingt durch die Gravitation Jupiters, vielleicht auch durch einen anderen, komplexeren Prozess – daran gehindert wurden, sich zu einem größeren Körper zusammenzuballen. Einer These zufolge gehörten zum Asteroidengürtel ursprünglich mehrere marsgroße Objekte, die jedoch im Laufe der Zeit kollidierten und deren Trümmer zum größten Teil ins All zerstreut wurden.

Gelegentlich geraten Asteroiden, sei es durch den Einfluss Jupiters oder durch Zusammenstöße, in Orbits, die sie näher an die Sonne und die inneren Planeten heranführen. Innerhalb der letzten 10 Jahre kam einer bis auf 170 000 km an unseren Heimatplaneten heran – das ist weniger als die halbe Entfernung Erde – Mond! Tatsächlich ist nicht auszuschließen, dass eines Tages ein Asteroid mit der Erde kollidiert und eine Katastrophe vergleichbar derjenigen hervorruft, die vor 65 Millionen Jahren zum Aussterben der Dinosaurier führte. Schon aus diesem Grunde werden die Asteroiden ständig überwacht. 1996 startete die NASA die Raumsonde NEAR (Near Earth Asteroid Rendezvous), die bald nur 30–50 km von dem Asteroiden Eros entfernt in eine Umlaufbahn einschwenken soll. Dieser rund 30 km lange Asteroid soll dann etwa ein Jahr lang intensiv beobachtet werden.

Auf unserer Reise weg von der Sonne verlassen wir nunmehr das vertrautere Reich der terrestrischen Planeten und kehren auch dem äußersten Mitglied des Asteroidengürtels den Rücken. Vor uns liegt eine ganz andere Region, das Reich der äußeren Planeten, die auch als Gasriesen bekannt sind. ●

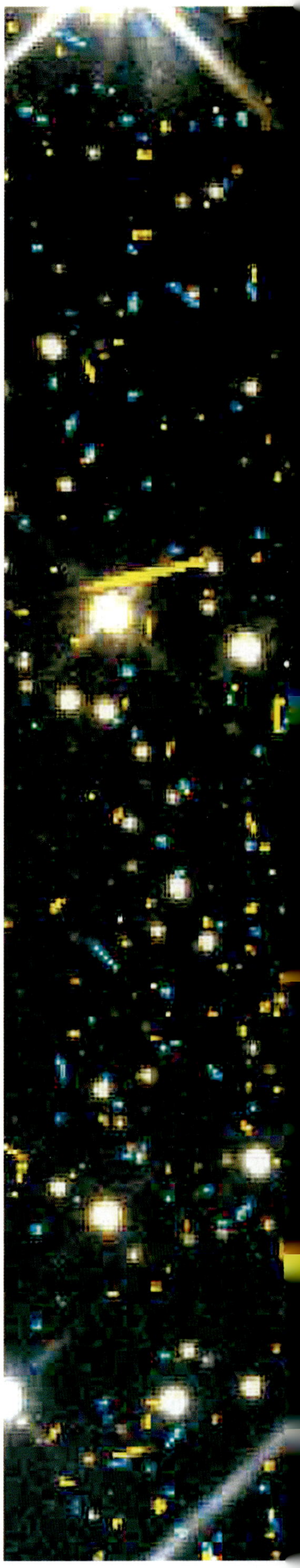

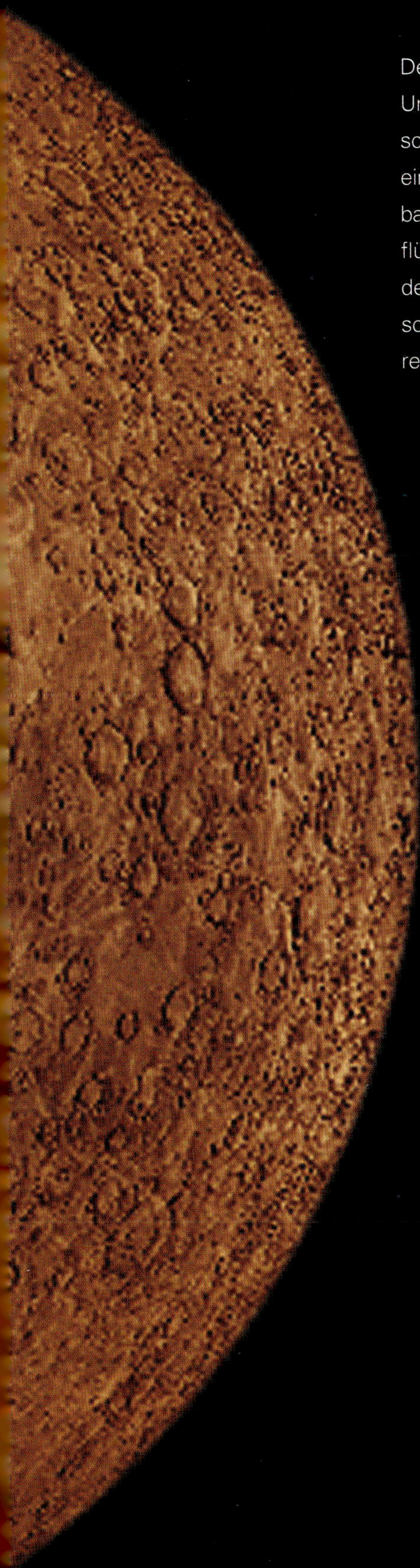

MERKUR

Der nach dem eilfüßigen Götterboten benannte Planet braucht für einen Umlauf um die Sonne nur 88 Erdtage. Er ist der am schwierigsten zu erforschende innere Planet, weil er sich ständig in Sonnennähe aufhält. Dieses eindrucksvolle Bildmosaik, das noch Formationen von nur gut 1 km erfasst, basiert auf einer Neuauswertung der Daten, die Mariner 10 bei drei Vorbeiflügen 1974–75 sammelte. Die scheinbar glatten Regionen sind Stellen, zu denen keine Daten vorliegen. Die pockennarbige Oberfläche des Merkur scheint mehr vulkanische Aktivität zu zeigen als unser Mond, die Ebenen reflektieren nahezu genauso wie die stark bekraterten Gebiete.

ZEITZEUGEN

Das Antlitz des Merkur (rechts ein keilförmiger Ausschnitt) trägt die Narben tausender Einschläge, von denen viele aus der Zeit des Großen Bombardements stammen dürften, einer frühen Entwicklungsphase unseres Sonnensystems. Eine Nahaufnahme (gegenüber) zeigt einen kleinen, relativ jungen Krater im Rand des ungleich größeren Brahms-Kraters, in dessen Mitte ein Zentralberg aufragt. Durch Untersuchung solcher einander überlagernder Formationen können Wissenschaftler Rückschlüsse auf die Geschichte des Planeten ziehen.

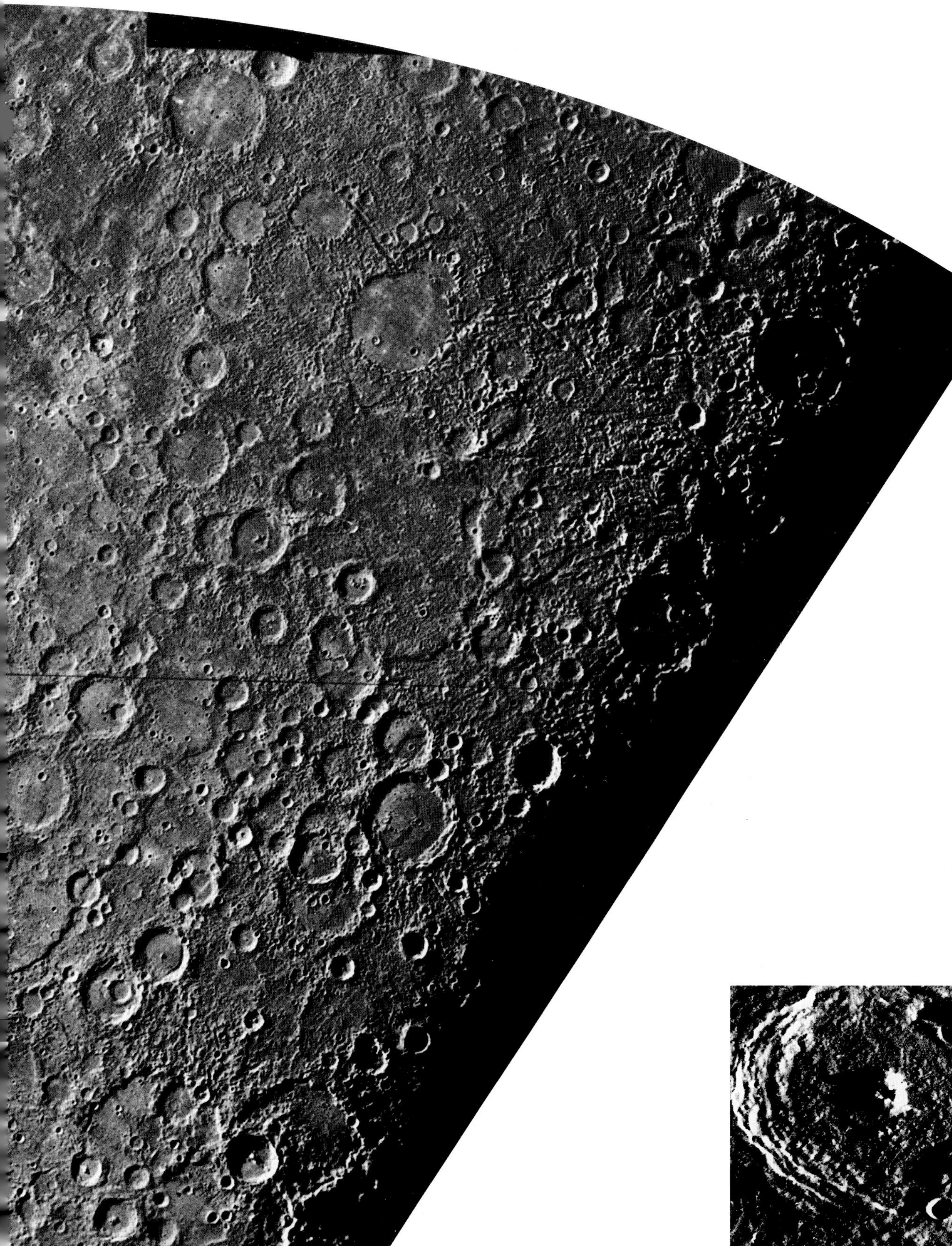

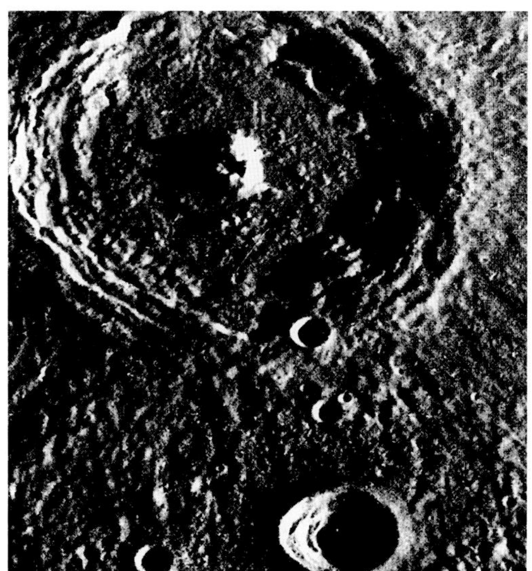

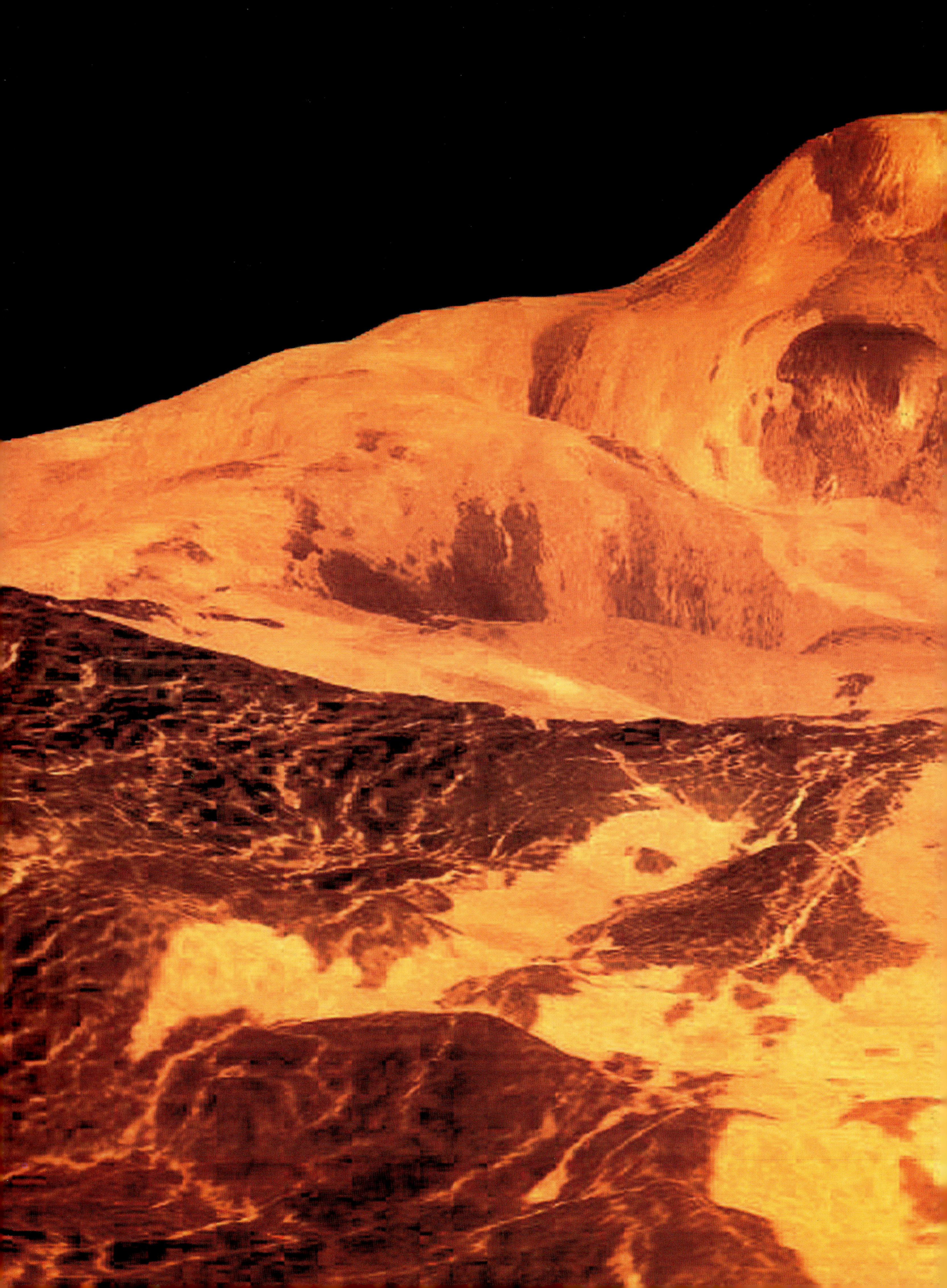

Der nach der altägyptischen Göttin der Wahrheit und Gerechtigkeit benannte Maat Mons erhebt sich über 8000 m hoch aus seiner höllengleichen Umgebung. Die Oberflächentemperatur der Venus schwankt zwischen 450 °C und 480 °C, tags wie nachts, liegt also noch über der von Merkur. Gleichzeitig tröpfelt Schwefelsäure aus der stets geschlossenen Wolkendecke. Dieses dreidimensionale Computerbild basiert auf Daten der Raumsonde Magellan, die mit Hilfe empfindlicher Radarsysteme durch die normalerweise blickdichte venusische Atmosphäre „schaute". Die Farben entsprechen den tatsächlichen, wie sie von der sowjetischen Venera-Mission übermittelt wurden. Die vertikale Skala wurde dagegen um mehr als 22fache überhöht, um die Unterschiede im Terrain besser hervorzuheben.

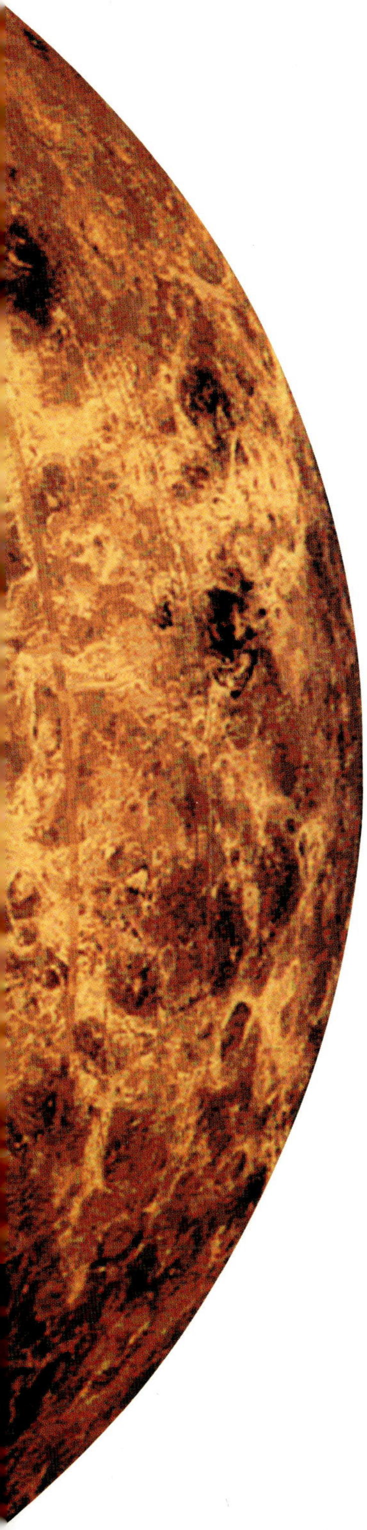

MIT WOLKENHÜLLE – UND OHNE
Auf einer Falschfarbenaufnahme (oben) des Raumschiffs Galileo präsentiert sich der Planet in Blau, um die schwachen Kontraste innerhalb der Wolkendecke deutlicher hervortreten zu lassen. Dank solcher und ähnlicher Verfahren konnten Wissenschaftler nachweisen, dass Venus starken Ostwinden ausgesetzt ist, die die Wolken mit über 350 km/h nach Westen treiben.

Ein ganz anderes Bild der Venus (links), erstellt vom „Radarauge" des Raumschiffes Magellan, zeigt den Planeten so, wie er ohne Wolkenhülle aussehen würde. Die Farben, die auf Messungen der Venera-Sonde basieren, dürften der Realität entsprechen.

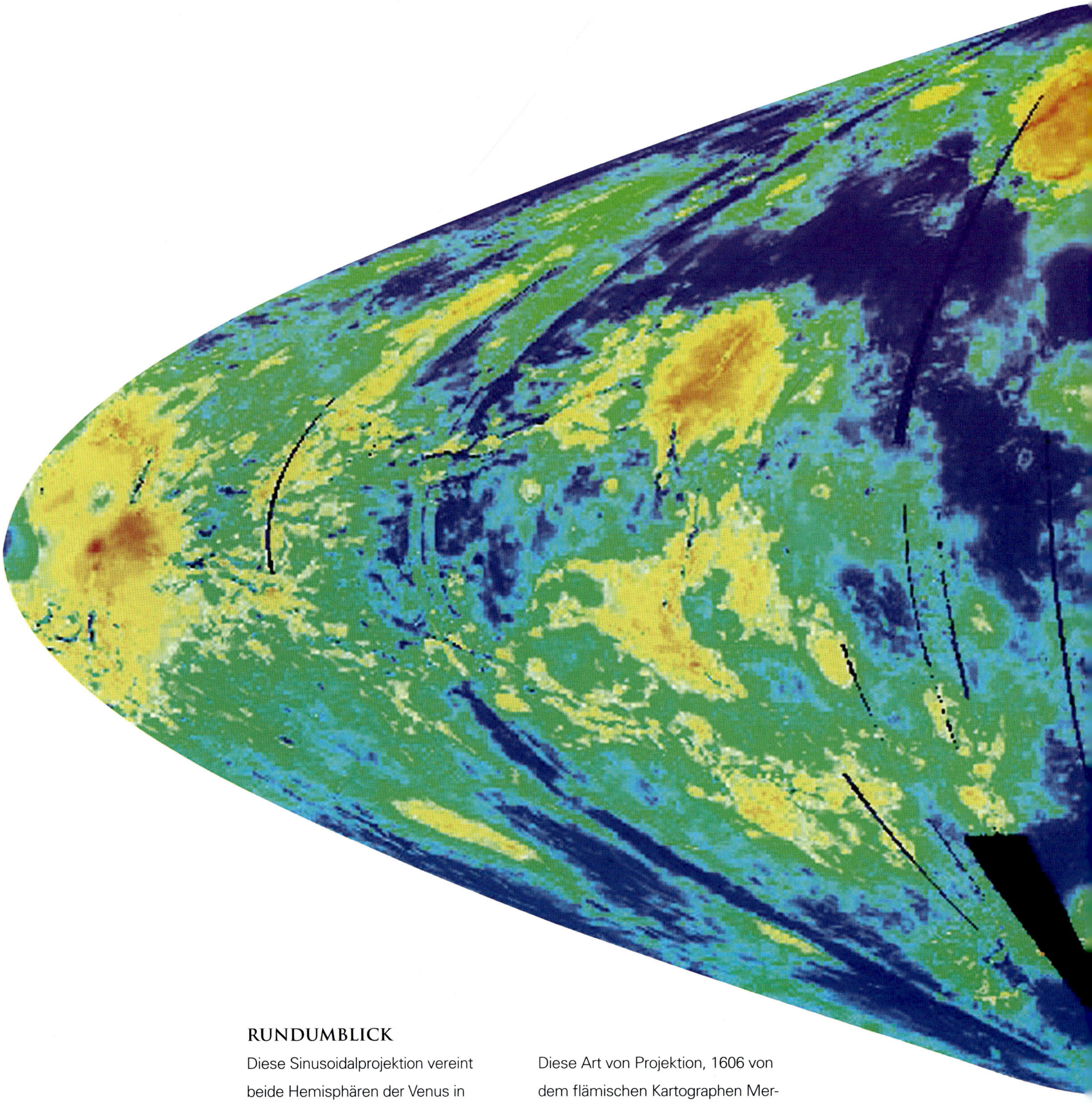

RUNDUMBLICK

Diese Sinusoidalprojektion vereint beide Hemisphären der Venus in einer flachen Darstellung, die die abwechslungsreiche Topographie des Planeten verdeutlicht. Der Mittelmeridian und die Parallelkreise entsprechen den tatsächlichen Entfernungen, während andere Longitudinallinien zu Sinuskurven verzerrt sind.

Diese Art von Projektion, 1606 von dem flämischen Kartographen Mercator entwickelt, eignet sich zum Vergleich von Flächen in verschiedenen Sektoren. Die Farben illustrieren relative Höhenbereiche, wobei Rot die höchst gelegenen Punkte markiert, gefolgt von Gelb und Grün, während Blau die tiefsten Regionen kennzeichnet.

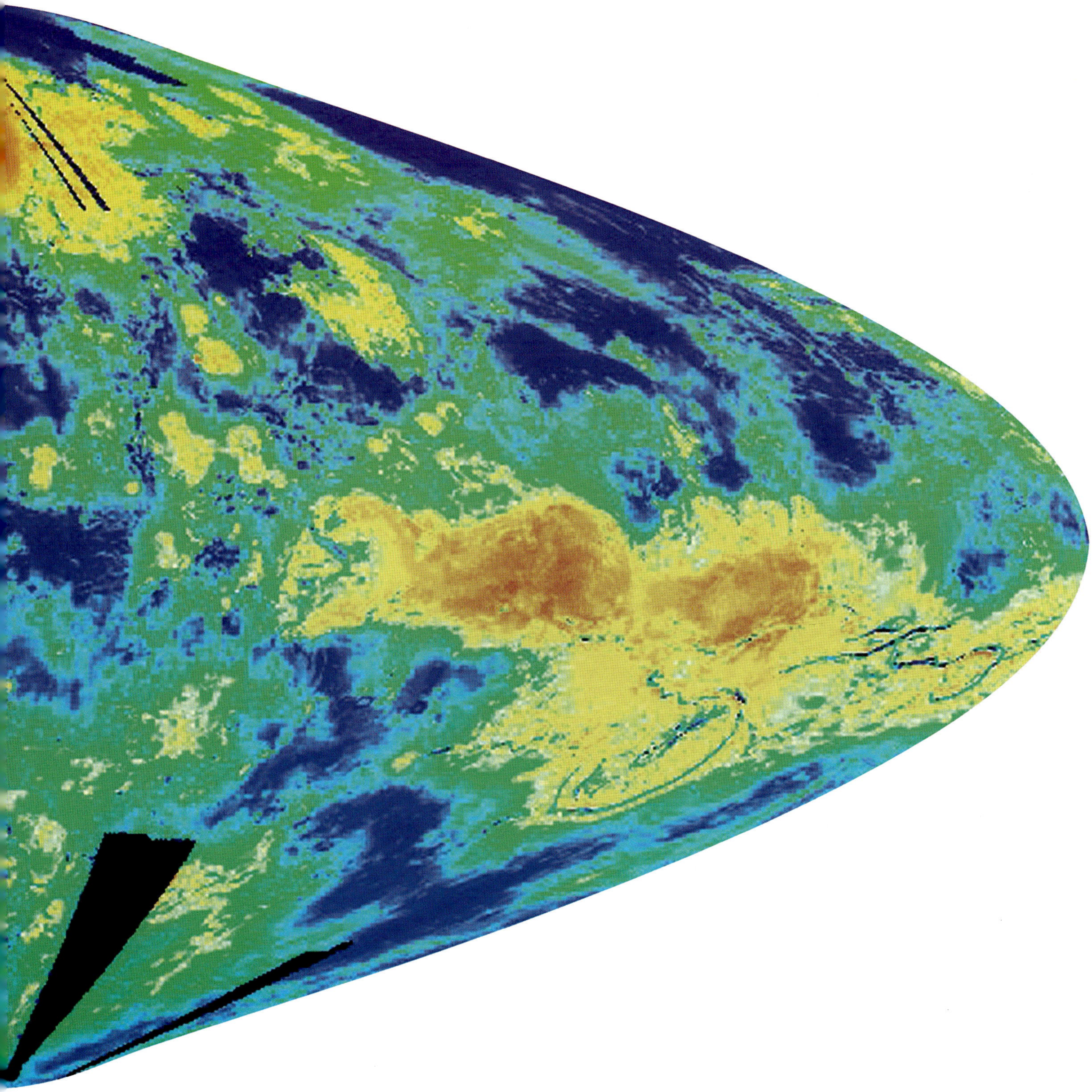

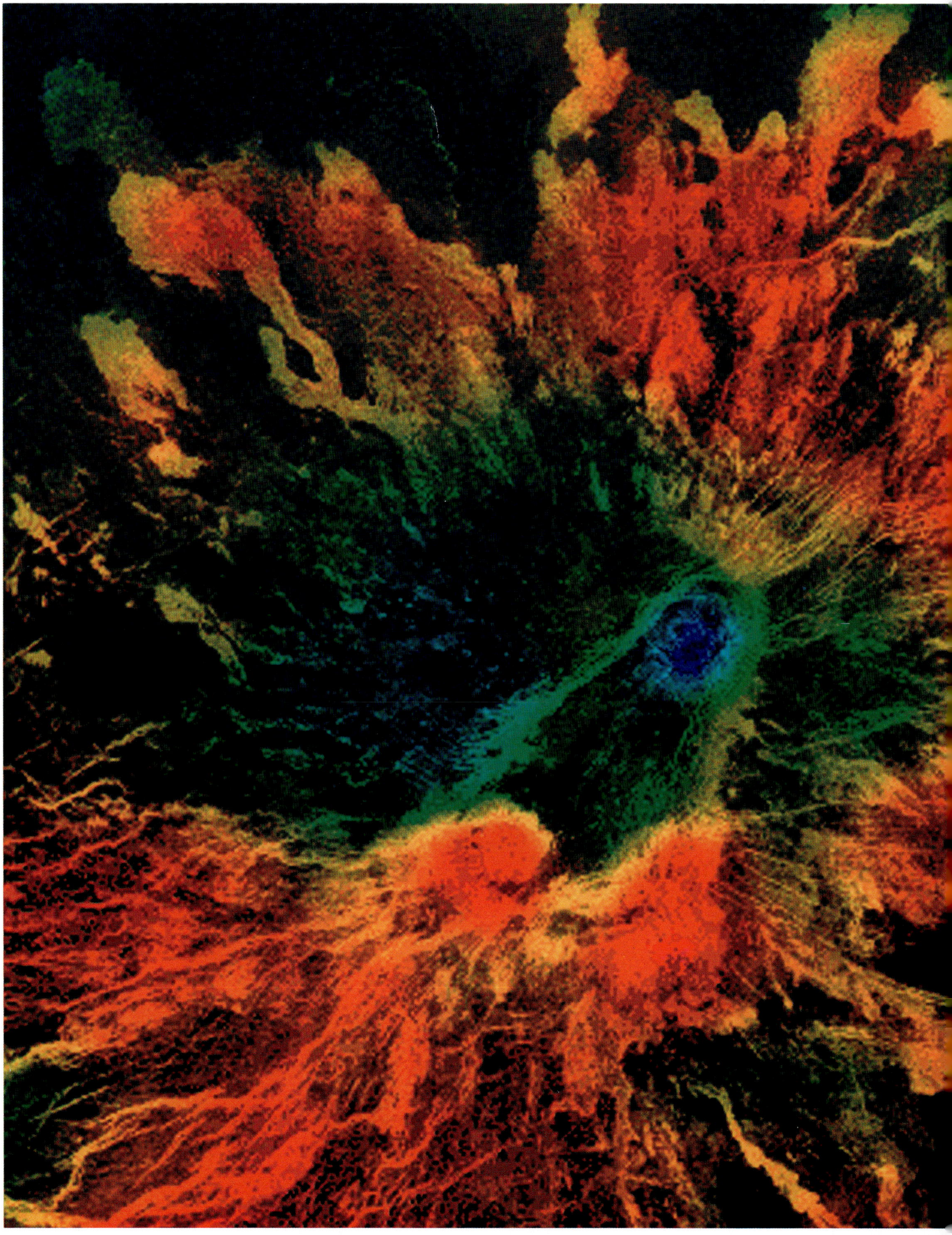

VENUSISCHER VULKAN

Vom surrealistisch anmutenden Erscheinungsbild seiner Lavaformationen fast verdeckt, ragt auf der Südhalbkugel ein über 1600 m hoher Vulkankegel empor. Die farbkodierte Magellan-Radaraufnahme zeigt eine Fläche von knapp 650 qkm. Rot und Orange repräsentieren heiße Regionen und alte Lavaströme, während das blaue Zentrum für die kühleren Temperaturen an Gipfel des Vulkans steht und möglicherweise auch auf Eisen- und Schwefelvorkommen hindeutet, die in tiefer gelegenen Gegenden instabil sind.

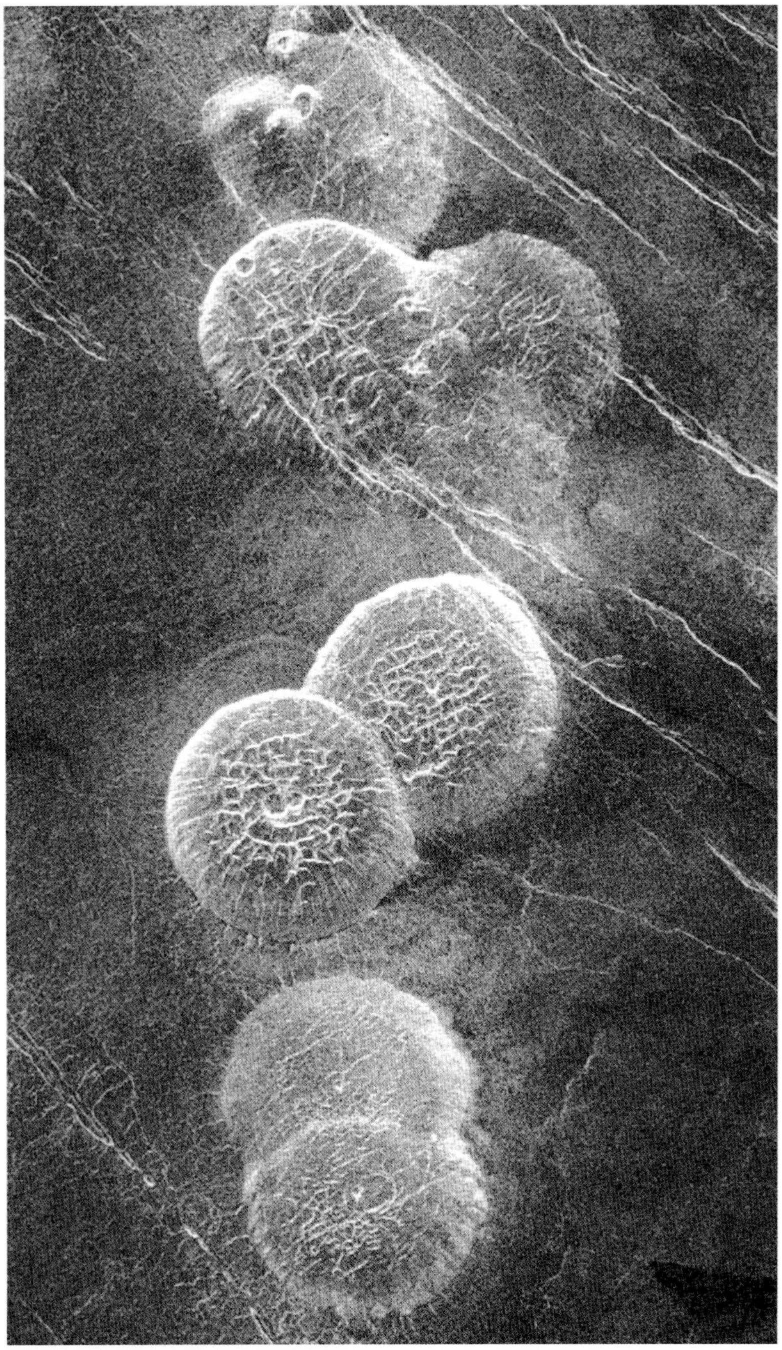

VENUS IM DETAIL

Faszinierende Formationen prägen die Oberfläche der Venus und regen zu fantasievollen Interpretationen an. Magellan funkte eine Reihe detaillierter Bilder von der überaus vielseitigen venusischen Topographie zur Erde, die Wissenschaftler im Vergleich zu ähnlichen irdischen Strukturen und Prozessen zu deuten versuchen. Die so genannten Pfannkuchenvulkane (links) könnten die Folge von Ausbrüchen mit extrem dickflüssiger Lava sein.

Ein besonders auffälliger Vulkan, 65 km groß und wegen seiner insektenartigen Form als „Zecke" bezeichnet (rechts), hat einen großen, konkaven Gipfel, umringt von strahlenförmigen Höhenzügen und Tälern. Auf einer Seite durchbricht ein dunkler Lavastrom den Kraterrand und bildet den „Kopf" der Zecke.

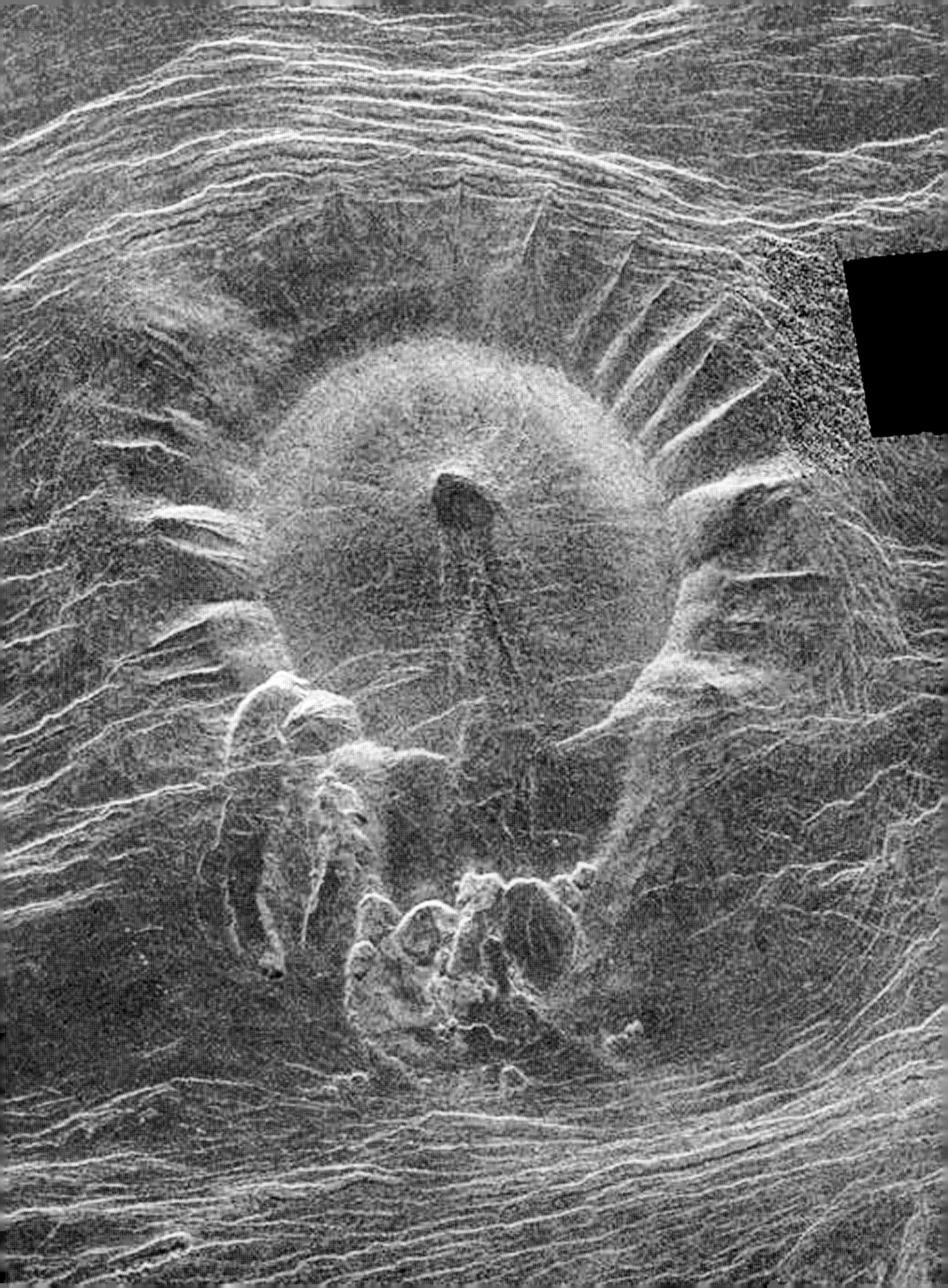

ERDE

Wie farbenprächtige grün-rote Schleier driften die Leuchterscheinungen der Aurora australis in der oberen Erdatmosphäre zwischen einem überbelichteten Mond und dem wolkenverhangenen südlichen Indischen Ozean. Zur Ausbildung von Polarlichtern kommt es, wenn in Zeiten verstärkter Sonnenaktivität elektrisch geladene Teilchen des Sonnenwinds auf das Magnetfeld der Erde treffen und mit den Molekülen der irdischen Lufthülle zusammenstoßen und diese ionisieren. Dieses Bild wurde von Bord des Space-Shuttle Discovery aufgenommen.

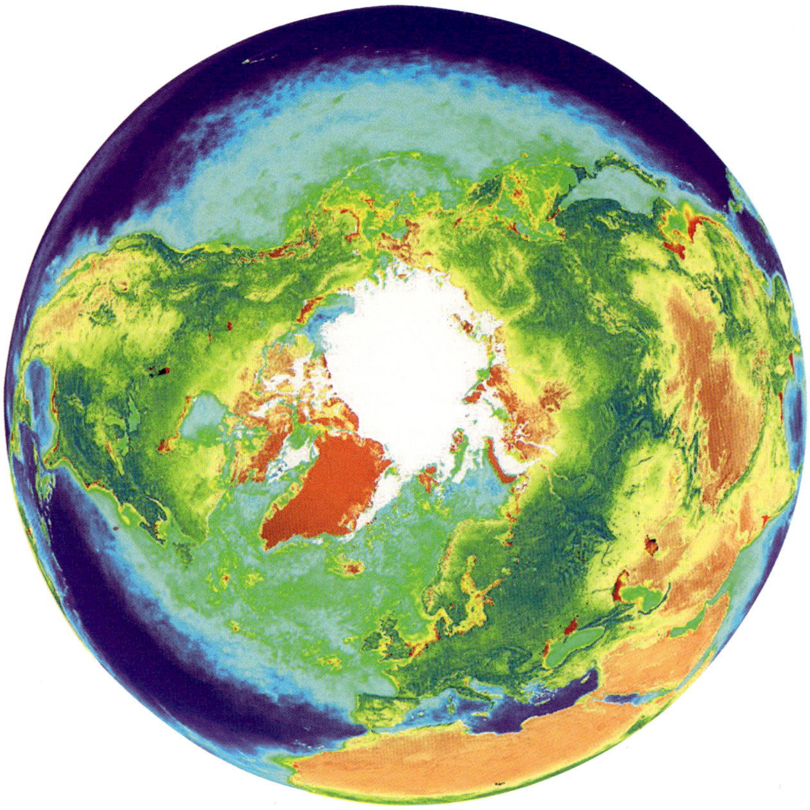

BLICK AUS DEM ALL

Mit allen möglichen Instrumenten ausgerüstete Satelliten umkreisen die Erde, funken eine Fülle von Daten zurück und erweitern so täglich unser Wissen über den Blauen Planeten. Sensoren an Bord der Raumsonde SeaStar zeichnen selbst kleinste Veränderungen in der Verbreitung von Phytoplankton auf – dem lebenswichtigen Ausgangspunkt aller marinen Nahrungsketten –, indem sie Unterschiede im Reflexionsvermögen der Weltmeere auf der Nord- (oben) und Südhalbkugel (links) messen.

Andere Satelliten beobachten das saisonale Ozonloch über Antarktika (rechts), dessen Anwachsen weltweit Umweltbedenken ausgelöst hat. Auf dieser Falschfarbenaufnahme sind niedrige Ozonpegel blau kodiert.

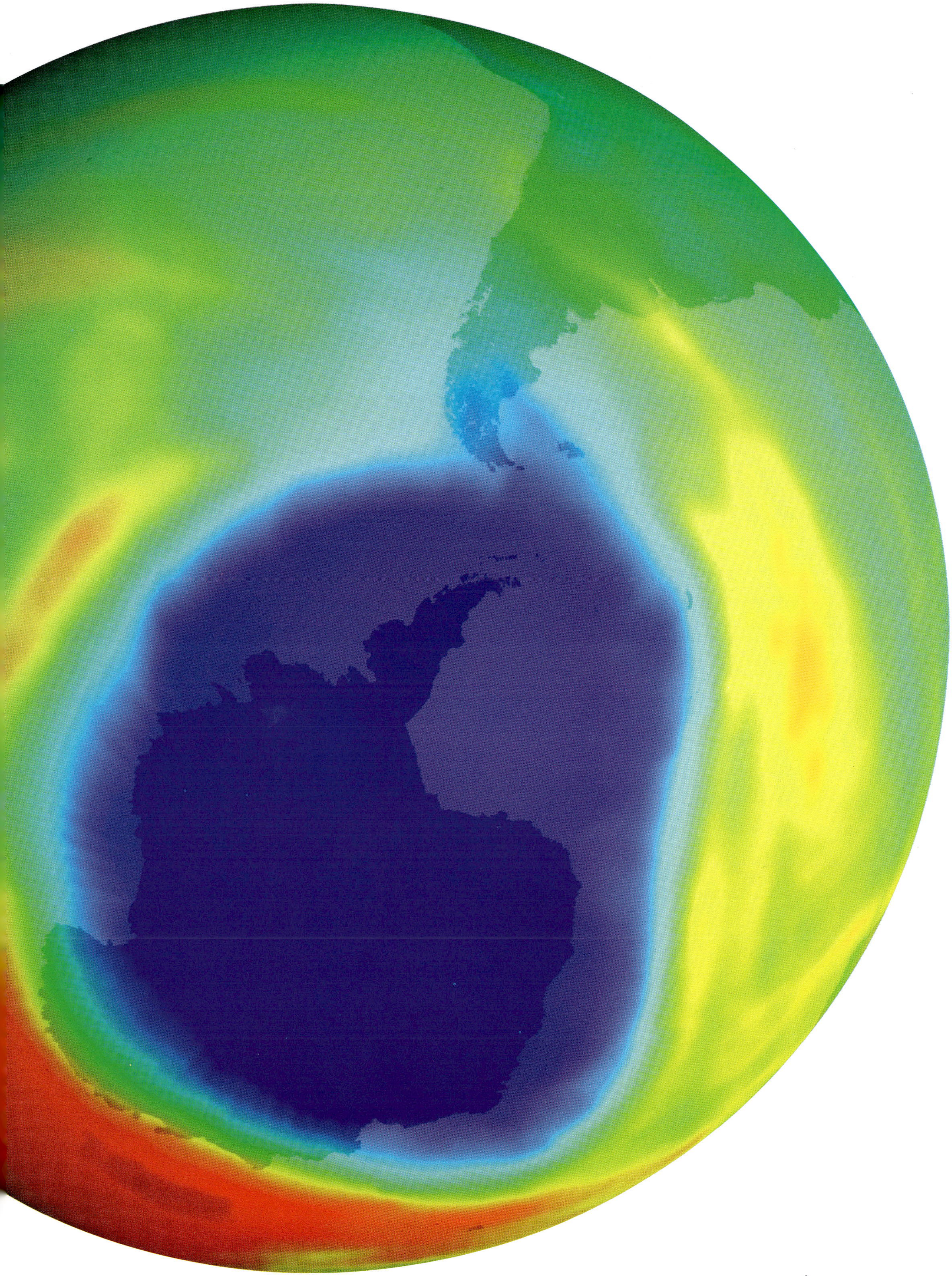

HIMALAYA

[VORHERGEHENDE DOPPELSEITE] Die grandiose Topographie des höchsten Gebirgsmassivs unseres Planeten zeugt von der Gewalt der tektonischen Kräfte tief unter der Erdkruste. Dieses Falschfarben-Radarbild, mit dessen Hilfe Geologen die Verteilung verschiedener Gesteinsarten ermitteln können, gibt Fachleuten Einblick in die Entstehungs- und Entwicklungsgeschichte wichtiger geologischer Formationen. Granite sind braun-orange kodiert, ältere Sedimentär- und Ergussgesteine erscheinen hellblau.

KAMTSCHATKA

Diese Falschfarben-Radaraufnahme der sibirischen Halbinsel (oben) lenkt unser Augenmerk auf ein anderes weit verbreitetes geologisches Phänomen: Vulkanismus. Hier erhebt sich in Küstennähe der mächtige Maly Semljatschik, der zum pazifischen Feuergürtel gehört. Ihrer gewaltigen Vernichtungskraft wegen schon immer gefürchtet, sind Vulkane zugleich eine wichtige kreative Naturgewalt, die Krustenmaterial an die Erdoberfläche transportiert und dabei zur chemischen Zusammensetzung der Atmosphäre beiträgt und zahlreiche Minerale und Erze zugänglich macht.

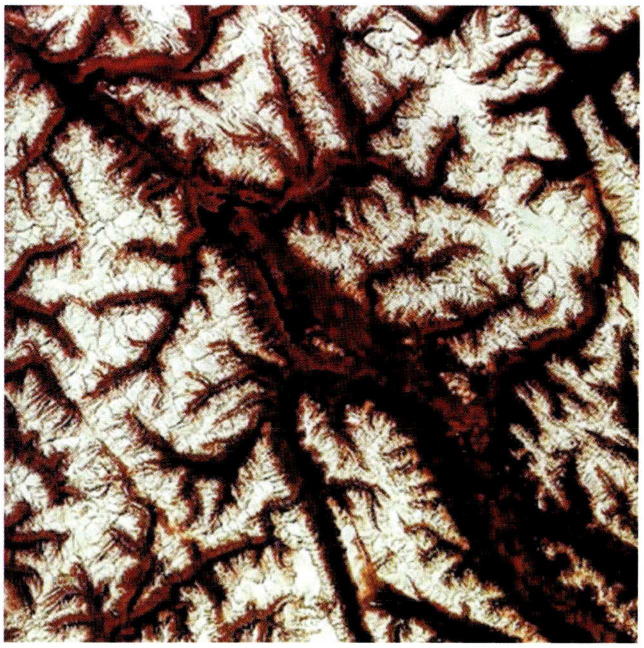

MENSCH ODER NATUR?

Satellitenbilder können nicht nur topographische Details von unserem und anderen Planeten aufzeichnen, sondern auch menschliche Aktivitäten überwachen. Diese Space-Shuttle-Radaraufnahme (links) zeigt die Umgebung von Washington, D.C.: Besonders dicht bebaute Gebiete sind weiß und hellblau, Regionen mit stärkerer Vegetation dunkelblau kodiert, während Schwarz die Flussläufe von Potomac und Anacostia River markiert.

Ganz anders ein Satellitenbild der nördlichen Rocky Mountains (oben), das die dentritische Verzweigung der Gebirgskämme und -täler entlang der kontinentalen Wasserscheide illustriert.

EIN BLICK ZURÜCK

Diese Falschfarbenansicht unseres Heimatplaneten stammt von der Raumsonde Clementine, deren eigentliche Aufgabe darin bestand, geophysikalische Messungen des Mondes vorzunehmen. Der helle Bogen direkt unterhalb der blauen Erdhülle wird Airglow genannt und markiert eine Zone der Hochatmosphäre, in der chemische Reaktionen ein schwaches Eigenleuchten erzeugen. Der verschwommene helle Fleck rechts rührt von den Lichtern einer Metropole her.

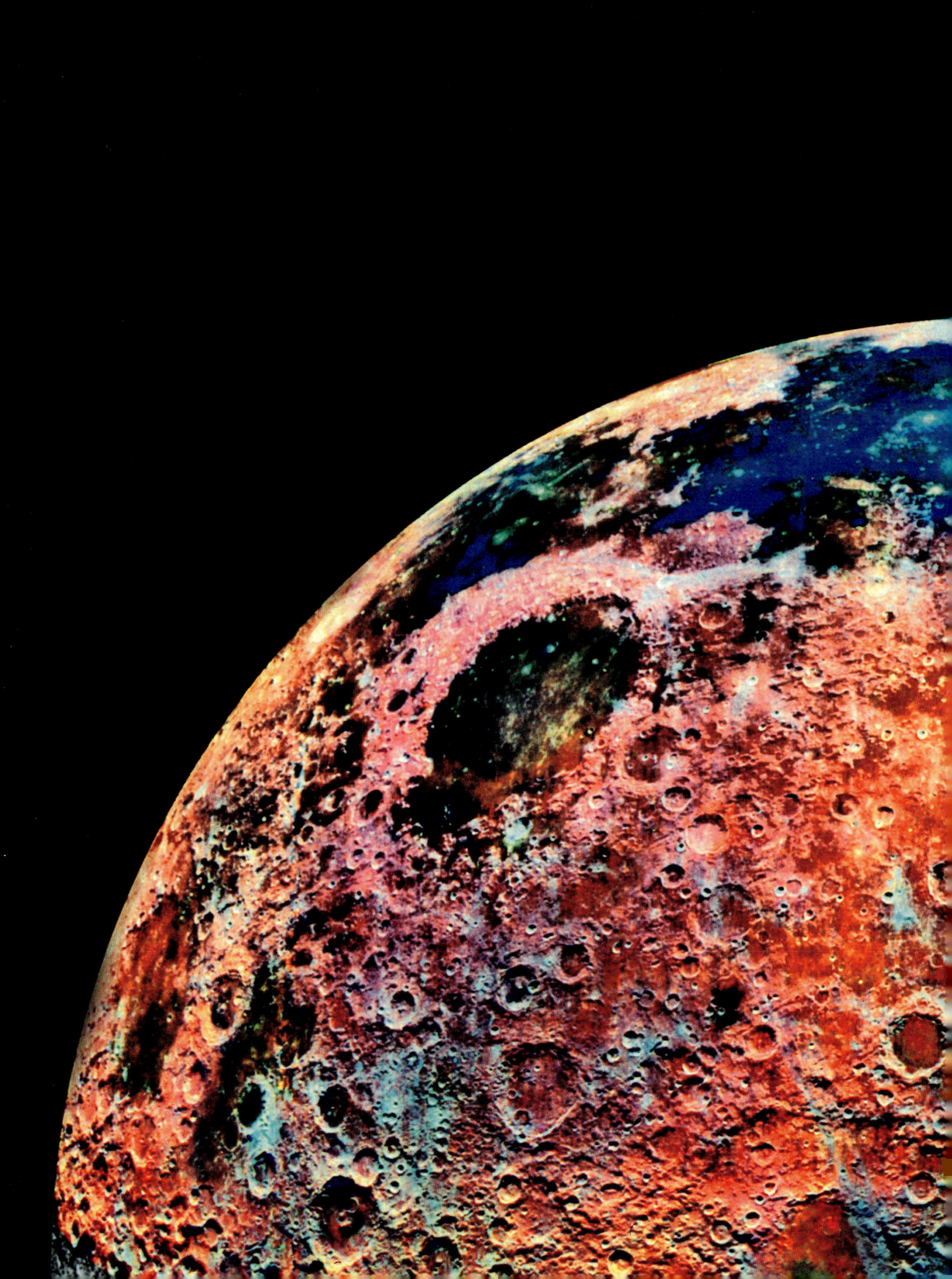

DER MOND

Was wie eine gigantische Eisbombe aussieht, ist ein Falschfarben-Mosaikbild der mineralischen Zusammensetzung der Mondoberfläche. Leuchtendes Rosa ist die Kodierung für Hochlandregionen, Blau und Orange markieren vulkanische Lavaströme und die „Mondmeere". Dunkelblaue Gebiete weisen hohen Titangehalt auf, heller blaue stehen für andere mineralreiche Böden mit relativ jungen Einschlägen.

MUTTERSEELENALLEIN IM MONDMEER

Der Wissenschaftler und Astronaut Harrison Schmitt, Pilot der Landfähre der letzten Apollomission, bei einem Manöver mit dem Mondmobil in der Nähe der Landestelle von Apollo 17 im desolaten Taurus-Littrow-Tal. Lange nachdem vor rund 3,7 Milliarden Jahren Lava den Boden des riesigen Einschlagskraters überflutete, brachte ein Erdrutsch aus dem Hochland Gesteinsbrocken in diese eintönige Mondlandschaft. Aufgrund seiner geringen Masse und Gravitation hat der Mond seine Atmosphäre – so er je eine besaß – vor Urzeiten verloren. Wegen der gebundenen Rotation werden die meisten Mondsektoren jeden Monat rund zwei Erdwochen von der Sonne beschienen und liegen anschließend zwei Erdwochen im Schatten.

HALB UND HALB

Weil die Gravitation den Mond in einen synchronen Orbit mit der Erde zwingt, wendet er uns stets dieselbe Seite zu.

Diese Apollo-16-Aufnahme zeigt einen Teil der vertrauten „Mann-im-Mond"-Landschaft mit den großen Mare (links) und einen Teil der stark bekraterten Rückseite (rechts). Das Fehlen größerer „Meere" auf der Rückseite mag damit zusammenhängen, dass die Kruste dort dicker ist und Meteoriteneinschläge weniger Risse verursachten, durch die Magma aufdringen hätte können.

TIEFER SÜDEN

Dieses Mosaik der Südpolregion des Mondes ist aus rund 1500 Bildern der 1994 gestarteten Raumsonde Clementine zusammengesetzt. Die riesige Senke rings um den Pol könnte kalt und dunkel genug sein, um noch Reste kometischen Eises zu bergen.

Eines der jüngsten Einschlagsbecken unseres Trabanten, Schrödinger (nach dem österreichischen Physiker), liegt in der Randregion dieser Aufnahme, etwa auf 4-Uhr-Position. In ihm befindet sich eine der größten vulkanischen Aschekegel des Mondes.

KRASSER KONTRAST

Lange Schatten und grelles Sonnenlicht kennzeichnen die Topographie der Mondoberfläche auf diesen beiden Aufnahmen. Ersteres hängt mit der tief stehenden Sonne, zweiteres mit dem Fehlen einer erdähnlichen Atmosphäre zusammen. Impaktkrater – nicht selten findet man jüngere Krater, die ältere, größere überlagern (oben) – helfen Wissenschaftlern dabei, einige Aspekte lunarer Geologie aufzuklären. Das Bild (rechts), das den gigantischen Krater Kopernikus vor dem Hintergrund der lunaren Karpaten zeigt, funkte die Raumkapsel einer Apollo-Mission zur Erde zurück.

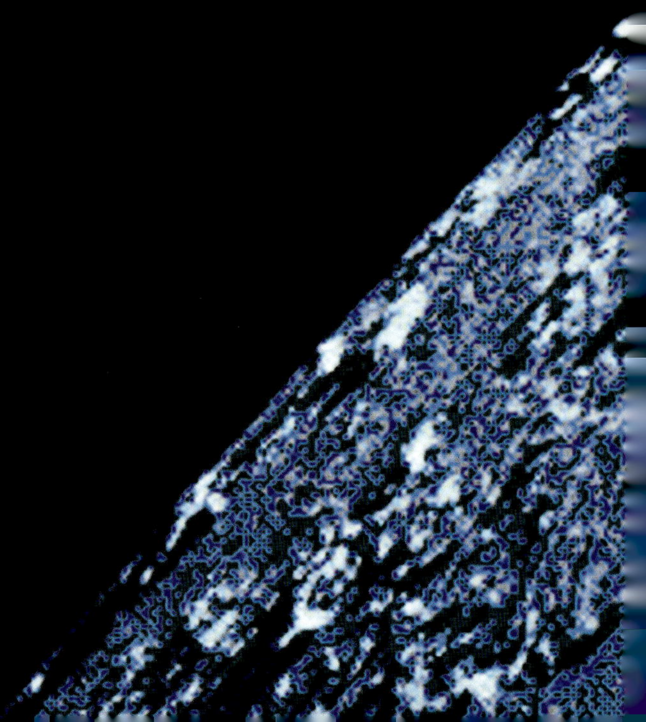

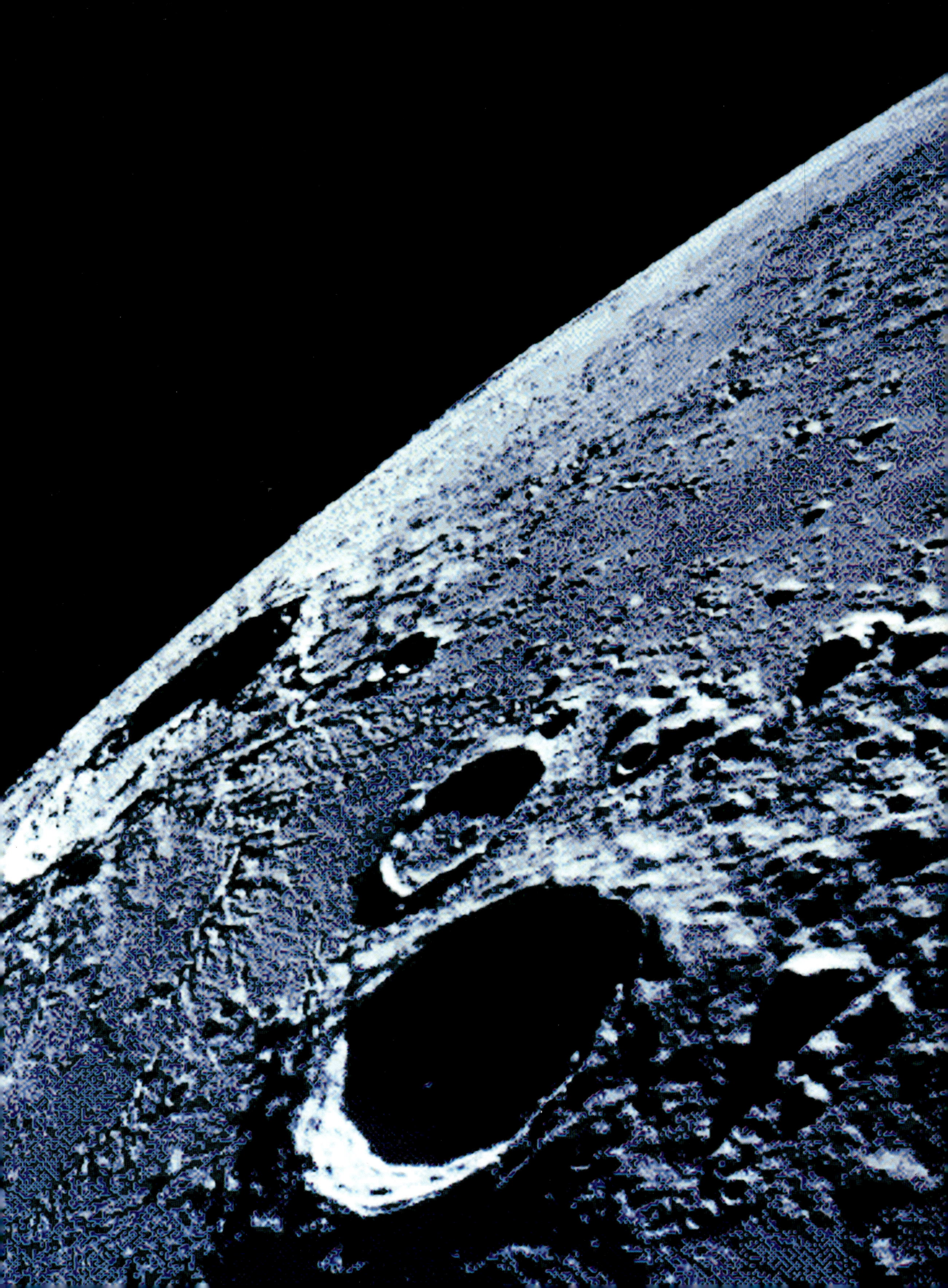

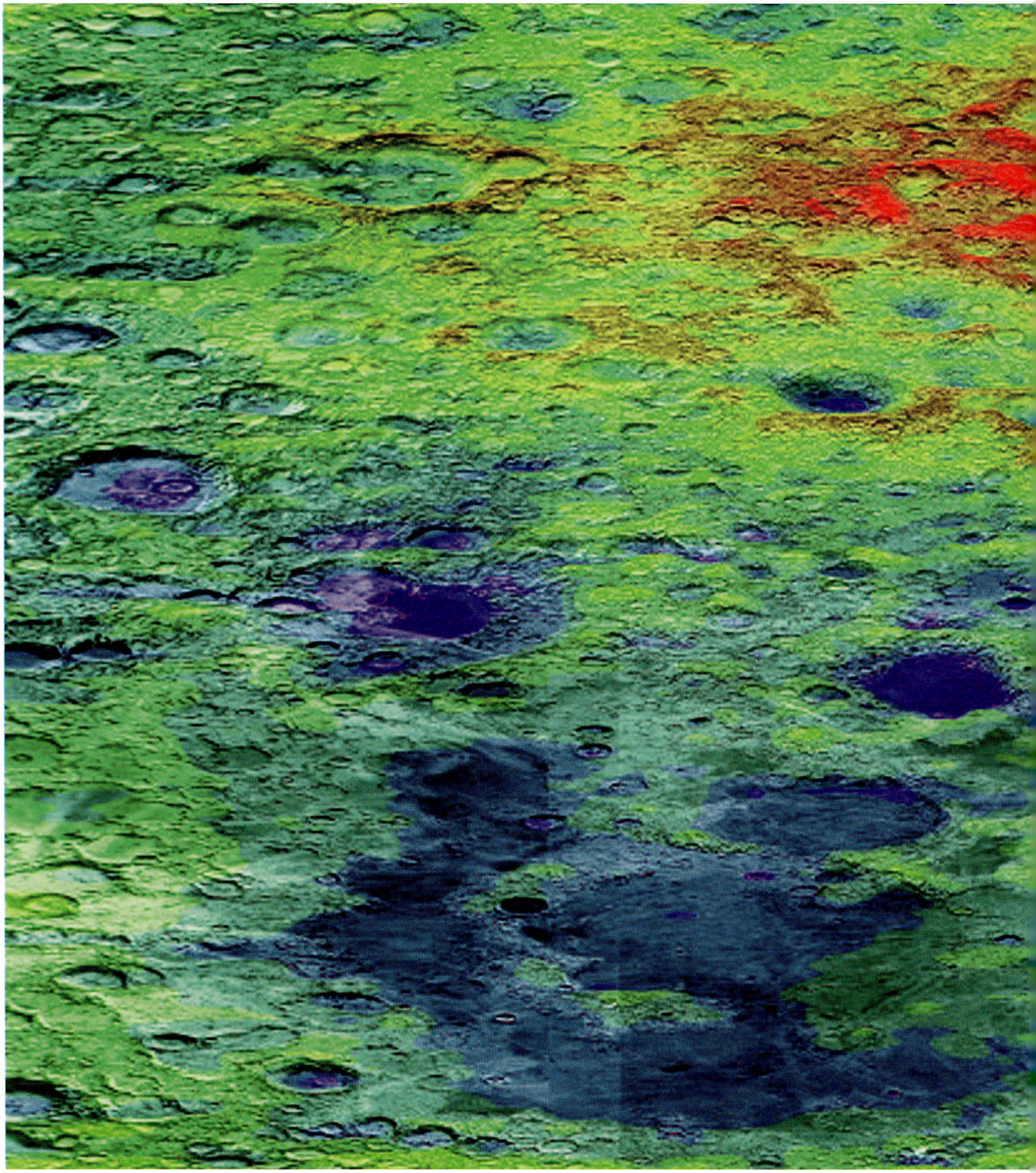

FALSCHFARBEN-MOND

Mit Blick auf die Höhenunterschiede zeichnet dieses Mondporträt die tiefst gelegenen Regionen violett aus, gefolgt von – in buchstäblich aufsteigender Reihenfolge – Blau, Grün und Rot. Die tiefste Stelle bildet das Aitken-Becken am Südpol, in unserem Bild rechts oben.

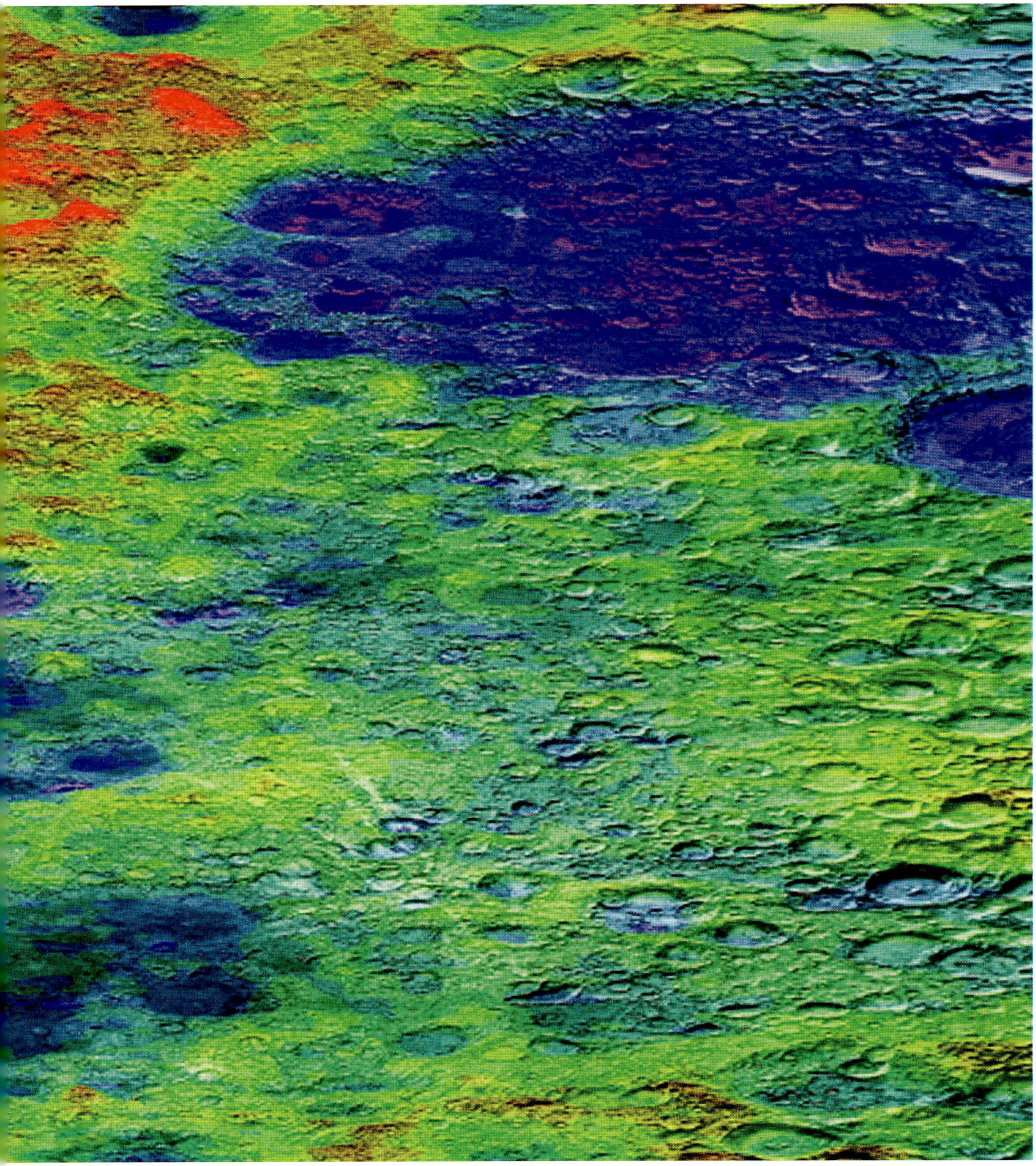

Die zweite hier sichtbare große Senke könnte durch einen oder mehrere Meteoriteneinschläge verursacht worden sein, während die rötlichen Höhenzüge oben im Bild wahrscheinlich durch Auswurfmaterial früherer Einschläge entstanden.

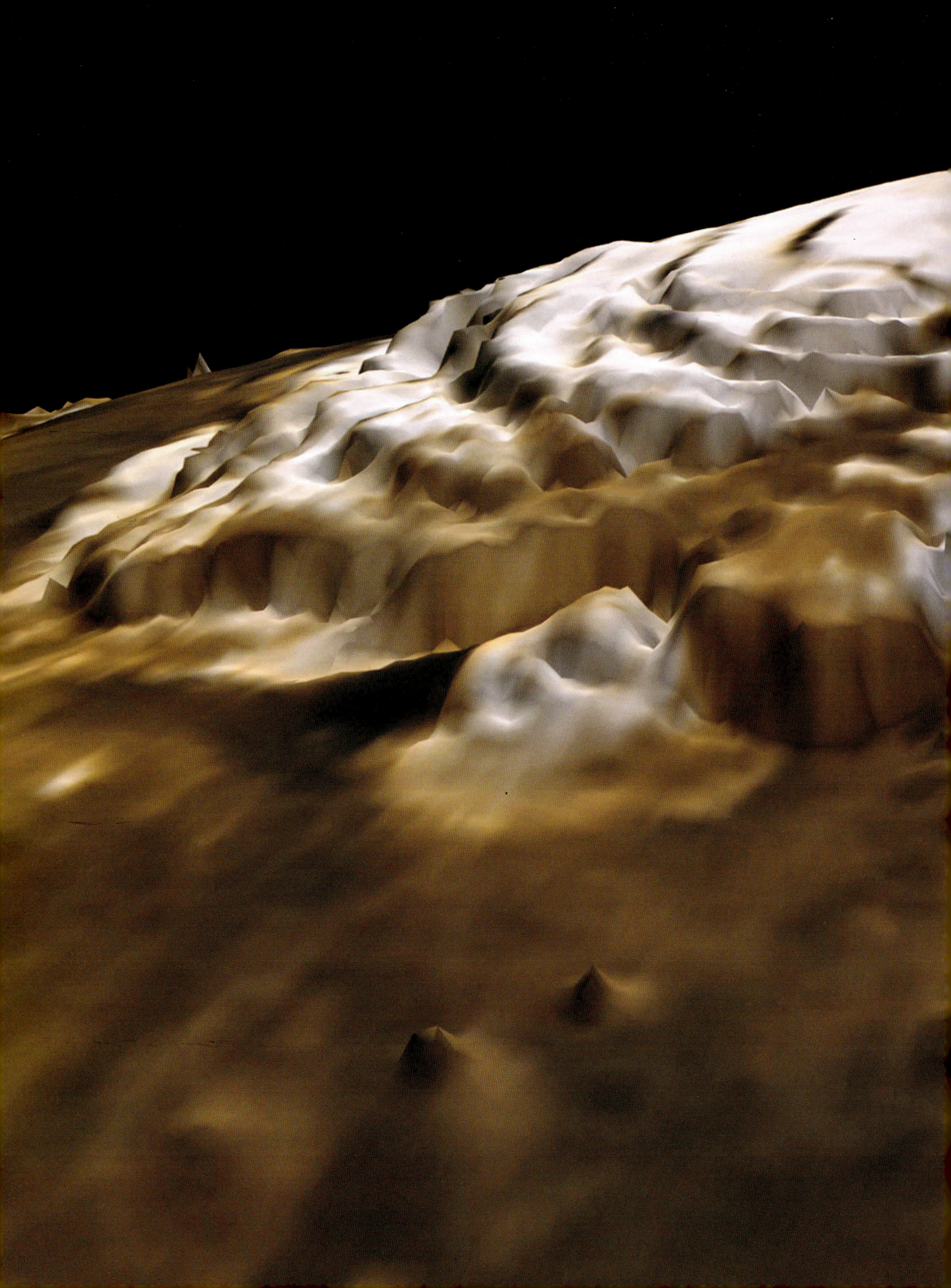

Ein Höhenmesser des Mars Global Surveyor, der die Oberfläche mit einem Laserstrahl abtastete, lieferte 1998 die Daten zu dieser ersten dreidimensionalen Darstellung der Nordpolregion des Roten Planeten. Solche modernen Verfahren versetzten Wissenschaftler in die Lage, Genaueres über das Volumen der Polkappe zu erfahren und die Oberflächenstrukturen näher zu untersuchen. Die Polkappen des Mars enthalten etwas Wassereis, das jedoch von Kohlendioxideis überlagert wird.

„GEFRIERGETROCKNET“

Mars (rechts) liegt rund 220 Mio. km von der Sonne entfernt – 1,5mal so weit wie die Erde –, was sich u. a. in einer mittleren Oberflächentemperatur von -63 °C auswirkt. Zudem ist der Rote Planet kleiner als der unsere und besitzt weniger als die Hälfte der Erdanziehungskraft. Seine Vulkane sind erloschen, und es gibt zwar kein flüssiges Wasser, doch ein riesiges, 4000 km langes und bis 10 km tiefes Canyonsystem, das ein Fünftel des Planeten umspannt. Die beiden kleinen Monde des Mars, Phobos (oben) und Deimos (unten), sind vermutlich eingefangene Asteroiden. Ihre Namen erinnern an die Begleiter des griechischen Kriegsgottes Ares.

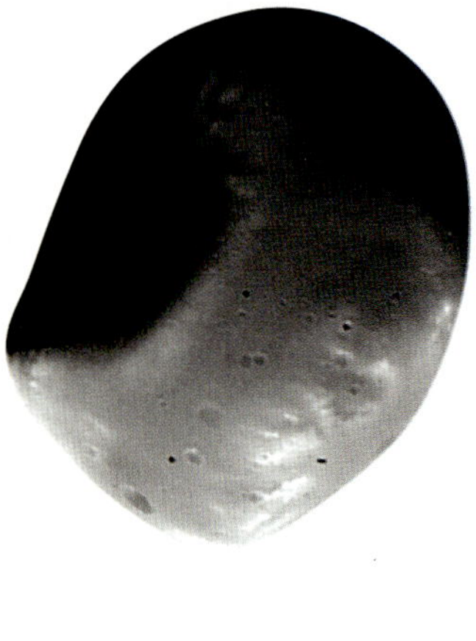

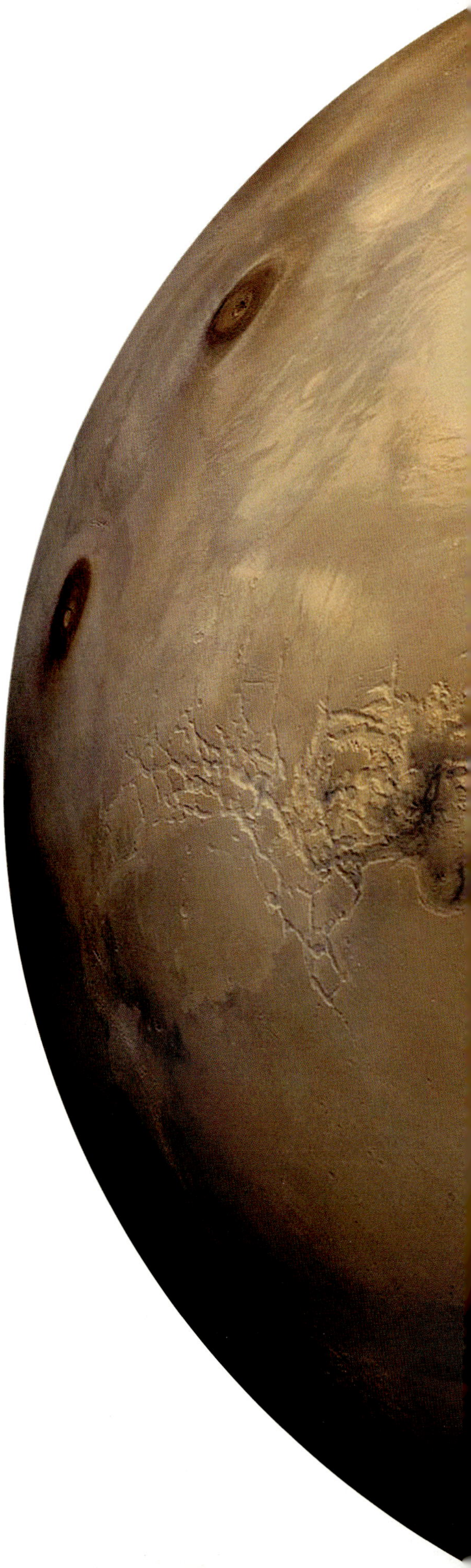

PFADFINDER AUF DEM MARS

Diese Panoramaaufnahme der Landeeinheit des Mars Pathfinder zeigt die ausgerollten Rampen und die zylinderförmige Antenne der Sonde an ihrer steinübersäten Landestelle in der Nähe eines vermutlichen Ausflusstals. Sojourner, der sechsrädrige Rover des Landers, nähert sich einem Felsbrocken, den NASA-Wissenschaftler Yogi getauft haben. Die im Dezember 1996 gestartete Mission erreichte den Mars am 4. Juli 1997 – die erste Landung auf dem Roten Planeten seit Viking 2 mehr als 20 Jahre vorher.

Pathfinder funkte prompt und zuverlässig spektakuläre Bilder von der Marsoberfläche zurück, die die irdischen Zuschauer wochenlang in Atem hielten. Auf einer seiner Echtfarbenaufnahmen (gegenüber) versinkt eine entfernte Sonne vor violettbraunem Himmel hinter dem Horizont einer dunklen Marslandschaft.

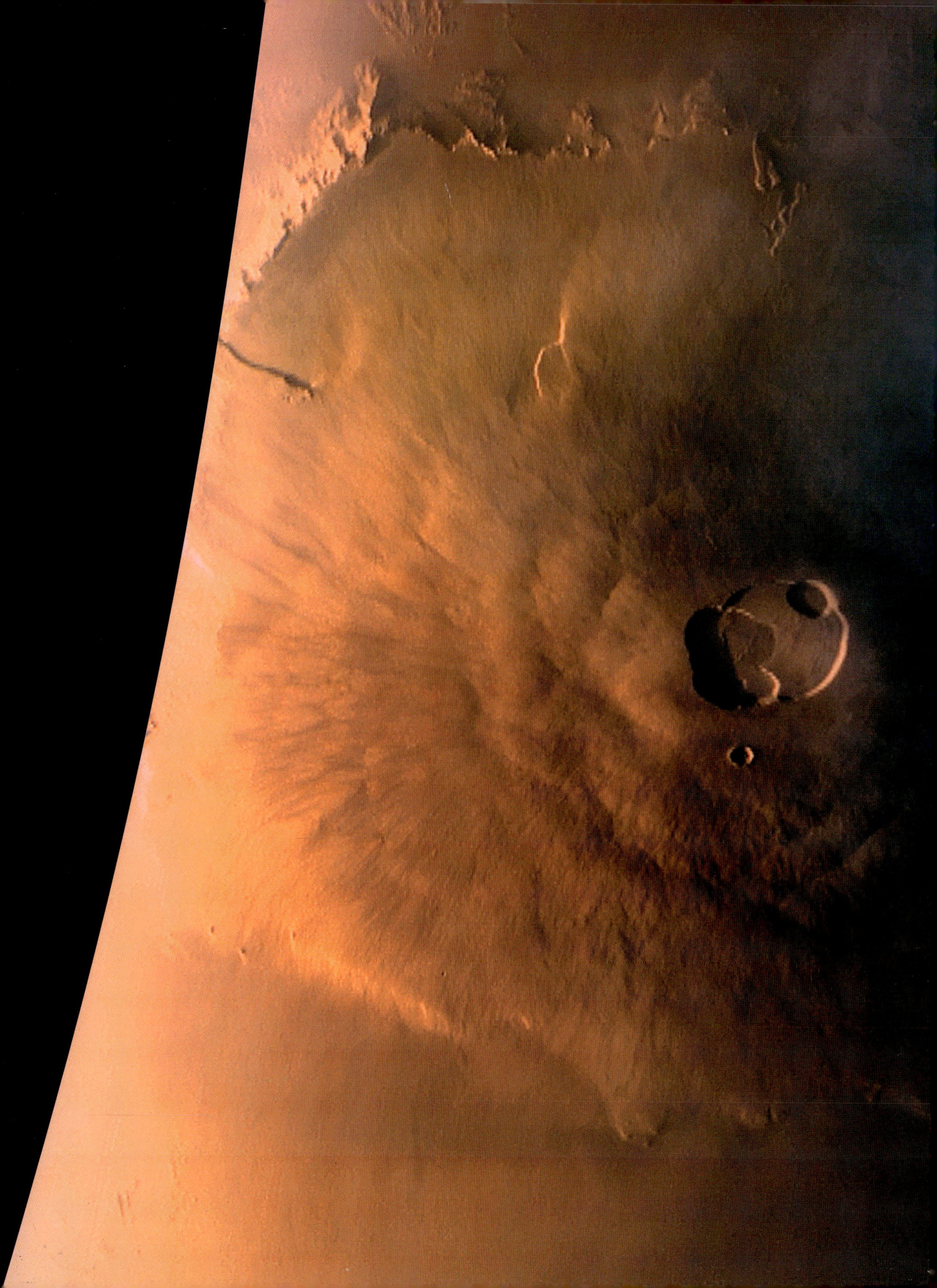

OLYMPUS MONS

Der höchste Vulkanberg des Sonnensystems ragt 27 000 m hoch und hat einen Durchmesser von fast 650 km. (Zum Vergleich: Unser Mount Everest bringt es auf gerade einmal 8848 m ü.d.M.!) Der bläuliche Dunst in der rechten Bildhälfte besteht aus dünnen Höhenwolken aus Wassereiskristallen.

Die Aufnahme zählt zu den vielen, die Mars Global Surveyor zur Erde schickte. Die im November 1996 gestartete Raumsonde schwenkte 10 Monate später in eine Umlaufbahn um den Roten Planeten ein und begann fast augenblicklich mit der Übertragung hoch auflösender Aufnahmen und vieler neuer Informationen über die Kräfte, die das Gesicht des Planeten geformt haben dürften. Mehr oder minder zufällig entdeckte sie in der Marskruste auch kleine lokale Magnetfelder, die darauf schließen lassen, dass es einst einen flüssigen Kern gab, der ein globales Magnetfeld erzeugte.

BEWEIS FÜR FLÜSSIGES WASSER?

Hoch auflösende Bilder der Raumsonde Mars Global Surveyor zeigen u.a. den rund 2,5 km breiten Canyon Nanedi Valles (links), der ein bekratertes Plateau durchschneidet und dabei Schichten freilegt, die entweder von Wasser oder von Vulkanen abgelagert wurden. Die hier sichtbaren Windungen gleichen auf bemerkenswerte Weisen denen irdischer Ströme: Es gibt ausgesprochen enge Schleifen und sogar einen toten Flussarm.

Die Nahaufnahme eines kleinen Plateaus im Valles Marineris (gegenüber) offenbart fein geschichtete Felswände, die vulkanischen oder sedimentären Ursprungs sein könnten. Derartige topographische Merkmale legen nahe, dass einst flüssiges Wasser auf der Marsoberfläche geflossen ist – was wiederum auf ein Klima schließen lässt, das sich vom heutigen gewaltig unterscheidet.

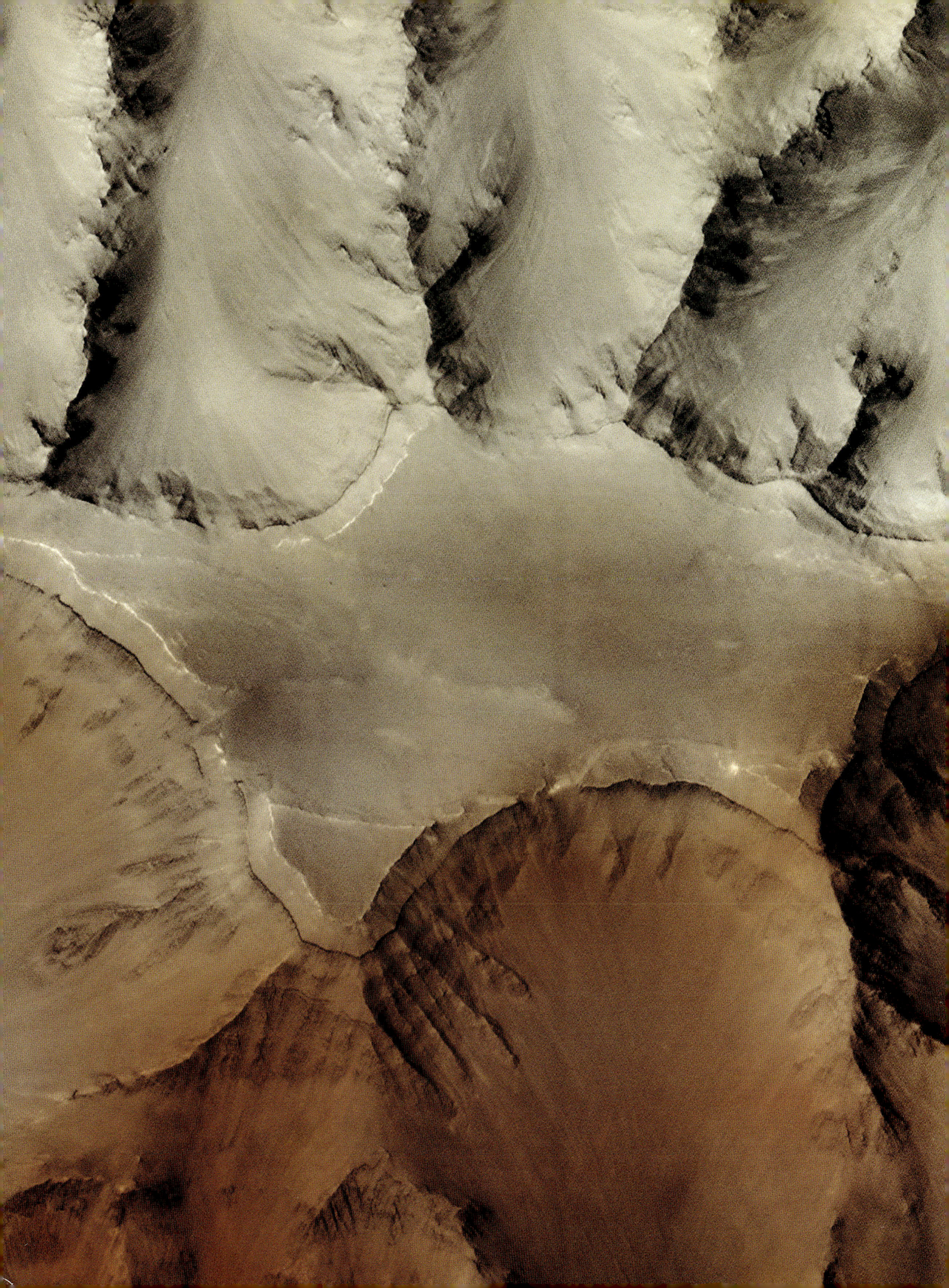

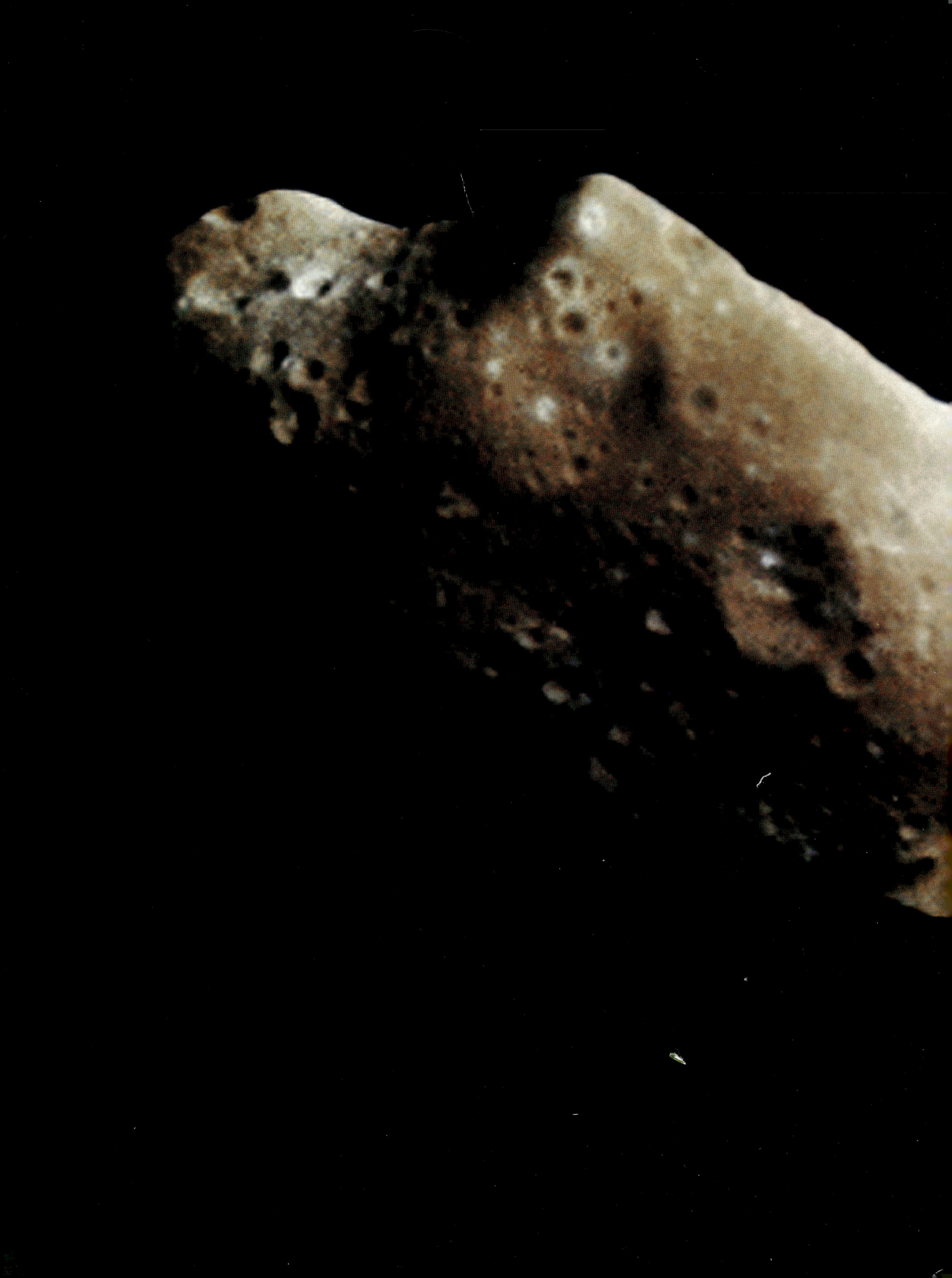

ASTEROIDEN

Die kartoffelförmige Ida, der erste Asteroid, von dem man weiß, dass er einen eigenen, winzigen Mond besitzt, ist nur gute 55 km lang und 15 km breit. Ida, ihr Mond Dactyl und Millionen anderer felsiger Mitglieder des breiten Asteroidengürtels umkreisen die Sonne zwischen den Bahnen des äußersten terrestrischen Planeten, Mars, und dem innersten Gasriesen, Jupiter.

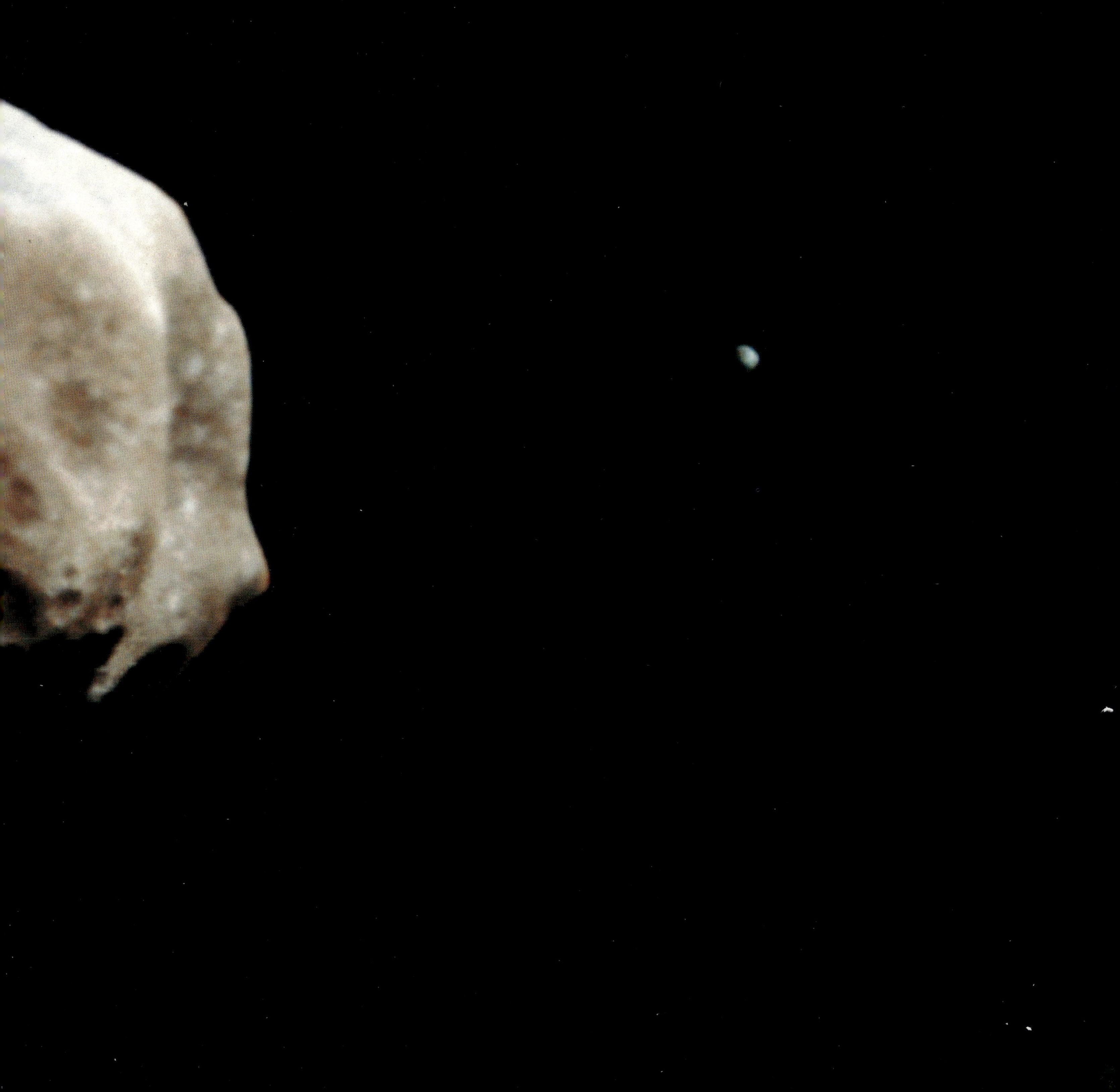

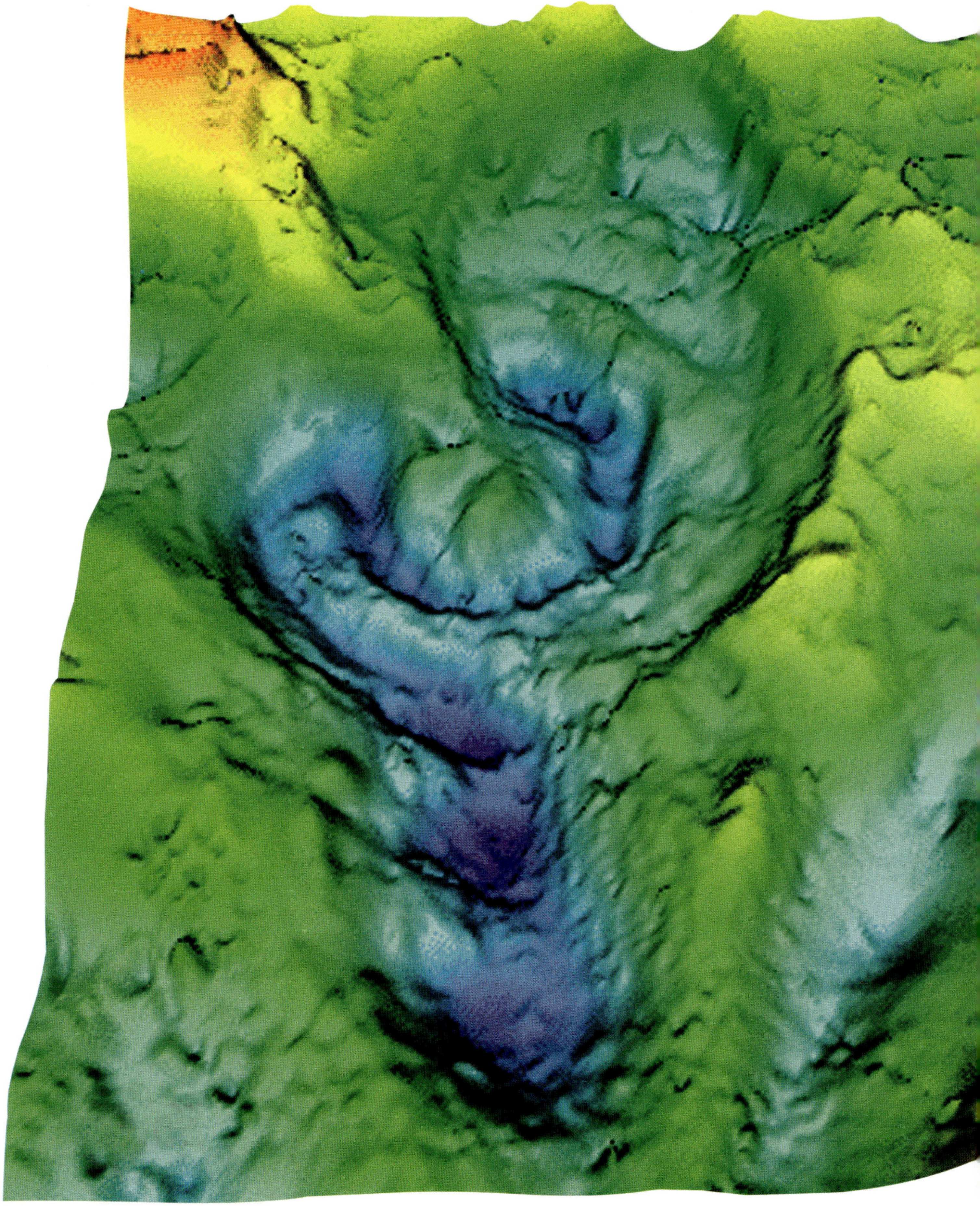

FUSSABDRUCK GLOBALEN MASSENSTERBENS?

Mit dem Ende der Kreidezeit vor 65 Millionen Jahren starben rund 70 Prozent aller damals auf der Erde lebenden Tier- und Pflanzenarten aus – darunter auch die Dinosaurier. Wissenschaftler gehen heute davon aus, dass ein auf Kollisionskurs befindlicher Asteroid oder Komet die Schuld daran trug. 1990 entdeckte man durch Analyse von Gravitations- und Magnetfeldern tief unter Sedimenten der mexikanischen Halbinsel Yucatán den Chicxulub-Krater (links). Dieser 65 Millionen Jahre alte, etwa 200 km durchmessende Ring dürfte die Folge des Einschlags eines 10–20 km großen Asteroiden sein, der mächtige Flutwellen, gewaltige Feuerstürme und Erdbeben auslöste sowie genug Staub aufwirbelte, um die Atmosphäre für Jahre zu verdunkeln – was wiederum das Erdklima und damit Flora und Fauna drastisch veränderte.

KÜNFTIGE NEMESIS?

Diese Hubble-Falschfarbenaufnahme vom Asteroiden Vesta (oben) zeigt eine zerklüftete Oberfläche mit einem riesigen Krater, nahezu halb so breit wie der ganze Asteroid! Vor etwa einer Milliarde Jahre dürfte Vesta, deren heutiger Durchmesser rund 575 km beträgt, Opfer einer gewaltigen Kollision geworden sein. Im Oktober 1960 traf ein kleiner Felsbrocken, den Forscher für einen Teil dieses Asteroiden halten, auf die Erde und wurde in Australien aufgesammelt.

IM REICH DER GIGANTEN

Jenseits des Asteroidengürtels verändert sich die Landschaft: Die Entfernungen werden größer, der Weltraum wird leerer und die Sonne dunkler. Die mittlere Distanz zwischen Erde und Sonne – 150 Millionen Kilometer – wird als eine Astronomische Einheit (AE) bezeichnet. Von der Erde zum Mars ist es etwa eine halbe AE, und zum Zentrum des Asteroidengürtels etwa noch einmal eine. Bevor wir Jupiter erreichen, müssen wir weitere zwei AEs zurücklegen, und Pluto, der äußerste Planet, liegt sogar nochmals 34 AEs entfernt! Verglichen mit diesen riesigen leeren Weiten schrumpft der Raum, den die vier terrestrischen Planeten einnehmen, ins Unbedeutende.

Obwohl die Entfernungen zwischen den äußeren Planeten weit und leer sind, machen die Planeten selbst dieses mehr als wett. Sie sind wahrhaft riesig. Nicht umsonst haben sie von Astronomen die Bezeichnung Gasriesen erhalten. Nach Jupiter (lat. Jovis), dem größten Planeten überhaupt – mehr als 1400 Erden fänden in ihm Platz! –, werden sie manchmal auch Jovianische Planeten genannt. Und diese Giganten reisen nicht allein durchs Weltall: Jeder von ihnen wird von Monden begleitet, und zwar nicht von mageren einem oder zwei, wie die terrestrischen Planeten, sondern ganzen Schwärmen, jeder wiederum eine einzigartige und faszinierende Welt für sich.

ÄQUATORIALER HOT SPOT

Einem auffälligen „Hot Spot" oder Loch in der Wolkenhülle auf den Grund gehend, zeigt diese simulierte Echtfarbenansicht von Jupiter einen dunklen Fleck (rechts, oben). Um die einzelnen Wolkenschichten sichtbar zu machen, wurde unten eine Aufnahme im nahen Infrarot koloriert: Blau steht für hoch liegende, dünne Wolken, Rot für tief liegende und Weiß für hohe und dicke. Beide Bilder decken eine Fläche von ungefähr 35 000 × 10 000 km ab.

[Vorhergehende Doppelseite]
Der Schatten seines eigenen Ringsystems belegt Saturn mit einem gürtelartigen Streifen. Mit im Bild Tethys und Dione, zwei der heute 18 bekannten Monde dieses Gasriesen.

Und dann sind da natürlich noch die Ringe. Die bekanntesten umgeben Saturn, aber tatsächlich verfügen sämtliche Gasriesen über ein Ringsystem. Es ist nur so, dass das des Saturn vorwiegend aus Wassereis besteht, das im schwachen Sonnenlicht des äußeren Sonnensystems glitzert, während die Ringe der anderen Riesenplaneten dünner und dunkler und damit selbst durch ein Teleskop ungleich schwerer auszumachen sind.

Im Reich der Gasriesen steht unser Muttergestirn nurmehr als kleines leuchtendes Steinchen am Himmel, was daran erinnert, dass bei der Entstehung des äußeren Sonnensystems Elemente wie Wasserstoff und Helium nicht – wie bei den der Sonne näher stehenden Planeten – davongeblasen werden, sondern in gewaltigen Mengen zurückblieben und in die Körper der Planeten integriert wurden. Daher unterscheiden sich die Riesen so sehr von den terrestrischen Planeten.

Aber genug der grauen Theorie. Kehren wir zurück in unser Raumschiff und beginnen wir unsere Tour durch die äußeren Sphären unseres heimatlichen Planetensystems.

Der passenderweise nach dem römischen Göttervater benannte größte Planet des Sonnensystems – Jupiter – ist zugleich der uns nächst gelegene Gasriese und schon mit bloßem Auge am Nachthimmel sichtbar. Er besitzt etwa die zweieinhalbfache Masse aller acht übrigen Planeten zusammengenommen, aber weil sich diese Masse über ein enormes Volumen verteilt, bleibt seine mittlere Dichte recht niedrig: Ein Brocken durchschnittliche Jupitermaterie würde in der Badewanne nur langsam untergehen.

Unserem heutigen Wissensstand nach formten sich Jupiter und die anderen Gasriesen um einen in der Akkretionsphase entstandenen Eis-

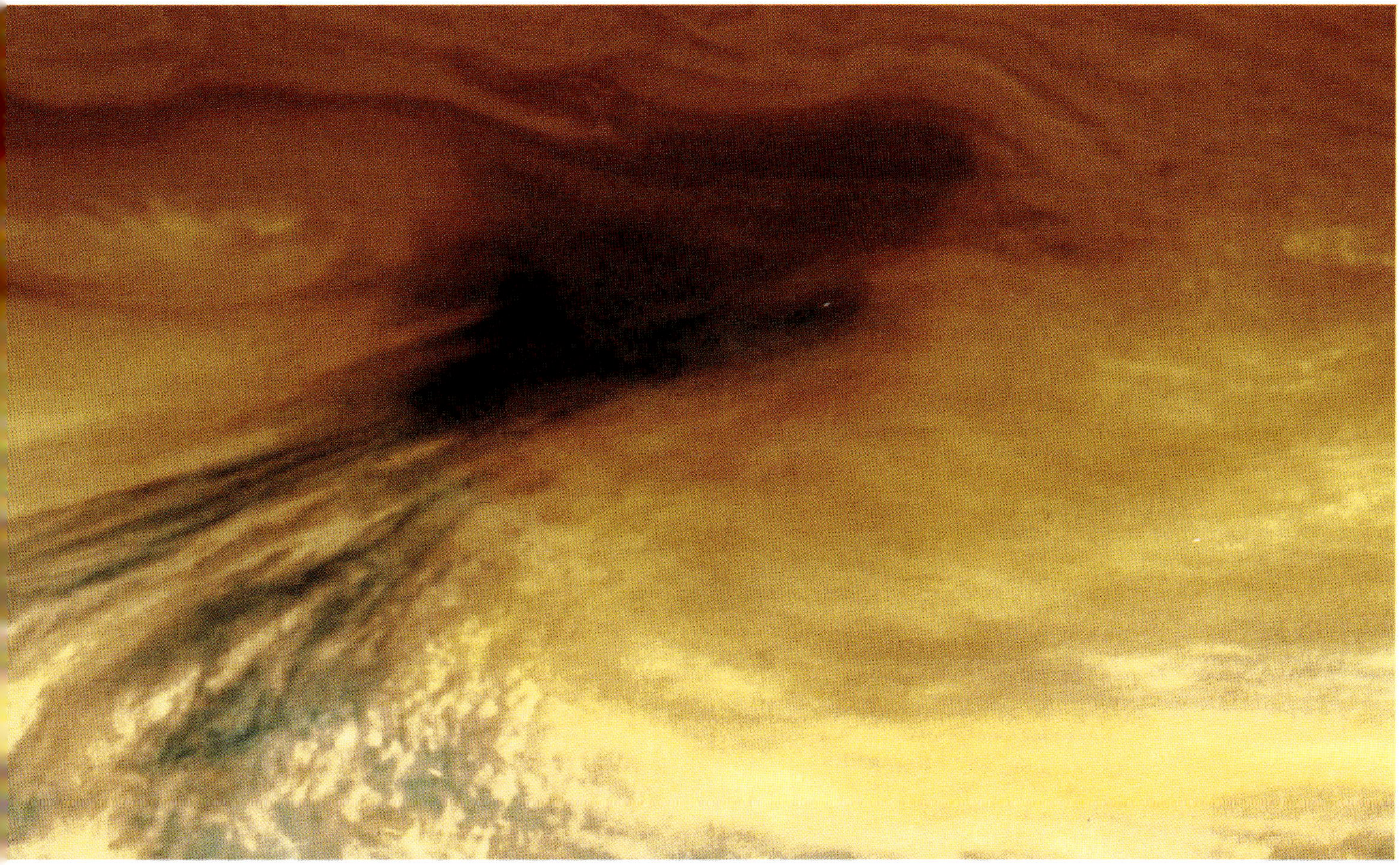

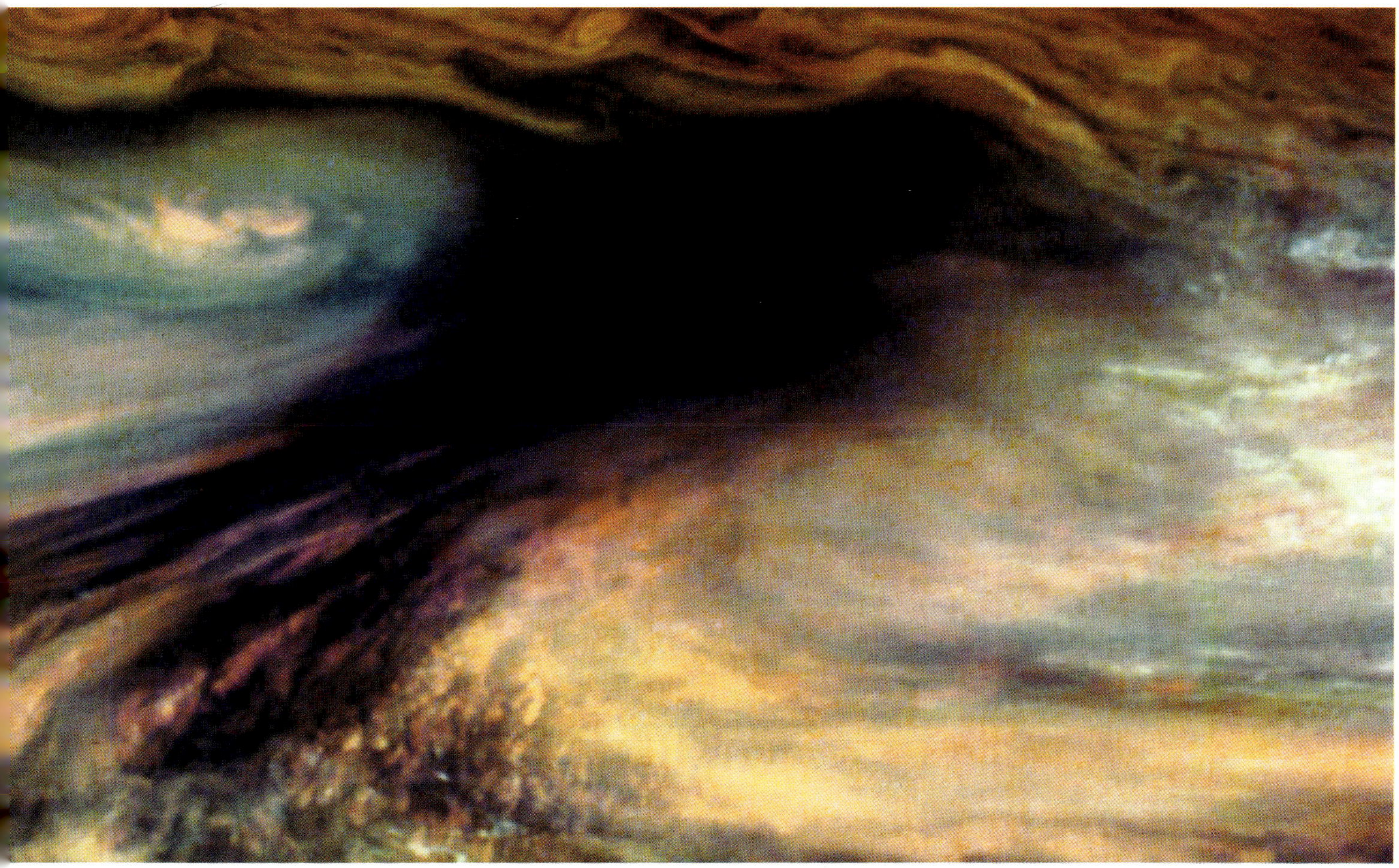

Gesteins-Kern, zu dem sich Wasserstoff- und Heliumschichten gesellten. Dieser Eis-Gesteins-Kern soll – alles rein hypothetisch – die mehrfache Erdmasse aufweisen.

Wissenschaftler nehmen an, dass der Rest des Planeteninneren Differenziationen und Schichtungen ähnlich dem Erdinneren aufweist – allerdings aus anderen Gründen: Denn während sich die Erde zu einer relativ homogenen Masse zusammenballte, die dann schmolz und sich in ihre verschieden schweren Bestandteile auftrennte, baute sich Jupiter um einen bereits vorhandenen Kern herum auf.

Dank der gewaltigen Masse herrscht im Jupiterinneren auch ein gewaltiger Druck, der im Kern gut 20-mal so hoch sein dürfte wie im Zentrum der Erde und 70 Millionen (!) mal so hoch wie der durchschnittliche Luftdruck auf Meereshöhe. Aus diesem Grund tritt die Substanz des Planeten – hauptsächlich Wasserstoff – in recht ungewöhnlichen Formen auf. Auf der Erde kennen wir Wasserstoff eigentlich nur als Gas, aber unter hohem Druck kann er flüssig oder sogar fest werden und dann metallische Eigenschaften annehmen. Tatsächlich besteht der größte Teil des Jupiterinneren aus Wasserstoff in verschiedenen flüssigen und festen Formen. Lediglich in der äußeren Atmosphäre finden wir Wasserstoff und Helium als Gase. Wie alle Gasriesen besitzt Jupiter keine harte, definierte Oberfläche. Ließe man sich darauf fallen, sänke man durch Wolken- und Atmosphärenschichten, die zunehmend dichter werden und schließlich in flüssigen Zustand übergehen.

JUPITER
Rötlich orange Bänder schmücken den größten und farbenprächtigsten Planeten unseres Sonnensystems, der zugleich der innerste Gasriese ist. Jedes Band charakterisiert eine eigene Wolkenzone, die – einige in westliche Richtung, andere in östliche – mit Geschwindigkeiten von über 500 km/h um den Planeten fegen. Auch gewaltige Orkane und Gewitter von der Fläche eines Erdkontinents suchen den fünften Planeten kontinuierlich heim.

Merkwürdigerweise scheint Jupiter deutlich (rund 70 Prozent!) mehr Energie in den Weltraum abzustrahlen als er von der Sonne erhält. Er muss folglich eine eigene Energiequelle besitzen, und man nimmt an, dass er noch immer Hitze aus seiner Frühzeit abgibt. (Sein gewaltiges Volumen kühlt naturgemäß langsamer ab.) Anders als die Erde bezieht Jupiter seine Energie nicht aus radioaktivem Zerfall, sondern noch aus seinem Entstehungsprozess.

Wie die übrigen Gasriesen hat Jupiter ein Ringsystem. Seine Ringe sind jedoch schmal, vermutlich nicht einmal 30 km dick, und bestehen aus kleinen Partikeln wie man sie an einem diesigen Tag in unserer irdischen Luft antrifft. Deshalb erscheinen sie im sichtbaren Licht eines erdgestützten Teleskops auch nahezu transparent. Tatsächlich erfuhren wir von ihrer Existenz erst durch Voyager 1, der 1979 an dem Riesenplaneten vorbeiflog und, auf ihn zurückschauend, blasse, vom Sonnenlicht erleuchtete Ringe fotografierte (S. 144–45). Fast 20 Jahre später zeigten Galileo-Messungen, dass die Ringe höchstwahrscheinlich entstanden, als interplanetarische Gesteinstrümmer die Oberfäche der kleinsten Jupitermonde trafen und Staubwolken aufwirbelten. Diese Monde sind so klein – manchmal kaum 25 km im Durchmesser – und ihre Gravitation so schwach, dass die winzigen Gesteinsteilchen in den Raum entwichen. Dort wurden sie jedoch von Jupiter eingefangen, in eine Umlaufbahn gezwungen und damit selber zu Miniaturmonden. Kommen genügend solcher „Monde“ zusammen, hat man einen Ring.

Bekannt ist Jupiter für die breiten farbigen Bänder, die über seine Oberfläche laufen und zwischen hell und dunkel alternieren. Helle

Stellen befinden sich dort, wo warme Gase aus dem Planeteninneren aufsteigen, sich ausdehnen und zu weißen Wolken kondensieren; dunklere Bänder entstehen, wo die abgekühlte „Luft" wieder absinkt. Diese Regionen ähneln den tropischen und gemäßigten Zonen des Erdklimas und werden am leichtesten verständlich, wenn wir uns für einen Augenblick wieder unserem eigenen Planeten zuwenden.

Auf der Erde fällt mehr Sonnenwärme auf den Äquator als auf die Polregionen. Würde unser Planet nicht rotieren, würde die warme Luft in den Äquatorgebieten aufsteigen, zu den Polen wandern, dort abkühlen, sinken und zurück zum mittleren Teil des Planeten strömen, wo der Kreislauf von neuem beginnt. Die Erdrotation unterteilt diesen Zyklus jedoch in drei Zonen: die Tropen, wo die Oberflächenwinde von Ost nach West blasen, die mittleren Breiten, wo sie von West nach Ost führen, und die Polargebiete, wo sie wiederum westwärts wehen. Dasselbe Grundprinzip ist für die vielen Gürtel und Zonen des Jupiter verantwortlich. Seine gigantische Größe und rasche Rotation – ein Jupitertag dauert nicht einmal 10 Stunden! – erklären, warum es auf jeder seiner Hemisphären ein halbes Dutzend dieser Strömungsrichtungen gibt, während die Erde nur drei hat.

Die obersten Wolkenschichten des Jupiter bestehen aus gefrorenen Ammoniakkristallen, die gewöhnlich weiß sind. Man nimmt an, dass hier zudem relativ kleine Mengen Kohlenstoff, Stickstoff, Schwefel und Phosphor vorkommen und dass ultraviolette Strahlung von der Sonne chemische Reaktionen auslöst, die eine Art Smog bilden. Dieser Jupitersmog absorbiert unterschiedliche Mengen violetten und blauen Lichts, was bestimmte Regionen des Planeten gelb und rot erscheinen lässt. Unterhalb der äußersten Ammoniakschicht erstreckt sich ein wolkenfreier Raum, unter dem wiederum vermutlich Wolken aus Ammoniumhydrosulfid liegen, gefolgt von einer Wolkendecke mit Wassereis und Wassertröpfchen.

Fast alles, was wir heute über die obere Atmosphäre des Jupiter wissen, verdanken wir einer Sonde, die 1995 vom Raumschiff Galileo abgekoppelt wurde. Mit Fallschirmen ausgerüstet, tauchte sie langsam etwa 150 km tief in die Wolkendecke ein und übermittelte fast eine Stunde lang Messdaten, bevor sie in der atmosphärischen Hitze verglühte. Da die Informationen zuerst an das Mutterschiff geschickt werden mussten und weil sich der Eintritt der Sonde in die Jupiteratmosphäre schwierig gestaltete, vergingen mehrere bange Stunden, bevor die Wissenschaftler aufatmen konnten. Überraschenderweise registrierte die Sonde weniger als 30 Prozent des erwarteten Wasservorkommens. Da Jupiter in einer kalten Region entstanden war, in der Wasser die Form von Eiskristallen besitzt, hatte man angenommen, relativ viel Eis vorzufinden. Bis heute ist unklar, ob die Sonde nur zufällig an einer besonderes trockenen Stelle niederging – einem jovianischen Äquivalent zu unserer Sahara etwa –, oder ob die Äquatorregion (oder vielleicht sogar der gesamte Planet?) trockner ist als gedacht.

Auffälligstes Merkmal der Jupiteroberfläche ist der Große Rote Fleck, ein gigantischer Orkanwirbel auf der Südhalbkugel, in den man

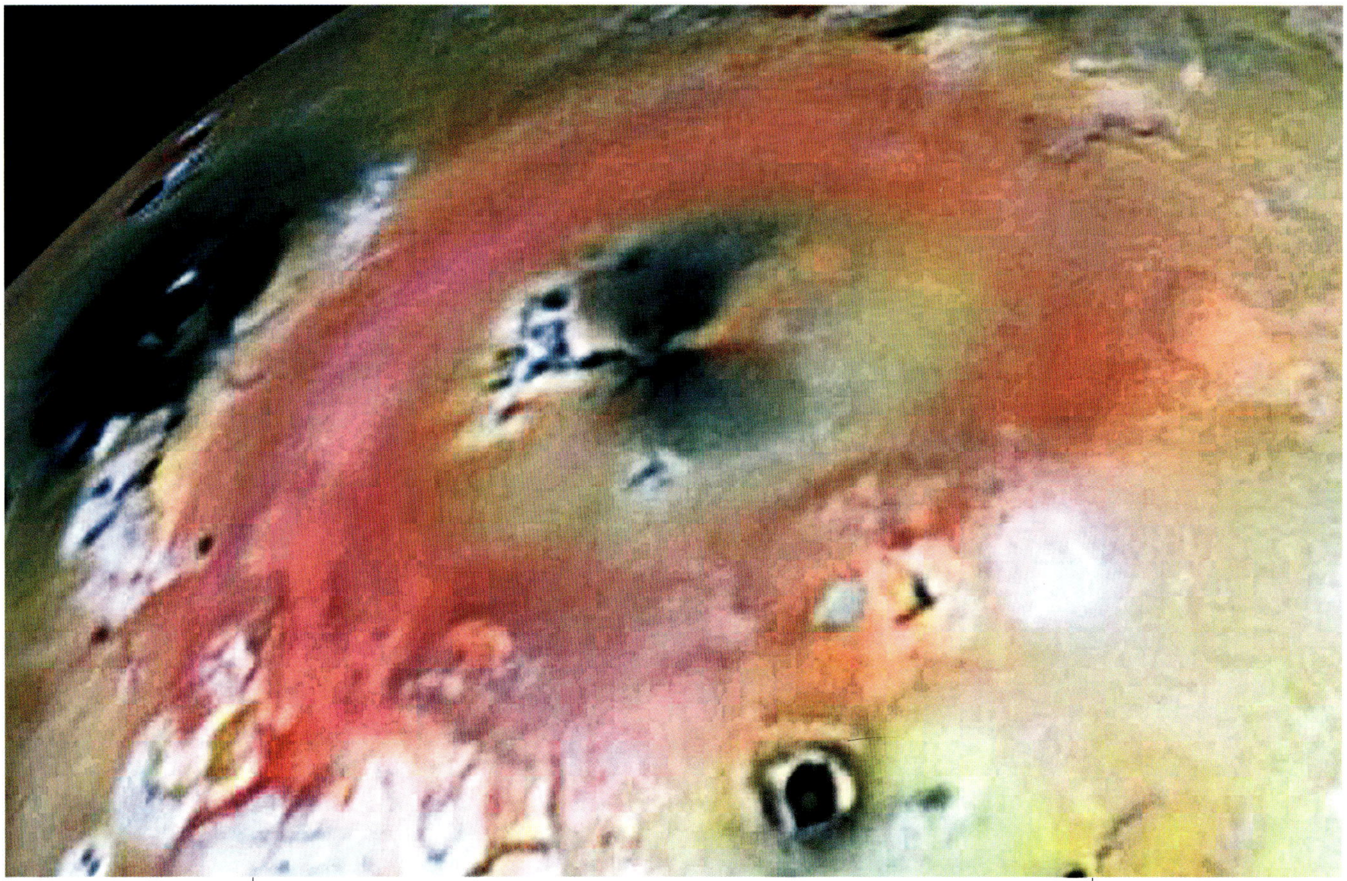

die ganze Erde hineinfallen lassen könnte, ohne mehr als ein leichtes Kräuseln zu verursachen. Dieser Sturm tobt mindestens seit seiner ersten Beobachtung im 17. Jahrhundert. Was ihn wann auslöste und wie lange er andauern wird, können wir derzeit noch nicht einmal erraten.

Jupiter wird von 16 bekannten Monden begleitet, deren Größe und Form zwischen Kugeln mit mehreren Tausend Kilometern und unregelmäßig geformten Brocken mit nur rund 30 km Länge variiert. Die vier größten und hellsten – Io, Europa, Ganymed und Kallisto – entdeckte Galileo bereits 1610, und zu seinen Ehren wurden sie Galileische Monde getauft. Jeder Jupitermond ist einzigartig. Die aus Gesteinstrümmern und Staub gebildeten Körper unterscheiden sich voneinander kaum weniger als die Planeten selbst. Jeder erzählt seine eigene Schöpfungsgeschichte. Erwartungsgemäß stehen die inneren ganz im Bann der Graviationskräfte Jupiters, während die weiter außen liegenden von der Kälte des Weltraums dominiert werden. Schauen wir uns ein paar davon näher an, um wenigstens einen kleinen Eindruck von der enorme Vielfalt dieses Mini-Sonnensystems zu gewinnen, das unseren größten Planeten umgibt.

Io, der innerste der großen Jupitermonde, erinnert vom Aussehen her ein bisschen an eine Pepperoni-Pizza (oben und gegenüber). Vereinzelte dunkle Flecken auf einem gesprenkelten gelblichen Untergrund markieren tätige Vulkane, wie sie im gesamten Sonnensystem sonst nur noch auf der Erde vorkommen.

Auf unserem Heimatplaneten entstehen Vulkane, wenn sich heißes Magma aus dem Erdinneren einen Weg an die Erdoberfläche bahnt.

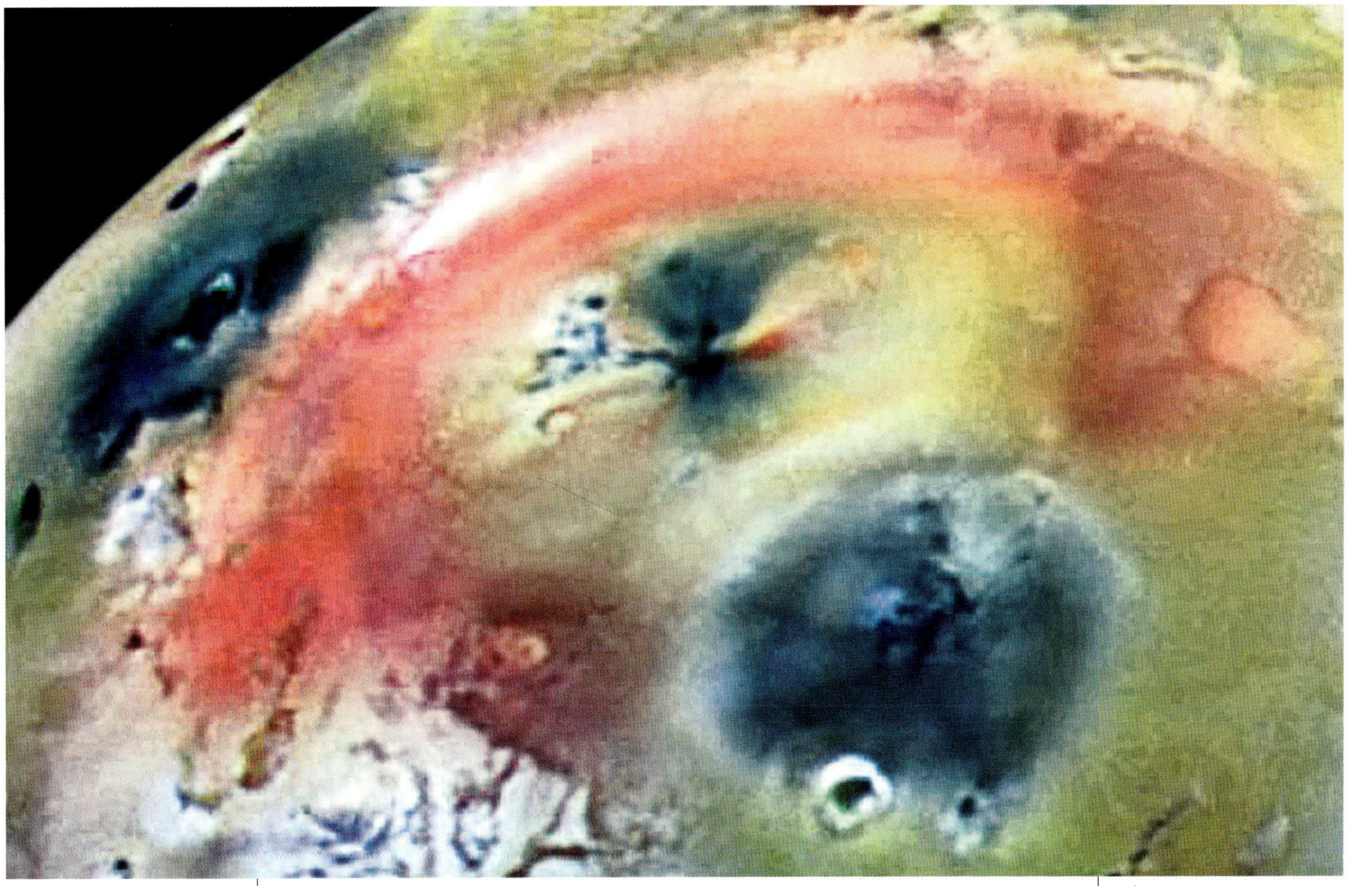

Mit weniger als 2 Prozent der Erdmasse ist Io jedoch relativ klein – wie können da in ihrem Inneren Temperaturen vorherrschen, die hoch genug sind, vulkanische Vorgänge auszulösen? Die Antwort liegt nicht in der Radioaktivität (wie auf der Erde) oder in der Resthitze der Entstehungssphase (wie bei Jupiter), sondern vielmehr in der gewaltigen Gravitation ihres Mutterplaneten. Bedingt durch den Einfluss anderer Jupitermonde führt Ios elliptische Bahn sie alle 1,77 Tage besonders nahe an Jupiter heran, wo die verstärkte Schwerkraft den Mond wie einen Gummiball verformt. Wenn Sie je einen Gummiball in der Hand hatten und diesen wiederholt drückten, wissen Sie, dass dabei Wärme entsteht – und eben dieser Aufheizungsprozess ist für den Vulkanismus auf Io verantwortlich.

Als Voyager 1979 die ersten Bilder von Io-Vulkanen schickte, waren die Wissenschaftler ganz begeistert ob des glücklichen Zufalls, dass sich just im Augenblick des Vorbeiflugs ein Ausbruch ereignete. Heute wissen wir, dass dies überhaupt nichts Besonderes ist, denn auf Io findet laufend irgendwo eine Eruption statt. Ios Vulkane erzeugen mächtige Lavaströme und Fontänenschleier aus Schwefelverbindungen, die die orange-gelbe Oberflächenfärbung des Mondes bedingen. Zu den dunkleren „Pepperonistücken" zählen sowohl die Vulkane als auch die Lavaflüsse. Für uns Erdlinge die reinste Hölle? Mag schon sein – aber Ios exotische Landschaft bildet nur den Einstieg in die Vielgesichtigkeit des jovianischen Systems.

Als nächstes folgt Europa. Voyager-Bilder zeigten sie als fremdartige, auffallend kraterlose Welt mit einer eisigen Oberfläche – aus

GEBURT EINES VULKANS

Ständiger Wandel prägt das Gesicht des Jupitermondes Io, auf dem es über 30 tätige Vulkane gibt. Galileo-Bilder vom April (gegenüber) und Oktober (oben) 1997 dokumentieren das Auftauchen eines großen dunklen Flecks, der von neuen Eruptionen in der rötlichen Umgebung des Vulkans Pele zeugt. Die chemische Zusammensetzung des dunklen Materials, das eine Fläche von der Größe Polens bedeckt, ist noch unbekannt.

echtem Wassereis, nicht Kohlendioxideis (!) –, die ein regelrechtes Netzwerk von langen Spalten aufwies. Wissenschaftler zogen daraus den Schluss, dass dieser Jupitermond nach dem Großen Bombardement eine Eisschicht aufbaute, die alle älteren Krater auslöschte, und dass es sich bei den Rissen um geologische Verwerfungen handelte.

Doch Galileo belehrte sie eines Besseren: Als die Raumsonde im Rahmen ihrer Mission an Europa vorbeiflog, näherte sie sich deren Oberfäche nämlich manchmal bis auf fast 500 km und machte spektakuläre Fotos. Anstelle einer ewigen Eiswelt zeigen diese Nahaufnahmen etwas, was viel eher einer Packeiskruste gleicht: mit einzelnen großen Schollen, wie wir sie von unserer Arktis her kennen. Ja, viele der Schollen sahen so aus, als seien sie auseinandergebrochen, hätten sich gedreht und seien dann in ihrer neuen Position wieder festgefroren. Die langen Spalten wiederum scheinen Stellen zu sein, an denen warmes Wasser an die Oberfläche stieg, dort vorhandenes Eis beiseite schob und dann selbst erstarrte. Ein solcher Prozess, der an die Art und Weise erinnert, wie flüssiges Erdmagma die Plattentektonik beeinflusst, rückt die Möglichkeit ins Blickfeld, dass Europa nicht vollständig gefroren ist, sondern einen unterirdischen Wasserozean besitzt. Aus der Größe der Packeisschollen folgern Wissenschaftler zudem, dass der Eispanzer dieses Jupitermondes nur wenige Kilometer dick war, als diese Formationen entstanden.

Bei einem Vorbeiflug vermaß Galileo auch das Magnetfeld Europas. Wie wir gesehen haben, resultiert der Erdmagnetismus aus Bewegungen im flüssigen Teil des Eisen-Nickel-Kerns des Planeten. Forscher vermuten, dass großräumige Magnetfelder nur auf diesem Wege entstehen können, und schließen aus dem Fehlen solcher Felder auf einen Festkörper. Europas Magnetismus ließe sich durch das Vorhandensein eines unterirdischen Salzmeeres erklären, da Salz – als guter elektrischer Leiter – den Mond in die Lage versetzen könnte, als Reaktion auf seine Bewegung durch das Jupiter-Magnetfeld ein eigenes Magnetfeld zu erzeugen. Dieses induzierte Feld hätte dann das Raumschiff entdeckt, und in der Tat weist vieles darauf hin, dass derselbe Effekt auch auf dem Jupitermond Kallisto zur Wirkung gelangt.

Das meines Erachtens schlüssigste Indiz für einen Ozean auf Europa lieferte eine Galileo-Nahaufnahme des 30 km durchmessenden Einschlagskraters Pwyll. Da er mit einem geschätzten Alter von 10 Millionen Jahren als relativ jung anzusehen ist, hätte er seine ursprüngliche schüsselförmige Gestalt behalten müssen, da es auf einer toten Welt keine Verwitterungs- oder Erosionskräfte geben kann. Dennoch zeigte eine genauere Untersuchung, dass der Kraterboden eben und genauso hoch gelegen war wie die umgebende Landschaft – lediglich der Ring des Kraterwalls markierte die Impaktstelle. Dies war höchst ungewöhnlich: Auf unserem Mond wäre ein Krater von der Größe Pwylls gewiss ebenso tief wie der Grand Canyon. Die einzige logisches Erklärung für eine solche Formation ist, dass Schlamm oder Morast aus dem Europainneren den Kraterboden kurz nach dem Einschlag überflutete und dann festfror.

Unser Bild von Europa hat sich in den 1990er Jahren also drastisch gewandelt. Trotz des großen Abstands zur Sonne heizte sich ihr Inneres, wie das der Io, durch Wechselwirkung mit dem Gravitationsfeld des Jupiter auf. In anderen Worten: Sie ist möglicherweise der einzige andere Ort im Sonnensystem, wo – vielleicht schon seit langem – flüssiges Wasser existiert. Und dies wiederum wirft die Frage nach extraterrestrischem Leben auf.

Im letzten Kapitel haben wir gesehen, dass das Leben auf der Erde mit fast absoluter Sicherheit in den Ozeanen entstand und dass jegliche Hoffnung, auch auf dem Mars Fossilien zu finden, im wesentlich davon abhängt, ob es dort jemals Oberflächenwasser gab. Angesichts der Tatsache, dass sich das irdische Leben, so die Bedingungen einmal stimmten, überaus rasch entwickelte, scheint es durchaus legitim zu fragen, ob sich im Laufe der Jahrmilliarden von Europas Existenz nicht auch dort Lebensformen gebildet haben könnten. Sie müssten keinesweges besonders komplex sein; schon ein Einzeller wäre ein spektakulärer wissenschaftlicher Fund. So hat sich unsere Perspektive verlagert: Wir sehen Europa nicht länger als irgendeinen Jupitermond an, sondern als mögliche Heimat außerirdischen Lebens. Für 2003 plant die NASA eine Mission, die Europa detailliert kartieren soll – so, wie wir es heute schon vom Mars kennen. Einige NASA-Mitarbeiter spielen sogar mit dem Gedanken, eine Landesonde auf den Weg zu schicken, die das kilometerdicke Eis durchbohren und die Existenz eines Ozeans bestätigen soll. Und vielleicht wird es eines Tages gar möglich sein, eine Probe dieses Wassers zurück auf die Erde zu bringen, um es auf Leben zu untersuchen.

Auch Ganymed, der dritte große Jupitermond, wurde durch die Galileo-Mission in ein neues Licht gerückt. Mit einem Durchmesser von über 5000 km ist der nach dem Mundschenk der Götter benannte Jupitertrabant der größte Mond des Sonnensystems. Seine überwiegend mit Wassereis bedeckte Oberfläche trägt ungezählte Krater und Senken, wobei jedoch keine Erhebung mehr als 800 m misst. In Anbetracht dieser relativen Flachheit liegt es nahe, Ganymed als tief gefrorene, erloschene Welt zu betrachten. Doch auch hier könnte der Schein trügen.

Als sich Galileo 1996 dem Jupitermond näherte, erhielten wir eine Fülle neuer Erkenntnisse. Bei höherer Auflösung zeigten die „gerillten" Regionen, dass die Ganymeds Kruste relativ dünn sein musste, da die Rillen durch tektonische Kräfte entstanden sein dürften. Noch bedeutender aber war, dass Galileo rings um Ganymed ein intern erzeugtes Magnetfeld ausfindig machen und vermessen konnte. Der Mond könnte folglich eine geschichtete Struktur mit flüssigem Eisenkern besitzen, was ihn zu einer kleineren Version unserer Erde machen würde. Einer neueren Theorie zufolge änderte Ganymed eine Weile nach seiner Entstehung seine Umlaufbahn so, dass Jupiters Gravitationskräfte stärker Einfluss nahmen und den Trabanten verformten und aufheizten. Es ist durchaus denkbar, dass ausreichende Erwärmung eine Differenziation vorangetrieben und damit etwas geschaffen hat, was heute wie ein Mond mit eisiger Außenhaut aber flüssigem Zentrum aussieht.

Neben Kallisto umkreisen noch mindestens 12 weitere interessante Monde den Jupiter, aber für uns wird es Zeit, die Reise fortzusetzen und uns aufzumachen zum nächsten Planeten, den Astronomen nicht grundlos „Juwel des Sonnensystems" nennen.

Man schrieb das Jahr 1610, als Galileo sein Teleskop auf den entferntesten mit bloßem Auge sichtbaren Planeten richtete und als einer der ersten Menschen in den Genuss dessen kam, was viele noch immer als den schönsten Anblick in unserem Sonnensystem bezeichnen. Sein primitives Fernrohr ermöglichte freilich keine besonders klare Sicht, und so sah es eher so aus, als habe Saturn zwei Ohren. Vielleicht hatte er sogar ein Dreifachsystem vor sich? Erst Jahre später gelang der Nachweis, dass es sich bei den „Ohren" in Wahrheit um einen den Planeten umkreisenden Ring handelte.

Wie Jupiter prangt Saturn einem hellen Stern gleich am Nachthimmel, doch wirken seine Farben aufgrund einer trüben Außenhülle verwaschener. Er ist ein Gasriese mit ähnlicher Struktur und Zusammensetzung wie sein etwas größerer Nachbar: Auch er besteht aus einem Gesteins- oder Eiskern mit darüber liegenden Schichten aus komprimiertem metallischem und flüssigem Wasserstoff, umgeben von einer vorwiegend aus Wasserstoff und Helium zusammengesetzten Atmosphäre. Dabei verfügt er über weniger als ein Drittel der Masse des Jupiter und damit eine deutlich niedrigere Dichte. Ja, er ist sogar weniger dicht als Wasser; das heißt Saturn würde – vorausgesetzt es ließe sich ein Eimer von der nötigen Größe finden – darauf schwimmen.

Auch Saturn rotiert ausgesprochen schnell – etwa einmal alle 10 Stunden, was seiner Atmosphäre eine Gürtel-und-Zonen-artige Struktur nach jovianischem Vorbild verleiht, und seine äußerste Wolkenschicht besteht aus gefrorenen Ammoniakkristallen. Da er aber weiter von der Sonne entfernt und kälter als Jupiter ist, liegt über dieser noch ein Hochnebelschleier, der die Farben der Gürtel und Zonen dämpft. Unterhalb der Ammoniakwolken befindet sich eine klare Schicht, auf die eine Lage Ammonium-Hydrosulfid-Wolken folgt. Und unter dieser wiederum vermutet man Wolken aus gewöhnlichem Wassereis.

Ähnlich sind sich die beiden Planeten auch darin, dass beide doppelt so viel Energie in den Weltraum abgeben wie sie von der Sonne empfangen. Einige Forscher meinen, Saturn strahle wie Jupiter noch Hitze aus seiner Entstehungsphase ab. Andere vertreten die Ansicht, in seinem Inneren bilde sich ein Regen aus flüssigen Heliumtropfen, wobei Energie frei werde. Sollte dies tatsächlich der Fall sein, dann befindet sich Saturn noch immer im Stadium der Differenziation.

Auffälligstes und charakteristischstes Merkmal des Saturn ist freilich sein die Äquatorebene umkreisendes Ringsystem, das, seit der Holländer Christiaan Huygens 1659 es als solches erkannte, Gegenstand unermüdlicher Forschungen ist. 1675 entdeckte der Franzose Jean-Dominque Cassini, dass das, was bislang für einen einzelnen breiten Ring gehalten worden war, in Wahrheit aus zwei schmäleren, konzentrischen bestand; die Lücke zwischen diesen trägt heute seinen Namen. Mittlerweile wissen wir von der Existenz mehrerer kleiner Lücken, die zum Teil mit der Anziehungskraft der innersten Saturnmonde zusammenhängen, die den Planeten nur wenig außerhalb der Ringe umkreisen. Da die Ringe (und Saturn selbst) gegenüber der Orbitalebene des Planeten geneigt sind, scheint sich ihr Winkel während des Sonnenumlaufs zu verändern. In Kantenstellung gesehen, sind sie so dünn, dass man sie kaum sehen kann – einige werden auf nicht mehr als 20 m geschätzt!

Ende des 19. Jahrhunderts wusste man, dass die Ringe weder aus einem zusammenhängenden festen Stoff noch aus einer zusammenhängenden Flüssigkeit bestanden. Heute ist bekannt, dass sie von einer Vielzahl einzelner schmutziger Eisklumpen gebildet werden, manche mikroskopisch klein, andere Brocken von Hausgröße. Ihrem spektakulären Anblick zum Trotz beläuft sich ihre Gesamtmasse jedoch auf nur etwa drei Tausendstel unseres Mondes. Dass sie angesichts so geringer Substanz derartige Präsenz zeigen, ist auf die hohe Reflexionsfähigkeit von Eis zurückzuführen.

SATURN
Der grandiose „Herr der Ringe" weist die geringste Dichte aller Planeten auf: Mit einem spezifischen Gewicht von 0,7 ist er sogar leichter als Wasser! Wie bei Jupiter machen Wasserstoff und Helium den Hauptteil des Planetenkörpers aus, der vermutlich einen harten Gesteinskern besitzt; dazu kommen Spuren von Wasser, Methan und Ammoniak. Saturns zahlreiche Ringe bestehen vorwiegend aus „schmutzigem Eis" – gefrorenem Wasser und Staub.

Saturn besitzt mindestens 18 Monde, die zum Teil erst durch die beiden Voyager-Sonden entdeckt wurden. Wie die Jupitermonde ist jeder von ihnen eine eigene Welt mit individueller Geschichte und charakteristischen Eigenschaften. Als interessantester gilt Titan, der vom Mutterplaneten aus 15., den Christiaan Huygens 1655 lokalisierte.

Titan ist größer als Merkur, hat aber nur 40 Prozent von dessen Masse und scheint halb Eis, halb Gestein zu sein. Was ihn unter allen Monden des Sonnensystems heraushebt ist die Tatsache, dass er eine erkennbare und dazu recht dichte Atmosphäre besitzt. Diese Titan-Atmosphäre enthält vorwiegend Stickstoff, dazu kommen Methan (ein wichtiger Bestandteil unseres Erdgases) und andere organische Verbindungen, teils kondensiert und polymerisiert, die dem Mond seine intensive Orangefärbung verleihen. Am besten stellt man sich die Titanatmosphäre als eine Art Smog vor, der so dick ist, dass er den „Luftdruck" auf der Oberfläche auf das Anderthalbfache des irdischen ansteigen lässt.

Wissenschaftler gehen heute davon aus, dass die Titanatmosphäre einen Treibhauseffekt hervorruft, der die Oberfläche des Monds auf -180 °C erwärmt – nur 90 °C über dem absoluten Nullpunkt, aber im Vergleich zum Weltraum richtig lau. Natürlich ist flüssiges Wasser bei solchen Temperaturen unmöglich, aber es könnte Ozeane aus flüssigem Methan oder Ethan geben. Beide Verbindungen sind bei Erdtemperaturen und -druck leicht entflammbare Gase, sollten unter den auf Titan herrschenden Bedingungen aber eigentlich flüssig sein. Ein Hinweis auf die Existenz solcher Ozean ist die Tatsache, dass Sonnenlicht Methan aufzuspalten vermag. Da aber Titan immer noch uber einen hohen Methananteil in seiner Atmosphäre verfügt, muss dieses ständig erneuert werden. Und welch besseres Reservoir gäbe es als einen Kohlenwasserstoffozean unter der dichten Wolkenhülle?

Die Vorstellung flüssiger Meere in Verbindung mit einer Atmosphäre, die reichlich organische Moleküle enthält, lässt wiederum an die Frühzeit der Erde denken, als vermutlich organische Substanzen in die Ozeane regneten und ein Gebräu schufen, das schließlich Leben hervorbrachte. Bei Erdtemperaturen laufen die zur Bildung lebender Organismen erforderlichen chemischen Reaktionen relativ rasch ab. Auf dem frostigen Titan hingegen könnten sie – wenn überhaupt – sehr lange brauchen. Daher das Gefühl, mehr über die Kindheit unserer Erde erfahren zu können, wenn es gelänge, einen Blick auf die Oberfläche dieses Saturnmonds zu tun.

Zwischen Titan und Europa besteht ein bedeutender Unterschied. Zwar sind beide weit von der wärmenden Sonne entfernt und auf beiden herrschen Oberflächentemperaturen weit unter dem Gefrierpunkt, doch verfügt Europa über einen internen Heizmechanismus. Daraus folgt, dass es auf Europa – so dort ein Ozean existiert – Stellen geben könnte, wo die Temperatur deutlich über 0 °C ansteigt. Dies erinnert stark an die Bedingungen der frühen Erdgeschichte, weshalb Forscher dort ähnliche Reaktionen für möglich halten. In anderen Worten: Auf Europa könnte es bereits jetzt primitive Lebensformen geben.

Titan hingegen, sogar ein Titan mit Ozeanen, birgt diese Möglichkeit schon ganz einfach deshalb nicht, weil er zu kalt ist. Chemische Reaktionen, die in flüssigem Wasser binnen weniger Jahrtausende ablaufen, brauchen in flüssigem Methan Millionen, wenn nicht Milliarden Jahre. Folglich hoffen die meisten Wissenschaftler nicht darauf, auf Titan Leben zu finden, sondern konzentrieren sich auf die Suche nach chemischen Prozessen, die Leben auslösen können.

1990 schickten Astronomen Radarstrahlen von der Erde zu Titan und analysierten die zurückkommenden Wellen. Zwar ergab sich daraus kein Hinweis auf Methan- oder Ethanmeere, aber kleinere Seen und Teiche schloss das Ergebnis nicht aus. Wenig später schaute das Weltraumteleskop Hubble von seiner Position jenseits der verzerrenden Erdatmosphäre im Infrarotlicht auf Titan. Resultat: eine Oberfläche mit abwechselnd hellen und dunklen Stellen. Dies lässt die die Vermutung zu, dass es sich bei den dunklen Stellen um Kohlenwasserstoffseen handelt, bei den helleren um „Kontinente“ aus gefrorenem Wasser und Ammoniak.

Die Monde und Ringe des Saturn sind bei weitem nicht so genau erforscht wie die des Jupiter, da die 1997 speziell zu seiner Erkundung ausgesandte Cassini-Mission den Planeten erst 2004 erreichen wird. Cassini folgt einer komplizierten Flugbahn mit so genannten Swingby-Manövern an Venus (zweimal), Erde und Jupiter. Durch diese nahen Vorbeiflüge an anderen Planeten gewinnt das Raumschiff Bewegungsenergie, was den Treibstoffbedarf deutlich herabsetzt.

Cassini trägt die Sonde Huygens, die in die Titanatmosphäre eintauchen und mit einem Fallschirm langsam auf dem Saturnmond niedergehen soll. Läuft alles erwartungsgemäß, werden wir dann nicht nur

LICHT UND SCHATTEN

Ein Anblick, wie er sich von der Erde aus nie bietet: Diese Perspektive des ringgeschmückten Planeten muss aus dem Weltraum stammen, denn Saturn umkreist unser Zentralgestirn in so viel weiterer Entfernung als die Erde, dass wir stets nur seine sonnenbeschienene Seite zu sehen bekommen. Dieses Bild funkte Voyager 1 von einem Vorbeiflug am sechsten Planeten 1980 zur Erde zurück.

Genaueres über die Atmosphäre erfahren, sondern auch – mit etwas Glück – einen ersten Blick auf Küstenstriche und Ozeane werfen können, die kein Wasser enthalten. Darüber hinaus wird Cassini während seines vierjährigen Aufenthalts in der näheren Umgebung Saturns exakte Messungen vom Magnetfeld und der äußeren Atmosphäre sowie den Ringen und Eismonden dieses spektakulären Gasriesen vornehmen.

Wir aber lassen den Orbit des Saturn erst einmal hinter uns und dringen nunmehr zu Planeten vor, zu deren Auffindung es eines Teleskops bedarf. Damit begeben wir uns in ein Reich, das mit einem der exklusivsten Clubs überhaupt in Verbindung steht: Wer ihm beitreten will, muss nämlich einen bis dato unbekannten Planeten unseres Sonnensystems entdecken. Es ist ein Club mit nur drei Mitgliedern.

Uranus wurde – mehr oder weniger zufällig – erstmals 1781 gesichtet, als Friedrich Wilhelm (William) Herschel, einem in Hannover geborenen Musiker und Hobbyastronom, beim „Spazierenschauen" von seinem Garten in Bath, England, aus ein ungewöhnliches Objekt auffiel, das eher ein Scheibchen als ein Lichtpunkt (und damit einem Planeten ähnlicher als einem Stern) zu sein schien. Spätere Messungen zeigten, dass es sich von Nacht zu Nacht gerade weit genug bewegte, um als Planet jenseits des Saturn in Frage zu kommen. In der Hoffnung, die Unterstützung des englischen Königs George III. zu gewinnen, wollte Herschel den neuen Planeten Georgium Siderus (Georgs Stern) nennen. Obwohl sich die astronomische Welt schließlich für Uranus – nach dem griechischen Urgott Uranos – entschied, ging sein Plan auf, und er erhielt eine lebenslange Pension von der Krone, die es ihm ermöglichte, sich ganz der Astronomie und dem Bau von Teleskopen zu widmen.

URANUS
Auch der nach Jupiter und Saturn drittgrößte Gasriese besteht weitgehend aus Wasserstoff und Helium und besitzt sowohl zahlreiche Monde als auch ein Ringsystem. Allerdings scheint seine Rotationsachse im Verhältnis zum restlichen Sonnensystem stark geneigt. Das charakteristische Bläulichgrün des Uranus hängt mit Methanvorkommen in der Atmosphäre und einer hoch gelegenen photochemischen Smogschicht zusammen.

Uranus ist gleich in mehrfacher Hinsicht ein rechter Sonderling. Zum einen liegt seine Rotationsachse in seiner Bahnebene, das heißt er dreht sich quasi auf der Seite liegend. Dies wiederum bedeutet, dass die eine Hälfte der 84 Jahre, die er für eine Sonnenumkreisung benötigt, Uranus' Nordpol durchgehend von der Sonne beschienen ist, während der zweiten 42 Jahre aber ständige Finsternis herrscht. Außerdem besitzt dieser Planet ein eigenes Magnetfeld, dessen Achse jedoch – aus bislang unerklärlichen Gründen – nicht durch das Zentrum des Planeten geht. Zudem ist sie gegenüber der Rotationsachse um 59 Grad geneigt. Übertrüge man diese Verhältnisse auf die Erde, befände sich unser magnetischer Nordpol in Florida!

Uranus ist der kleinste der Gasriesen; er bringt es nicht einmal auf ein Zwanzigstel der Jupitermasse und unterscheidet sich auch hinsichtlich des Innenaufbaus von seinen großen Brüdern. Zwar vermutet man einen Gesteinskern, aber sein Mantel besteht aus Stoffen wie Wasser-, Methan- und Ammoniakeis, möglicherweise vermischt mit Gestein. Die Atmosphäre setzt sich aus Wasserstoff, Helium und Methan zusammen, und sie ist frostig: -214 °C! Von der Erde aus gesehen wirkt Uranus bläulich grün und – dank einer dichten Wolkenhülle – fast eintönig. Die Färbung hängt mit der methanhaltigen Atmosphäre zusammen, die die Rottöne des schwachen Sonnenlichts absorbiert, während die scheinbar merkmalslose Oberfläche auf eine Decke aus Ammoniakeiswolken zurückzuführen ist, über der ein dicker Nebel aus (primär) Kohlenwasserstoffeis hängt.

Vor dem Voyager-Vorbeiflug im Jahr 1986 waren fünf Uranusmonde bekannt; die Raumsonde fand zehn weitere, und seither wurden noch fünf entdeckt. Planetologen haben eine Reihe von ihnen nach Shakespeare-Charakteren benannt, von Titan und Oberon – beide mit einem Durchmesser von rund 1500 km – bis hin zu Puck, der nur ein Zehntel davon misst, und noch kleineren Satelliten.

Nicht minder faszinierend ist das Ringsystem des siebten Planeten. 1977 beobachteten Astronomen, wie sich ein Stern verdunkelte, als der vordere Rand der Uranusatmosphäre davor vorüberzog. Durch Beobachtung der Absorption des Sternenlichts hofften sie, etwas über die Temperatur der Uranusatmosphäre in Erfahrung zu bringen. Einige Wissenschaftler betrachteten Uranus durch ein im Flugzeug montiertes Teleskop, um die mitunter verfälschende Wirkung der irdischen Wolken zu umgehen. Zu ihrer Überraschung wurde der Stern mehrfach heller und wieder dunkler, bevor er auf die Atmosphäre traf. Die einzig logische Erklärung für dieses Phänomen: Das Sternenlicht wurde von bislang unbekannten Uranusringen verdeckt. Niemand hatte diese Ringe zuvor bemerkt, weil sie zum einen recht schmal – der größte knapp 100 km breit – und außerdem dunkel sind und daher nur wenige Prozent des hier ausgesprochen schwachen Sonnenlichts reflektieren.

Dank Voyager-Aufnahmen wissen wir, dass Uranus mindestens zehn solcher dunklen Ringe besitzt, wobei die meisten nur wenige Meter dick sind. Man nimmt an, dass sie aus Methaneis mit einem Überzug aus Kohlenstoff bestehen, was ihre Schwarzfärbung erklären würde.

Auf unserem Flug zum Rand des Sonnensystems erreichen wir nun Neptun, den letzten Gasriesen und zugleich den letzten Planeten, dem Voyager 2 einen Besuch abstattete. Wie bei Uranus ist auch seine Entdeckungsgeschichte nicht minder faszinierend als der Planet selbst: Gleich nach dem Auffinden von Uranus begannen Astronomen, seine Umlaufbahn zu berechnen. Dabei tauchten unerwartete Probleme auf. Uranus bewegte sich nicht so, wie er es dem Newtonschen Gravitationsgesetz zufolge hätte tun müssen. Mitte des 19. Jahrhunderts war dieses Problem zu einer echten wissenschaftlichen Herausforderung geworden. Newton hatte uns gelehrt, das Universum als ein großes Uhrwerk zu betrachten, dessen Rädchen festen Regeln folgten. Nun war hier aber ein „Rädchen", das sich um keinen Preis in die Himmelsmechanik fügen wollte. Schließlich fanden zwei Wissenschaftler – John C. Adams in England und Urbain Leverrier in Frankreich – unabhängig voneinander einen Weg aus diesem Dilemma: Beide gelangten zu dem Schluss, dass Uranus' Umlaufbahn dann Sinn ergeben würde, wenn es jenseits von ihm einen weiteren Planeten gäbe, der ihn von der kalkulierten Newtonschen Bahn ablenkte. Beide Männer errechneten

NEPTUN
Kalt, distanziert und blau, ist der äußerste Gasriese zugleich der dichteste, was auf einen relativ großen Kern schließen lässt. Seine Färbung rührt von einem hohen Methananteil in der Atmosphäre her.

Neptun strahlt weit mehr Energie ab als er von der Sonne empfängt und ist Stürmen und Winden von titanischer Gewalt ausgesetzt: Mit mehr als 1600 km/h tosen sie über ihn hinweg – mit die heftigsten im gesamten Sonnensystem.

genaue Positionen für den unbekannten Planeten und wiesen verschiedene Sternwarten auf ihre Erkenntnisse hin, wurden anfänglich jedoch beide nicht ernst genommen. Erst 1846 richtete der Berliner Astronom Johann Galle sein Teleskop auf die von Leverrier angegebene Himmelsregion – und bekam prompt den heute Neptun genannten Planeten zu Gesicht. Für die Wissenschaft war dieses Ereignis ebenso bedeutsam wie die Wiederkehr des Halleyschen Kometen, lieferte es doch einen unumstößlichen Beweis, dass das Newtonsche Bild des Kosmos – demzufolge sich die Welten in festen, an das Gravitationsgesetz gebundenen Bahnen bewegten – dazu dienen konnte, Dinge vorauszusagen, die kein Mensch jemals zuvor gesehen hatte.

Neptun, der geringfügig größer als Uranus, aber deutlich kleiner als Jupiter und Saturn ist, scheint ein Gasriese mittleren Ranges zu sein. Trotzdem gibt er dreimal soviel Energie in den Raum ab wie er von der Sonne empfängt, was bedeutet, dass er wie Jupiter und Saturn über eine innere Energiequelle verfügen muss – möglicherweise Restenergie aus seiner Entstehungsphase. Dieser verdankt er in etwa dieselbe Temperatur wie Uranus, trotz wesentlich größerer Distanz zur wärmenden Sonne. Wie bei Uranus ist sein Magnetfeld – übrigens geringfügig schwächer als unser irdisches – gegenüber der Rotationsachse deutlich geneigt. Warum, das weiß niemand.

Der nach dem römischen Gott des Meeres benannte Neptun präsentiert sich in blauem Gewand, was von dem Methananteil in seiner Atmosphäre herrührt, die ansonsten vorwiegend Wasserstoff und Helium enthält. 1989 flog Voyager 2 an diesem Planeten vorbei und übermittelte Nahaufnahmen der oberen Atmosphäre. Die Auswertung ergab streifenförmige Zirruswolken etwa 70 km über einer Hauptwolkendecke aus Schwefelwasserstoff, und man vermutet, dass die oberen Wolken aus gefrorenem Methan bestehen, das von Wärmeströmungen aus dem Planeteninneren in die Atmosphäre getrieben wurde.

Voyager wurde auch Zeuge eines gewaltigen Sturms auf Neptun, der an Jupiters Großen Roten Fleck erinnerte. Dieser später Großer Dunkler Fleck getaufte Orkan durchmaß fast 10 000 km und lag auf der Südhalbkugel des Planeten. Welche Kräfte den Großen Roten und den Großen Dunklen Fleck verursachten, ist bis heute nicht bekannt. Aber wir wissen, dass die Winde auf Neptun zu den stärksten im Sonnensystem zählen und bisweilen Geschwindigkeiten von über 1600 km/h erreichen. (Zum Vergleich: Die stärksten jemals auf Erden gemessenen Windböen bliesen mit 370 km/h!)

Zudem entdeckte Voyager – zusätzlich zu den zwei bereits bekannten – sechs neue Neptunmonde und bestätigte die Existenz eines Ringsystems. Bis dato hatten erdgestützte Teleskope nur Objekte um Neptun beobachtet, die sie als „Ringbögen" bezeichneten. Voyager lieferte den Beweis, dass es sich bei den meisten dieser Objekte um dichtere Segmente eines einzelnen diffusen Ringes handelt. Wie alle Gasriesen besitzt Neptun mehrere Ringe. Die drei auffälligsten wurden nach dem Trio benannt, das diesen Planeten aufzufinden half: Adams, Leverrier und Galle.

RÄTSELHAFTE FLECKEN

Der 1989 von Voyager 2 auf Neptuns Südhemisphäre entdeckte Große Dunkle Fleck zeigt Ähnlichkeiten mit dem Großen Roten Fleck auf Jupiter, scheint aber wesentlich kurzlebiger. Nach fünf Jahren war er gar nicht mehr auffindbar, während auf der Nordhalbkugel ein anderer Sturm oder Hochdruckwirbel wütete. Neben einer wenig auffälligen Bänderstruktur und Radiopulsen stieß Voyager auf dem achten Planeten auch auf überraschende Turbulenzen.

Wie man es auch betrachten mag: Pluto bleibt ein Sonderling. Er ist eine kleine Steinkugel jenseits des Reiches der Gasriesen, und während die meisten Planeten des Sonnensystems unser Heimatgestirn in derselben Ebene umkreisen, ist Plutos Bahn gegen diese um 17 Grad geneigt und zudem so exzentrisch, dass er sich zwischen 1979 und 1999 tatsächlich *innerhalb* des Orbits von Neptun befand, während dieser Zeit also der neunte Planet der Sonne näher stand als der achte.

Pluto wurde 1930 von einem jungen und ehrgeizigen Amerikaner entdeckt: Clyde Tombaugh wuchs auf einer Farm auf, bastelte sich sein erstes Teleskop selber zusammen – und schickte eines Tages einige Skizzen, die er vom Mars angefertigt hatte, an das Lowell-Observatorium in Arizona, um sie prüfen zu lassen. Seine Zeichnungen waren derart gut, dass man ihn dort spontan einstellte und ihm die Aufgabe zuteilte, etwas zu suchen, was man damals Planet X nannte. Astronomen hatten einige Abweichungen von den errechneten Werten der Neptunbahn festgestellt und glaubten dadurch Anhaltspunkte für einen weiteren, neunten Planeten gewonnen zu haben. Heute wissen wir, dass ihre Kalkulationen falsch waren und es Ende der 1920er Jahren keinerlei Hinweis auf einen solchen „Störfaktor" gab. Nichtsdestotrotz begann Tombaugh seine akribischen Suche. Über viele Tage hinweg fotografierte er dasselbe Himmelsgebiet, um ein Objekt ausfindig zu machen, das sich gerade genug bewegte, um ein Planet zu sein. Und am 18. Februar 1930 war es soweit: Er entdeckte den Planeten, den wir heute – nach dem römischen Gott der Unterwelt – Pluto nennen.

PLUTO
Kaum weniger mysteriös und rätselhaft als der römische Gott der Unterwelt, dem er seinen Namen verdankt, wurde dieser kleinste und entfernteste Planet des Sonnensystems erst 1930 von Clyde Tombaugh entdeckt. Anders als die Gasriesen ist er winzig – deutlich kleiner als der Erdmond – und ein fester Gesteinskörper. Neuesten wissenschaftlichen Theorien zufolge könnte Pluto dem Kuiper-Gürtel entstammen, einer Kometenansammlung jenseits der Planetenbahnen.

1978 vermaß James Christy vom Naval-Observatorium in Washington, D. C. routinemäßig die Position Plutos auf Fotoplatten und stellte dabei fest, dass er einen Mond besaß. Nach dem Fährmann, der in der griechischen Mythologie die Schatten der Toten über den Styx bringt, erhielt der Plutotrabant den Namen Charon. Durch genaue Beobachtung Charons – die Geschwindigkeit des Mondes hängt von der Planetenmasse ab – gelang es, Rückschlüsse auf die Masse des Pluto zu ziehen. Dabei ergab sich, dass Pluto nur ein Fünfhundertstel des Erdgewichts und einen deutlich geringeren Durchmesser als Merkur besitzt. Somit ist er viel zu klein, um irgendeine Einwirkung auf die Neptunbahn nehmen zu können! Sowohl Pluto als auch Charon sind von Dichte und Größe her vielmehr den Neptunmonden ähnlich. Wie wir sehen werden, gab dies einigen Wissenschaftlern Grund zu der Annahme, Pluto und Charon seien nicht auf dieselbe Art und Weise entstanden wie die übrigen Planeten und Monde unseres Sonnensystems.

Im Augenblick befindet sich Pluto relativ nah an unserem Muttergestirn. Seine ausgesprochen dünne Atmosphäre besteht vorwiegend aus Stickstoff, während sich auf seiner Oberfläche eine Schicht aus Methan-, Stickstoff- und Kohlenmonoxideis befindet. Man vermutet, dass das Methan mit wachsender Entfernung zur Sonne in der Plutoatmosphäre gefriert und als eine Art Schnee zu Boden fällt. Wenn dies geschieht, wird sich die Oberfläche des Planeten sichtbar aufhellen, da flüssiges Methan Licht fast vollständig reflektiert. Im Gegensatz dazu scheint Charons Oberfläche hauptsächlich von Wassereis bedeckt.

Trotz neuerer Aufnahmen des Weltraumteleskops Hubble bleibt Pluto eines der am wenigesten erforschten und rätselhaftesten Objekte in unserem Planetensystem. Es gab bislang noch keinen Vorbeiflug, doch plant die NASA für 2004 den so genannten Pluto-Kuiper-Express, der den Planeten und seinen Mond detailliert kartieren soll. Allerdings ist eine solche Mission mit zahlreichen Schwierigkeiten behaftet. Eine davon ist der Zeitfaktor: Das Raumschiff wird etwa zehn Jahre brauchen, um den eisigen Planeten zu erreichen. Wir müssen uns also noch eine ganze Weile gedulden, bevor wir mehr über diese fremde Welt erfahren, als uns Hubble mitzuteilen vermag.

Jenseits der Neptunbahn beginnt ein Reich, dessen bloße Existenz noch vor kurzem ernstlich in Zweifel gezogen wurde. Es ist der Kuiper-Gürtel, benannt nach dem holländisch-amerikanischen Astronom Gerard Kuiper, der den Gedanken 1951 ins Gespräch brachte. (Der Ire Kenneth Edgeworth hatte dieselbe Idee sogar noch früher, Anfang der 1940er Jahre formuliert.) Der Kuiper-Gürtel erweist sich als ein flacher Ring aus großen, aber eher spärlich verteilten mit Staub u.a. durchsetzten Eisbrocken. Am besten stellt man sich diese als große schmutzige Schneebälle vor, mit einem Durchmesser von Dutzenden oder gar Hunderten von Kilometern. Sie bilden den Kern der Kometen, und gelegentlich verlässt einer von ihnen den Gürtel und kommt der Erde so nahe, dass wir ihn sehen können.

Kuiper zufolge hätten in diesem gürtelförmigen Gebiet am Rande unseres Sonnensystems Kometen entstehen können. Die meisten seiner Zeitgenossen glaubten jedoch, dass sämtliche Kometen aus einem anderen Bereich stammen, der noch weiter draußen liegt – der so genannten Oortschen Wolke, die wir gleich anschließend besuchen werden. 1980 äußerte Julio Fernandez die Vermutung, der Gürtel sei das Ursprungsgebiet kurzperiodischer Kometen, die für einen Umlauf um die Sonne weniger als 200 Jahre benötigen. Doch erst 1992 gelang es zwei Astronomen vom hawaiischen Mauna-Kea-Observatorium, ein Objekt im Kuiper-Gürtel zu sichten. Die Astronomische Union taufte es 1992QB1, obwohl seine Entdecker ihm lieber den Namen „Smiley" gegeben hätten – nach John LeCarrés fiktivem Spion, der aus der Kälte kam.

Seither hat man über 130 Objekte lokalisieren können, alle mit einem Durchmesser zwischen 80 und 500 km. Von dieser Stichprobe ausgehend schätzt man, dass sich im Kuiper-Gürtel mindestens 35 000 „Schneebälle" ähnlicher Größe befinden. Sollte diese Hypothese stimmen, würde er deutlich mehr Materie enthalten als ursprünglich angenommen: viele Hundert mal mehr nämlich als der besser untersuchte Asteroidengürtel zwischen Mars und Jupiter.

Heute gehen Astronomen davon aus, dass der Kuiper-Gürtel früher sogar noch raumgreifender war und sich bis in die Neptunbahn hinein erstreckte. Neptuns Gravitation, so argumentieren sie, habe im Laufe der letzten 4,5 Milliarden Jahre diese „nahen" Kometen nach und nach aus dem Gürtel herausgezogen und in das innere Sonnensystem befördert. Wegen der höheren Temperatur verdampfen die meisten Kometen im Verlauf von etwa 10 000 Jahren, aber wie Shoemaker-Levy 9 zeigte, können sie auch auf spektakuläre Weise mit einem Planeten oder der Sonne kollidieren. Das allmähliche Abziehen von Materie aus dem inneren Teil des Kuiper-Gürtels wird gravitative Erosion genannt. Einer überdenkenswerter These zufolge kommen Pluto und sein Mond Charon sowie möglicherweise sogar der Neptunmond Triton aus diesem Bereich und hätten somit eine andere Entstehungsgeschichte als die übrigen Planeten und Monde des Sonnensystems.

So könnte Pluto ein Rest des ursprünglichen Kuiper-Gürtels sein, der seine Bahn anfangs mit ähnlichen, aber vermutlich kleineren Objekten teilte, die jedoch mit der Zeit allesamt Opfer der gravitativen Erosion wurden. Nach diesem Modell müsste Pluto Charon schon relativ frühzeitig eingefangen haben. Ähnlich mag Triton einst zum Kuiper-Gürtel gehört haben, bevor er in den Gravitationssog von Neptun geriet.

Diese Theorie würde also viele der Eigenheiten Plutos erklären. Trotzdem dürfen wir nicht vergessen, dass der Kuiper-Gürtel lediglich Ursprungsort einiger Kometen ist, keineswegs aller. Kometen dringen aus allen Richtungen in das Sonnensystem ein, nicht nur von der Ekliptikalebene, in der der Gürtel liegt. Um den Rest der Kometengeschichte verstehen zu können, müssen wir uns deshalb erneut ein Stück weiter hinaus ins All wagen, zur Oortschen Wolke nämlich. Vorher aber sollten wir uns noch einmal vor Augen führen, dass das äußere Sonnensystem eine Vielzahl faszinierender Objekte birgt, darunter ein paar absolut einzigartige. Sie sind nicht groß, wenige Meter im Durchmesser, und leichter als ein alter Volkswagen-Käfer. Wie dieser sind sie von Menschen gefertigt – die am weitesten entfernten menschlichen Artefakte im Universum. Die Rede ist von den Raumschiffen Pioneer und Voyager. Diesen in den 1970er Jahren gestarteten Forschungsreisenden verdanken wir einen ersten Blick auf die äußeren Bereiche des Sonnensystems. Inzwischen weit jenseits der Plutobahn, dringen Sie täglich weiter in den Weltraum vor, in Regionen, die noch nie ein Mensch – oder ein von Menschen gefertigtes Objekt – bereist hat.

Voyager 1 hat mittlerweile die weiteste Strecke zurückgelegt – 480 Millionen km schafft die Sonde pro Jahr. Wissenschaftler erwarten, dass sie um das Jahr 2010 die Heliopause erreicht, ein Niemandsland, wo Sonnenwind und das Magnetfeld der Sonne in das galaktische Magnetfeld übergehen. Obwohl die Gravitation unseres Muttersterns weit über diese Zone hinausreicht, definiert sie doch – in etwa 100 AE Entfernung zur Sonne – eine „Grenze“ unseres Planetensystems. Hat Voyager diese überschritten, liegt sein Heimatsystem im Grunde hinter ihm.

Ein gutes Jahrzehnt später, etwa 2020, wird die Leistung der Generatoren nicht mehr ausreichen, um sämtliche Instrumente zu betreiben, und einige werden sich abschalten. Voyager 1 wird dann 138 AE von der Sonne entfernt sein, während Voyager 2 „erst“ 113 AE zurückgelegt hat. Beide werden ihre Reise ins Ungewisse fortsetzen, immer weiter in die Kälte und Dunkelheit des interstellaren Raums hinein.

Ich glaube aber nicht, dass sie für immer ins All entschwinden. In ein paar Hundert Jahren wird ein Raumkreuzer sie aufspüren, an Bord nehmen und beide Sonden wieder nach Hause bringen. Und dann, nach gründlicher Untersuchung in den Labors der Wissenschaftler, werden sie einen Ehrenplatz in einem Museum erhalten und dort an die Frühzeit der Erkundung des Weltalls erinnern.

Selbst nach Verlassen des Kuiper-Gürtels befinden wir uns noch nicht im interstellaren Raum, sondern sozusagen im „Outback" des Sonnensystems, einer kosmischen Version des polaren Winters, wo die Sonne niemals heller scheint als Venus am irdischen Abendhimmel und die mittlere Temperatur nahe dem absoluten Nullpunkt liegt. Das ist die Oortsche Wolke, benannt nach dem niederländischen Astronom Jan Oort, der in den 1950er Jahren als erster ihre Existenz vermutete. Anders als beim, wie sein Namen schon sagt, gürtelförmigen Kuiper-Gürtel handelt es sich bei der Oortschen Wolke um eine kugelförmige Region rings um das Sonnensystem, die sich Milliarden von Meilen weit ins All erstreckt. Sie ist ein riesiges Gebiet schmutziger Schneebälle, von denen der eine oder andere eines Tages als Komet das innere Sonnensystem besuchen könnte. Schätzungen zufolge gibt es hier rund sechs Billionen Kometen, jeweils mehrere Kilometer groß und einige sicher mit dem 40fachen der Erdmasse. Dabei ist die Oortsche Wolke so unvorstellbar riesig, dass die durchschnittliche Distanz zwischen den einzelnen „Schneebällen" mehrere Zehntausend Kilometer beträgt.

Jan Oort folgerte die Existenz dieser Kometenansammlung aus der Untersuchung von langperiodischen Kometen (mit einer Bahnperiode von mehr als 200 Jahren). Er verfolgte ihre Umlaufbahnen über lange Zeiträume zurück, rechnete die Gravitation der äußeren Planeten mit ein und kam zu dem Schluss, dass alle – obwohl sie das innere Sonnensystem aus ganz unterschiedlichen Richtungen erreichten – ihren Ursprung weit jenseits der Plutobahn haben mussten. Mit Hilfe moderner Computer und ungleich mehr Daten haben heutige Astronomen festgestellt, dass diese Kometen aus etwa 40 000 AE Entfernung kommen. Ein durchschnittlicher langperiodischer Komet aus der Oortschen Wolke gelangt auf seinem Orbit nur alle paar Millionen Jahre in unsere Nähe. Bislang liefern solche Berechnungen allerdings den einzigen Beweis, dass es die Oortsche Wolke tatsächlich gibt, denn solange sie nicht in das innere Sonnensystem vordringen, sind ihre Kometen viel zu weit weg und viel zu klein, um im Teleskop auffindbar zu sein.

In gewisser Hinsicht beginnt die Entdeckungsgeschichte der Oortschen Wolke in der Antike. Seit Menschengedenken wurden Kometen als merkwürdige und unberechenbare Himmelsboten betrachtet. Häufig galten sie auch als Omen – gut oder böse. So zeigte sich beispielsweise 1066, dem Jahr der Eroberung Englands durch die Normannen, ein Komet am Himmel, den wir heute als den Halleyschen kennen. Für Wilhelm den Eroberer erwies er sich als ausgezeichnetes Omen, für seinen Widersacher Harold freilich eher als Menetekel. Wie immer lässt die Deutung himmlischer Ereignisse ganz unterschiedliche Interpretationen zu.

Warum aber treibt es Kometen aus der Oortschen Wolke, die so riesig und so weit von uns entfernt ist, überhaupt in Erdnähe? Warum bleiben sie nicht einfach in der kalten Leere am Rande des Sonnensystems und ziehen dort ihre Bahn um die so ferne Sonne, in deren Gravitationsfeld sie aber dennoch eingebunden sind? Nun würden sie gewiss genau dies tun, wäre die Oortsche Wolke nicht bestimmten äußeren Einflüssen ausgesetzt. Es gibt nämlich einiges in unserer Galaxie, was die Mitglieder der Oortschen Wolke buchstäblich aus der Bahn werfen und „auf Abwege“ bringen kann. Die häufigste Ursache ist ebenso offensichtlich wie unerwartet: Gelegentlich zieht ein Stern nahe genug an unserem Sonnensystem vorüber, um auf Kometen einzuwirken. Schätzungsweise kommen jede Jahrmillion rund ein Dutzend Sterne bis auf wenige Tausend AE an unsere Sonne heran. Und ist ein Komet erst einmal ins Sonnensystem hineingelangt, gerät er unwillkürlich auch in den Gravitationsbereich der Planeten. Manche werden dadurch ein für allemal aus dem System hinausgeworfen, während andere in eine Umlaufbahn einschwenken, die sie in bestimmten Abständen näher an unser Muttergestirn heranführt. Jeder Komet, den wir am Himmel sehen, sollte uns daran erinnern, dass es Kräfte gibt, die weit über unser Sonnensystem hinaus bis zu den Sternen reichen. Jan Oort fand ein wunderschönes Bild für die nach ihm benannten Wolke: Er bezeichnete sie als einen „von stellaren Störungen sanft geharkter Garten“.

Einer ähnlichen „Störung“ dürfte unser Sonnensystem in rund 1,4 Millionen Jahren ausgesetzt sein, wenn der Stern Gliese 710 die äußeren Regionen der Oortschen Wolke durchwandern und sich der Sonne bis auf 70000 AE nähern wird. Wissenschaftler schätzen die Zahl der von Gliese 710 angestoßenen Kometen auf etwa 50 Prozent mehr als gewöhnlich. Es soll Zeiten gegeben haben, in denen größere Störungen die Kometenrate um mehrere Hundert Prozent in die Höhe trieben. Solche so genannten Kometenschauer können dramatische Folgen zeitigen. Einige Forscher meinen sogar, der Einschlag, der das Aussterben der Dinosaurier zur Folge hatte, sei Teil eines gewaltigen Kometenschauers gewesen.

Selbst wenn dies stimmt, bleibt eine Frage offen: Woher kommen all die Kometen der Wolke? In den Orbits, die sie heute okkupieren, können sie nicht entstanden sein, da der Urnebel, aus dem sich unser Sonnensystem entwickelte, in seinen äußeren Regionen viel zu diffus war, um die Bildung derart vieler Objekte zu ermöglichen. Einer gängigen Theorie nach entstanden die Kometen der heutigen Oortschen Wolke weiter innen im Sonnensystem und wurden durch gravitative Wechselwirkung mit anderen Sternen an ihre derzeitige Position geschleudert.

Indes wir nun die sonnenfernsten Kometen passieren, die in der eisigen Finsternis dieser mysteriösen Wolke ihre Bahn ziehen, verlassen wir tatsächlich unser Sonnensystem. Vor uns liegen die scheinbar endlosen Weiten der Milchstraße mit ihren Milliarden von Sternen – und dahinter all die anderen Galaxien des Kosmos. ●

VAGABUNDEN IM PLANETENSYSTEM

Kometen, rastlose Bewohner der riesigen Oortschen Wolke und anderer Reiche, versetzen die Menschheit seit Jahrtausenden in staunende Ehrfurcht und mussten vor allem früher oft als Omen herhalten.

Der wohl berühmteste dieser regelmäßig wiederkehrenden Gäste ist der Halleysche Komet, der alle 76 Jahre das innere Sonnensystem besucht. Auf einem 1910 vom kalifornischen Mount Wilson Observatorium aufgenommenen Bild (rechts) präsentiert er sich mit hell strahlendem Kopf und charakteristischem, prächtig ausgebildetem Schweif.

JUPITER

Farbenprächtig und voller Rätsel, fasziniert Jupiter mit seinen ständig wechselnden Wolkenmustern seit Jahrhunderten die Astronomen. Eigentlich müsste die Wolkenhülle, die vorwiegend aus Wasserstoff und Helium besteht und eine Durchschnittstemperatur von -125 °C aufweist, farblos sein. Nach heutigem Wissensstand hängen die Rot- und Orangetöne damit zusammen, dass ultraviolettes Sonnenlicht auf Spuren chemischer Verbindungen trifft und so farbig erscheinende Smogpartikel erzeugt, die sich auf den darunter liegenden Wolkenschichten ablagern.

Jupiters dunklere Bänder werden Gürtel genannt, die helleren heißen Zonen. Auf der Äquatorseite jedes Bandes weht der Wind ostwärts, an der dem Pol zugewandten Seite hingegen westwärts – kein Wunder, dass diese Turbulenzen so gewaltige Orkanwirbel wie den hier gezeigten Großen Roten Fleck auslösen.

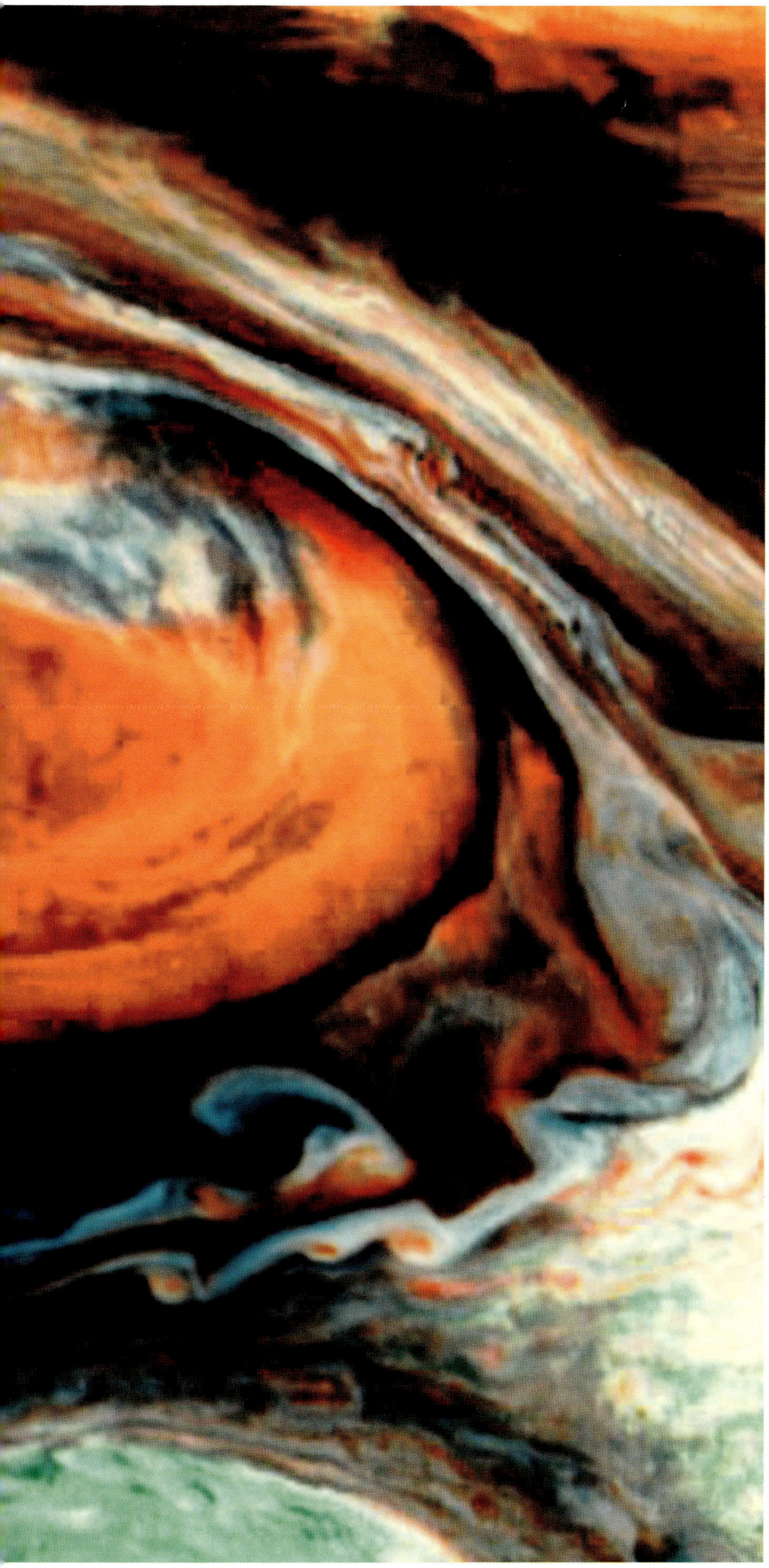

DER GROSSE ROTE FLECK

Das bekannteste Merkmal des Planeten scheint ein gigantischer Hochdruckwirbel innerhalb der Wolkenschichten zu sein – zwei bis dreimal größer als die Erde. Dieser „Orkan" tobt mindestens seit dem 17. Jahrhundert. Auf der farbverstärkten Aufnahme, bei der Rot- und Blautöne hervorgehoben sind, zeigt sich eine ganze Reihe weißer „Folgestürme". Der gesamte Fleck dreht sich ca. alle sechs Tage gegen den Uhrzeigersinn um sich selbst.

JUPITER-RINGE

[nachfolgende Doppelseite] Eine Galileo-Fotografie (aufgenommen während einer totalen Bedeckung der Sonne durch Jupiter) offenbart das fast filigrane Ringsystem des fünften Planeten, das aus Staubpartikeln besteht und vermutlich entstand, als Meteore und energiereiche Teilchen die kleinen nahe gelegenen Monde bombardierten. Entdeckt wurden die Ringe erstmals 1979 von Voyager 1.

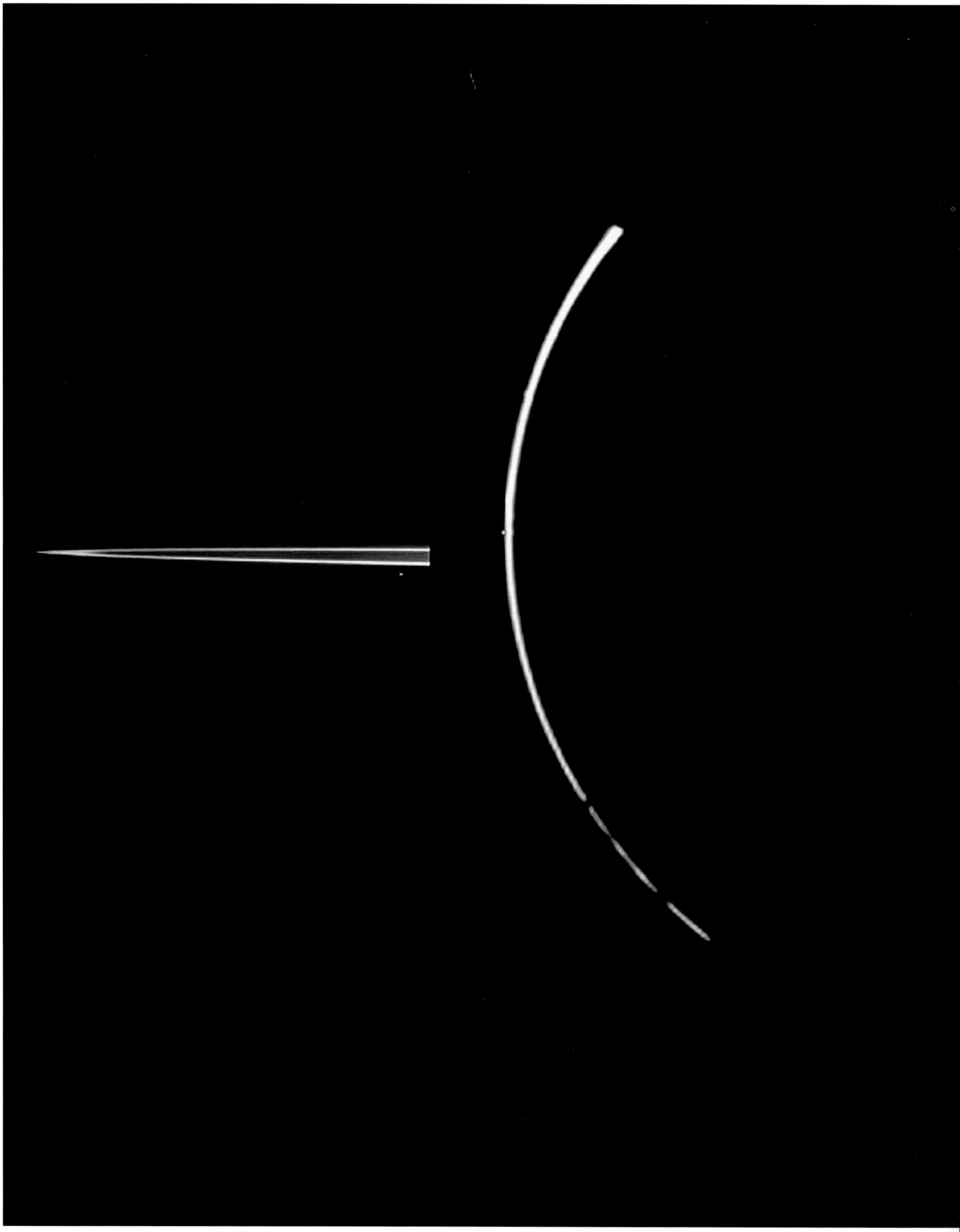

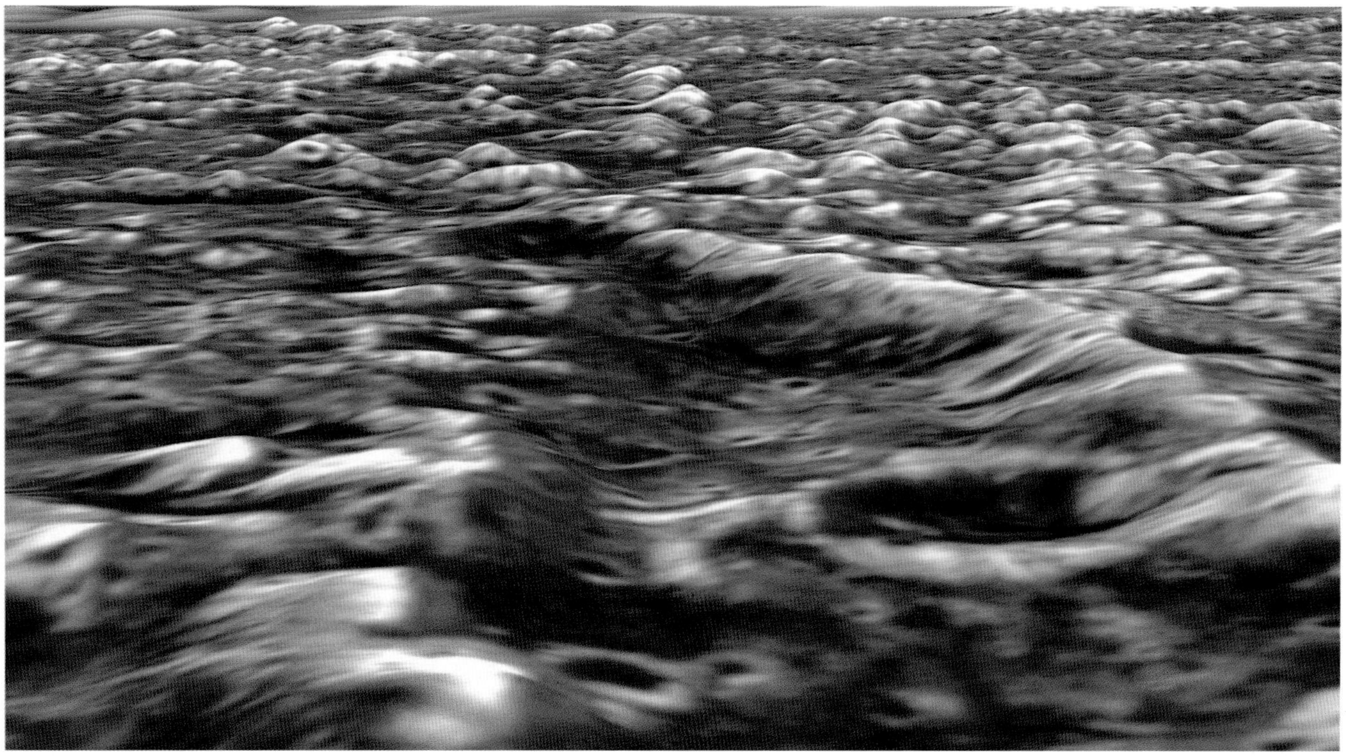

GRÖSSENVERHÄLTNISSE

Das Auf und Ab der Hügelketten des Jupitermondes Ganymed (oben) ist auf diesem computergenerierten 3-D-Bild, das eine Auflösung von 75 m pro Bildpunkt hat, sehr schön erkennbar. Der größte Mond des gesamten Sonnensystems – er übertrifft sogar Merkur und Pluto! – trägt alte und jüngere Krater sowie hellere Regionen mit Furchen und merkwürdigen Erhebungen.

Der innerste Jupitermond Io und sein Schatten vor der wirbelnden Wolkendecke seines Mutterplaneten (rechts), die mit reflektierenden Stellen aus gefrorenem Ammoniak durchzogen ist.

Trotz der gewaltigen Größe Jupiters braucht Io (bei einer mittleren Entfernung von rund 500 000 km) für einen Umlauf um den Planeten nur 43 Stunden.

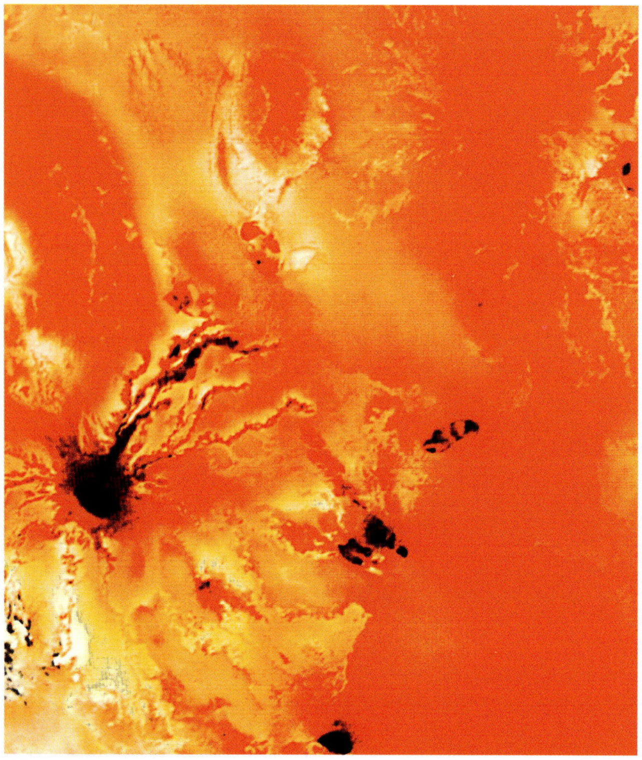

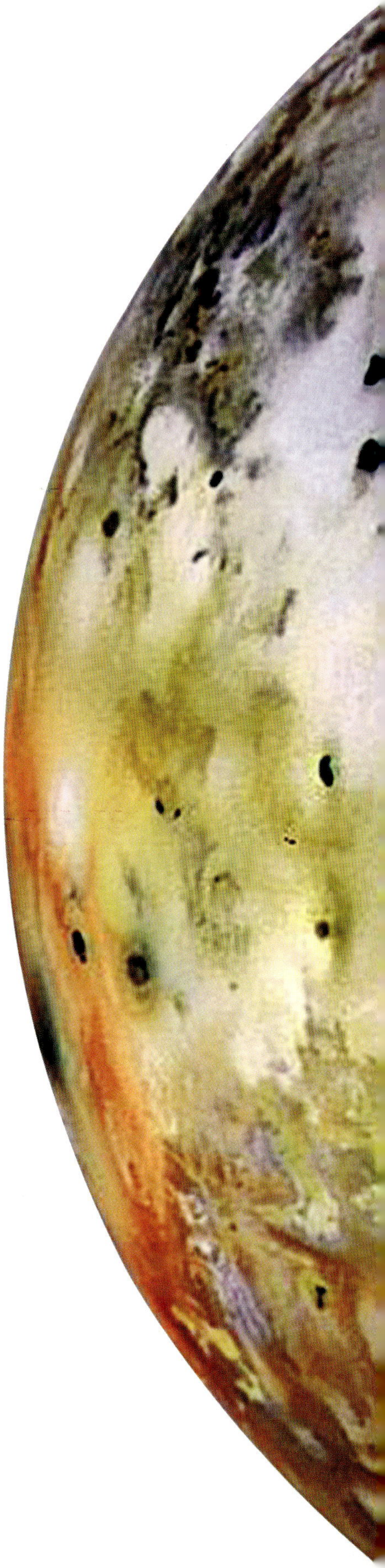

NATÜRLICHER DYNAMO

Io (rechts), der innerste der vier Galileischen Monde, besitzt die heißeste und vulkanisch aktivste Oberfläche des gesamten Sonnensystems. Geringfügig größer als unser Mond, wird sie von Jupiters gewaltigen Gravitationskräften beständig verformt und dadurch derart aufgeheizt, dass ihr Inneres einem flüssigen Inferno gleicht, das fast 100 Billionen Watt in Form von Wärme erzeugt.

Eine Nahaufnahme (oben) zeigt rote und orange Flecken, die auf Schwefelverbindungen und andere vulkanische Produkte schließen lassen und das pizzaartige Aussehen bedingen.

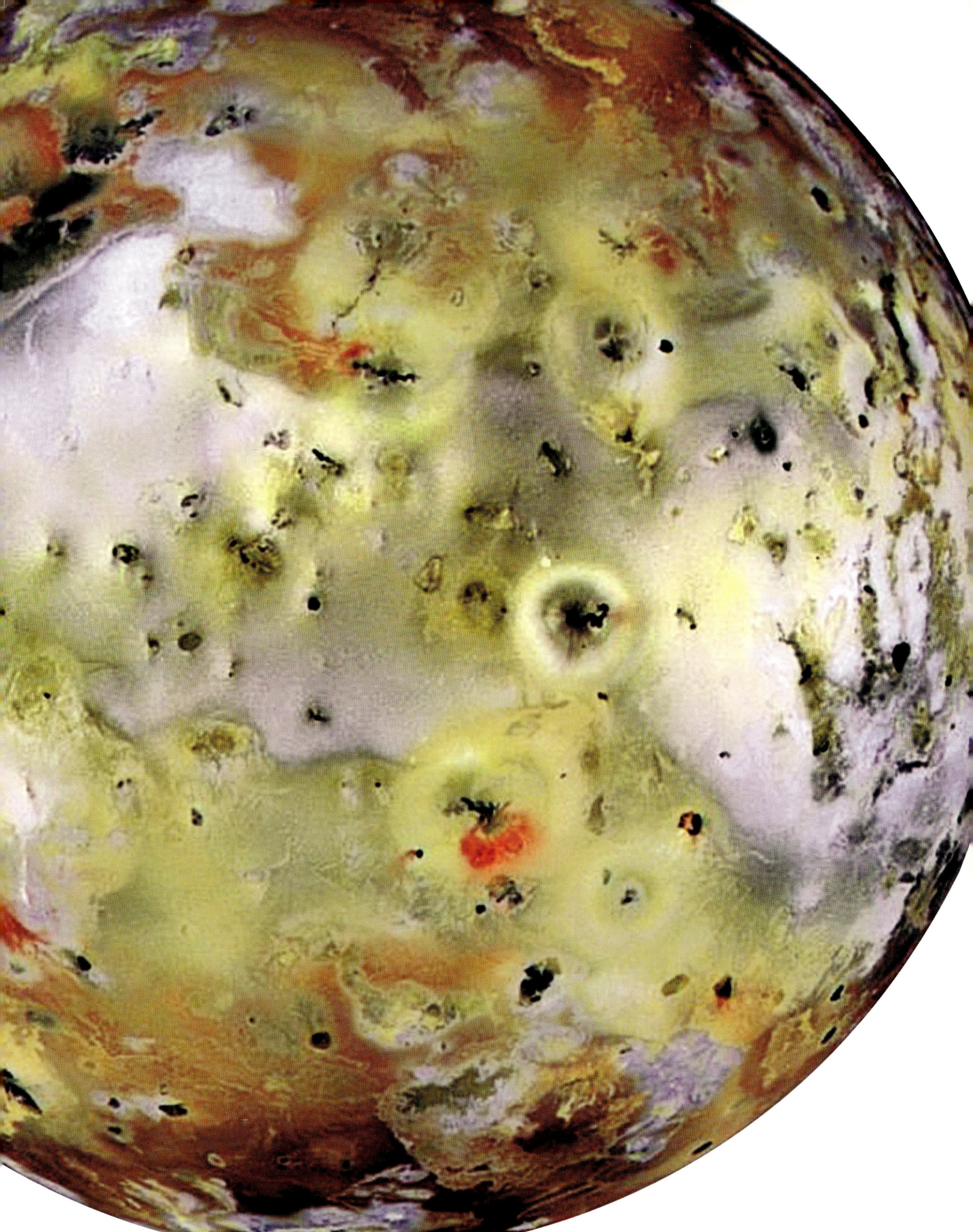

EISBLAUE WUNDERWELT

Die Eiskruste des Jupitermonds Europa birgt die faszinierende Möglichkeit, dass unter der nur spärlich bekraterten Oberfläche (gegenüber) ein flüssiger Ozean liegt. Nahaufnahmen der Außenhaut (oben) dieses kleinsten der vier Galileischen Monde lassen eine Struktur aus Erhebungen und Krustenplatten erkennen, die auf eine lange Geschichte des Auseinanderbrechens und erneuten Zusammendriftens hinweisen – wie Packeisschollen auf einer Wasser- oder Schlammfläche. Die dunkler blauen Regionen stehen für relativ altes Eis, rötliche Flächen könnten Material jüngerer geologischer Aktivitäten enthalten. Europa, die im Moment als wahrscheinlichster Kandidat für extraterrestrisches Leben gilt, soll 2006 Besuch von einer Raumsonde erhalten, von der man sich eine detailliertere Kartierung ihrer geheimnisvollen Oberfläche erhofft.

SATURN

Wegen seiner hohen Rotationsgeschwindigkeit – Saturn vollendet seinen Tag-Nacht-Zyklus in nicht einmal 11 Stunden! – ist der sechste Planet an den Polen sichtlich abgeplattet. Diese Infrarotaufnahme des Weltraumteleskops Hubble zeigt zwei gewaltige Orkane in Äquatornähe, wo Jetstreams mehr als 1600 km/h erreichen.

Blau repräsentiert relativ klare Atmosphärenzonen und weist auf Vorkommen von Ammoniakeis hin. Grün und Gelb stehen für unterschiedlich tiefe Dunstschichten, und Rot und Orange zeigen Stellen an, wo die Wolken weit in die Saturnatmosphäre hinauf reichen.

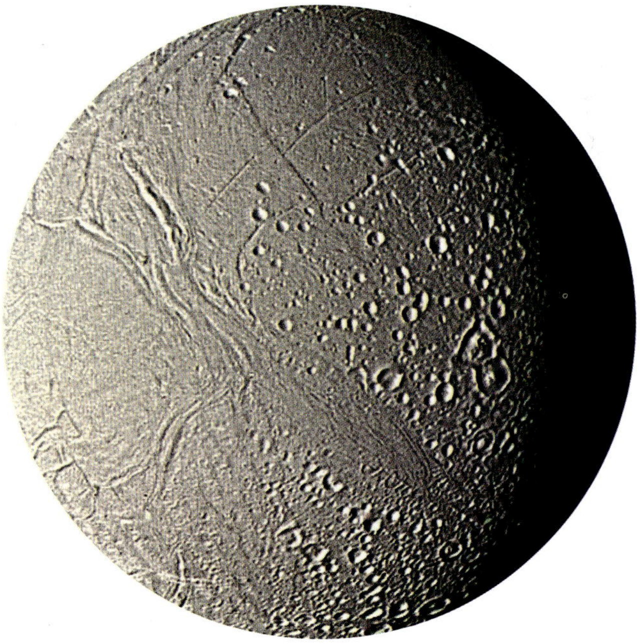

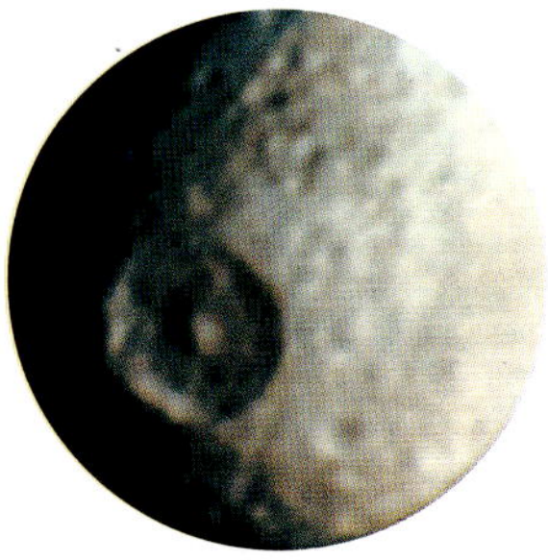

FEUERKRONEN

Wie zwei gewaltige Feuerreifen krönen strahlende Polarlichter die Polregionen bis zu 2000 km über der obersten Wolkenschicht des Saturn (rechts). Sie entstehen, wenn geladene Teilchen des Sonnenwinds mit der Atmosphäre des Planeten kollidieren. Derartige Phänomene leuchten im extremen Ultraviolettbereich. Da unsere eigene Atmosphäre diese Wellenlängen absorbiert, werden solche Polarlichter nur mittels satellitengestützter Teleskope sichtbar.

Der Saturnmond Enceladus (oben) besteht vorwiegend aus gefrorenem Wasser und soll die reinste Eisoberfläche des gesamten Sonnensystems besitzen. Rillenmuster und relativ wenige Krater deuten auf eine junge Kruste und vulkanische Aktivitäten hin. Mimas (links) ist im Vergleich dazu ein schmutziger Schneeball, der neben Eis auch Gesteinsreste enthält. Der Name seines riesigen charakteristischen Kraters – Herschel – erinnert an den Entdecker dieser beiden Monde, den englischen Astronom Sir William Herschel.

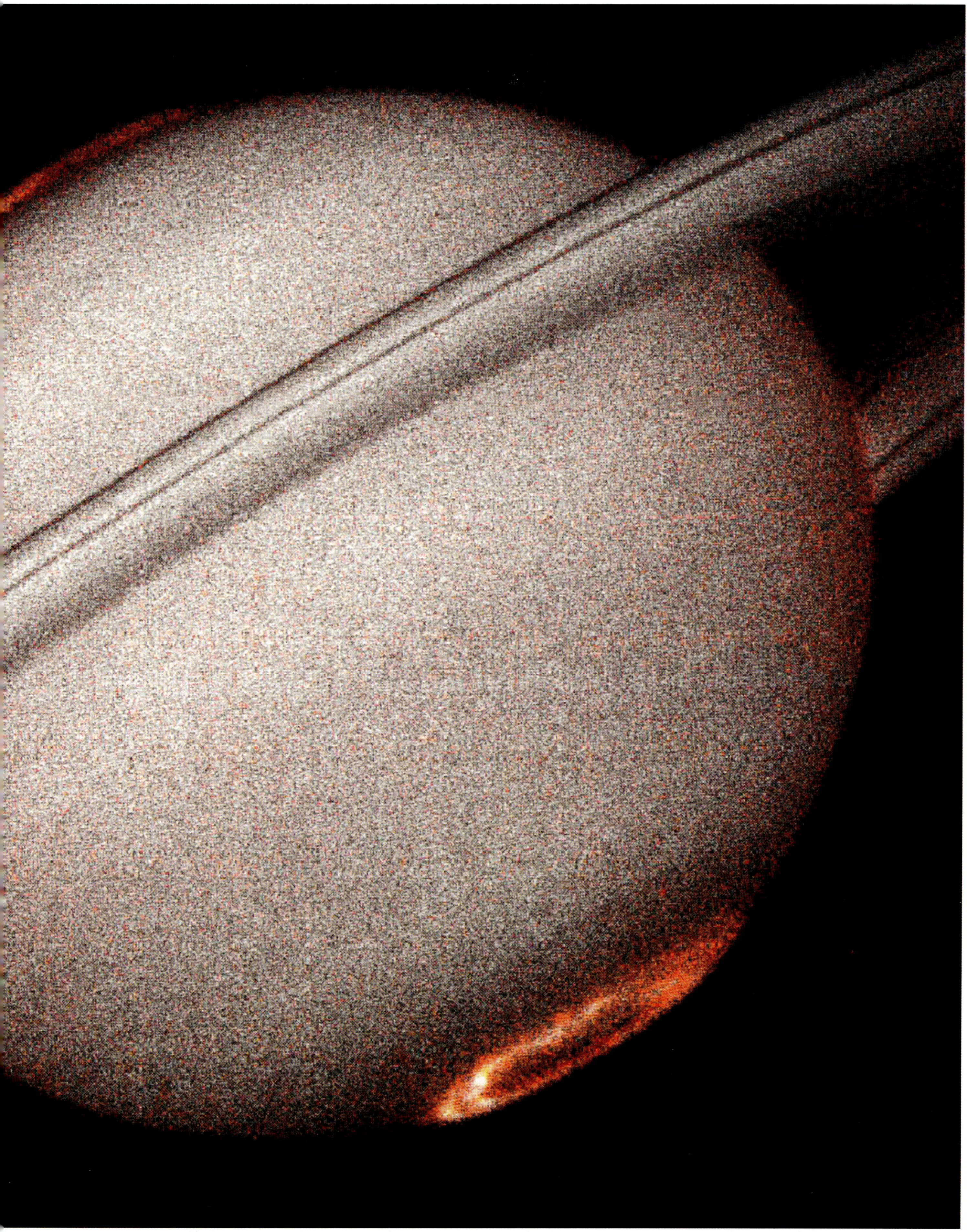

IN VOLLER PRACHT

Die farbkodierte Voyager-2-Aufnahme der prächtigen Saturnringe (links) macht deutlich, dass sich das, was man ursprünglich für ein einziges Band hielt, in Wahrheit aus Tausenden schmaler konzentrischer Einzelringe zusammensetzt.

Jeder besteht aus Eispartikeln, die klein wie Sandkörner sein, aber auch Hausgröße besitzen können und mit bis zu 800 000 km/h um den Planeten herumjagen. Die kunstvoll wirkende Ring-Lücken-Struktur erklärt sich hauptsächlich durch komplizierte Gravitationseffekte der zahlreichen Monde dieses Planeten.

In Kantenstellung gesehen (oben), schrumpft das Ringsystem auf Papierstärke zusammen, während Titan, der größte Saturnmond, links oberhalb davon schwebend, einen Schatten auf die wolkenverhangene Oberfläche wirft. Rechts sind vier weitere Monde zu sehen: Mimas, Tethys, Janus und Enceladus (von links).

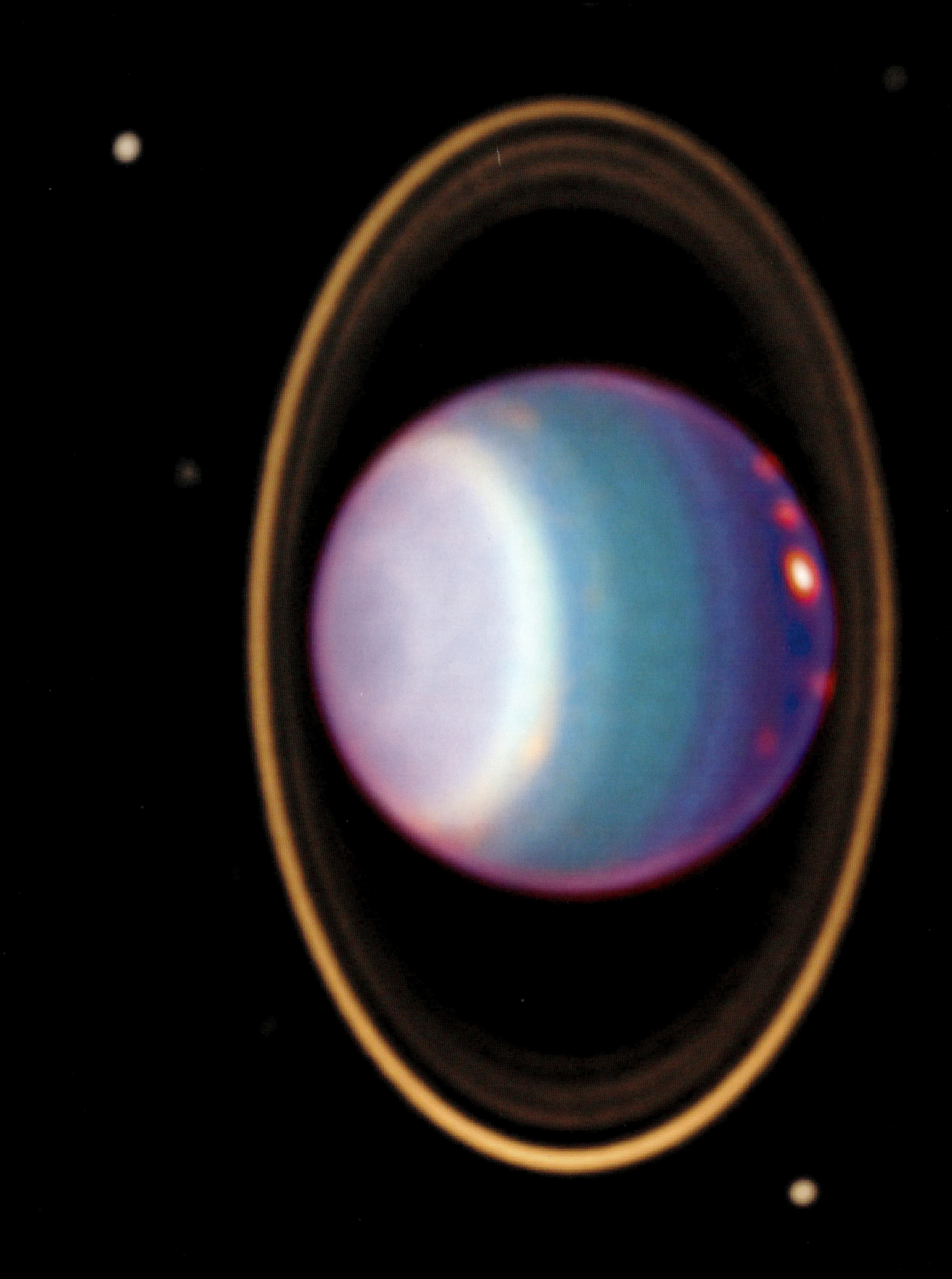

Dieses Falschfarbenbild des siebten Planeten, aufgenommen vom Weltraumteleskop Hubble, zeigt vier Hauptringe, zehn der zwanzig bekannten Monde sowie atmosphärische Strukturen. Grüne und blaue Regionen markieren klare Zonen, an denen das Sonnenlicht durchdringen kann; Gelb und Grau weisen auf eine Dunst- oder Wolkenschicht hin, die einen Teil des Lichts reflektiert, während Orange- und Rottöne eine sehr hoch liegende Wolkendecke repräsentieren, die an die irdischen Zirruswolken erinnert.

Verglichen mit denen der anderen Gasriesen sind die Ringe des Uranus dünn, schmal und dunkel. Die Eispartikel, aus denen sie bestehen, sind derart mit Gesteinstrümmern verschmutzt, dass sie das Licht genauso schlecht reflektieren wie Holzkohle. An Geschwindigkeit fehlt es ihnen freilich nicht: Sie brauchen gerade einmal acht Stunden, um ihren Mutterplaneten zu umrunden.

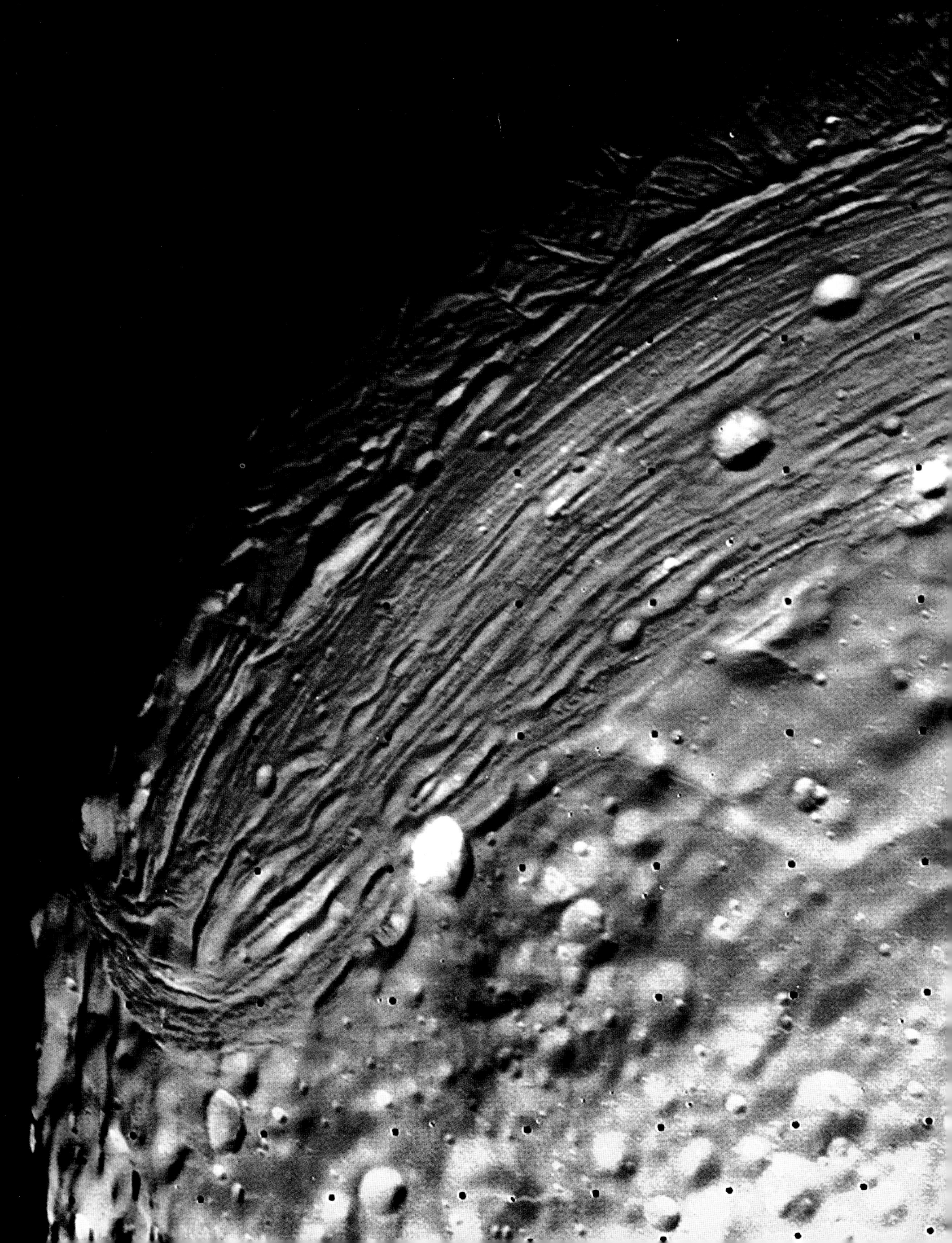

VON MIRANDA UND OBERON

Voyager 2, das einzige Raumschiff, das jemals in das Uranussystem vordrang, funkte 1986 dieses Falschfarbenbild des Planeten (unten) zur Erde. Hochnebelzonen sind rosa kodiert, die blauen Gebiete hingegen fast frei von Wolken. In Wahrheit präsentiert sich Uranus in einem bläulichen Grün, was damit zusammenhängt, dass das Methangas in seiner kalten und bemerkenswert klaren Atmosphäre rotes Licht absorbiert.

Die Internationale Astronomische Union hat die Uranusmonde und deren Oberflächenformationen mit Namen aus Shakespearedramen belegt. So zeigt eine Nahaufnahme von Miranda (gegenüber) eine Elsinore Corona genannte Region, die von starken tektonischen Aktivitäten zeugt. Ähnlich ehrt Oberon (oben), einer der entfernteren Monde, den Elfenkönig aus dem *Mittsommernachtstraum*, wird aber – leider – von einem Krater namens Hamlet verunziert.

NEPTUN

30-mal weiter von der Sonne entfernt als die Erde, erhält Neptun gerade 3 Prozent des Sonnenlichts von Jupiter – und einen verschwindend geringen Bruchteil dessen, das uns Helligkeit und Wärme spendet. Dennoch ist er eine dynamische Welt. Sein Großer Dunkler Fleck, ein gigantischer Rotationswirbel (links im Bild), ist in Größe und Lage auf der Südhalbkugel dem Großen Roten Fleck auf Jupiter vergleichbar. Als das Weltraumteleskop Hubble fünf Jahre später sein Teleskopauge auf ihn richtete, war der Fleck verschwunden – dafür jedoch auf der Nordhemisphäre ein neuer entstanden!

EIN BLICK ZURÜCK

Nach Vorbeiflügen an Jupiter, Saturn, Uranus und schließlich Neptun verabschiedete sich Voyager 2 mit einem Rückblick auf den achten Planeten (links) von den Gasriesen – nicht ohne zuvor noch eine Fülle von Daten über den mit rund 2700 km Durchmesser größten Neptunmond Triton zur Erde zu funken.

Unter einer dünnen Atmosphäre zeigt Tritons dunkle, narbenreiche Oberfläche (gegenüber) einige ungewöhnliche morphologische Formationen sowie Hinweise auf Eisvulkane. Die hier sichtbaren dunklen Spuren rühren vermutlich von kleinen Vulkanen her und könnten aus Stickstofffrost bestehen, vermischt mit organischen Verbindungen, die bei den geysirartigen Eruptionen ausgeworfen wurden. Dabei liegt die Oberflächentermperatur im Mittel bei fast -210 °C!

Wegen ihrer großen Erdferne nur als verwaschene Farbfleckchen erkennbar, bilden Pluto und sein einziger Mond Charon (rechts) die am wenigsten erforschte Planetengruppe des Sonnensystems. Keiner der beiden Körper wurde je von einer Vorbeiflug- oder gar Landermission besucht. Immerhin versetzt das Weltraumteleskop Hubble Astronomen in die Lage, eine verschwommene Mercator-ähnliche Karte der gesamten Planetenoberfläche zu erstellen (oben). Fotografien dokumentieren den 6,4-Tage-Rotationszyklus und zeigen einen dunklen Äquatorialgürtel, helle Polkappen und verschiedene physikalische Veränderungen, die topografisch oder jahreszeitlich bedingt sein

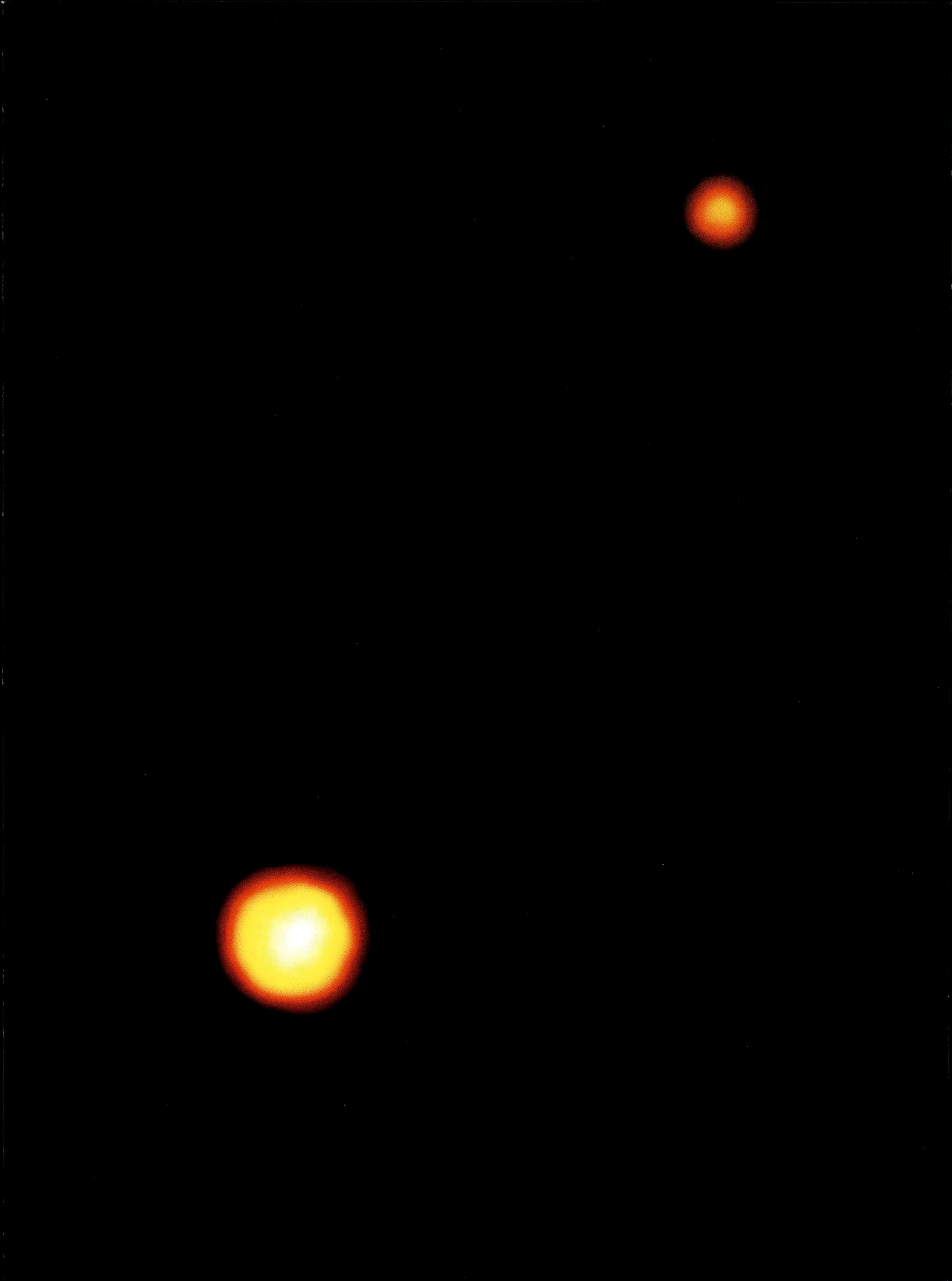

KOMETEN

Als Held des Jahres beherrschte Hale-Bopp (hier im Sternbild Schwan), der wahrscheinlich meist beobachtete Komet der Weltgeschichte, 1997 die Szene. So hell strahlte der Komet, dass er selbst von lichtverschmutzten Städten aus mit bloßem Auge sichtbar war.

Wo er jetzt ist? Im Augenblick 860 Millionen km weit von der Sonne entfernt (Jupiter beschreibt seine Bahn um die Sonne in einer Distanz von 770 Millionen km), aber von der südlichen Hemisphäre mit dem Teleskop immer noch zu beobachten. Astronomischen Berechnung nach wird Hale-Bopp übrigens in rund 4200 Jahren wieder zur Erde zurückkehren. Was er dann wohl vorfindet?

SURREALE „SCHNEEBÄLLE“

Falschfarbenaufnahmen der Kometen Halley (oben) und Hale-Bopp (rechts) illustrieren die relative Helligkeit ihrer verschiedenen Teile. Hale-Bopp, hier rund 550 Mio. km von der Erde entfernt, näherte sich unserem Planeten noch bis auf 190 Mio. km. In Sonnennähe erwärmt sich der eisige Kern des Kometen und gibt eine Wolke aus Gas und Staub ab. Diese Koma, der „Kopf“ des Kometen, dehnt sich weiter aus, lässt aber das Licht heller Sterne durch.

Bei jeder Rückkehr zur Sonne verliert Halleys Kern eine etwa 6 m dicke Schicht Eis und Gestein, aus der sich der prächtige Schweif entwickelt. Vermutlich wird unsere Sonne von Milliarden Kometen umkreist, die jedoch meist so fern bleiben, dass sie von der Erde aus nicht sichtbar sind.

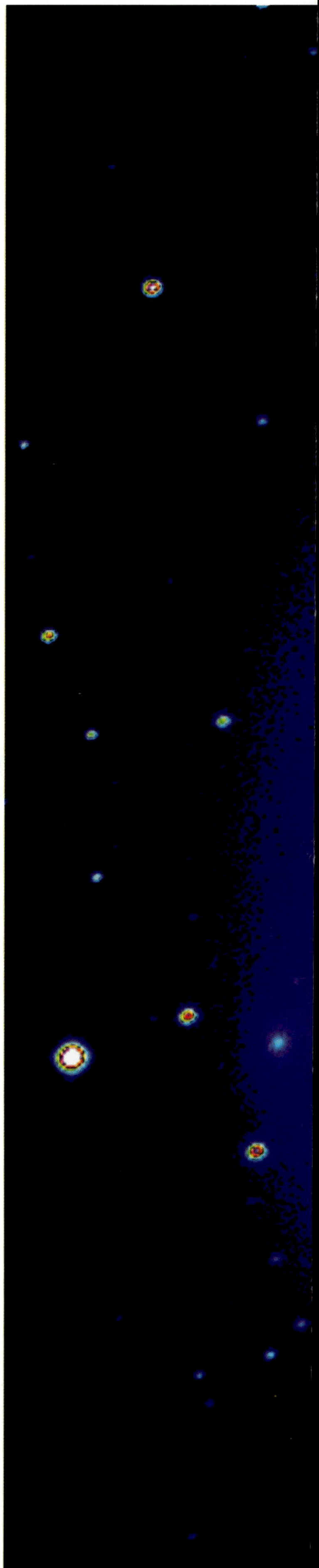

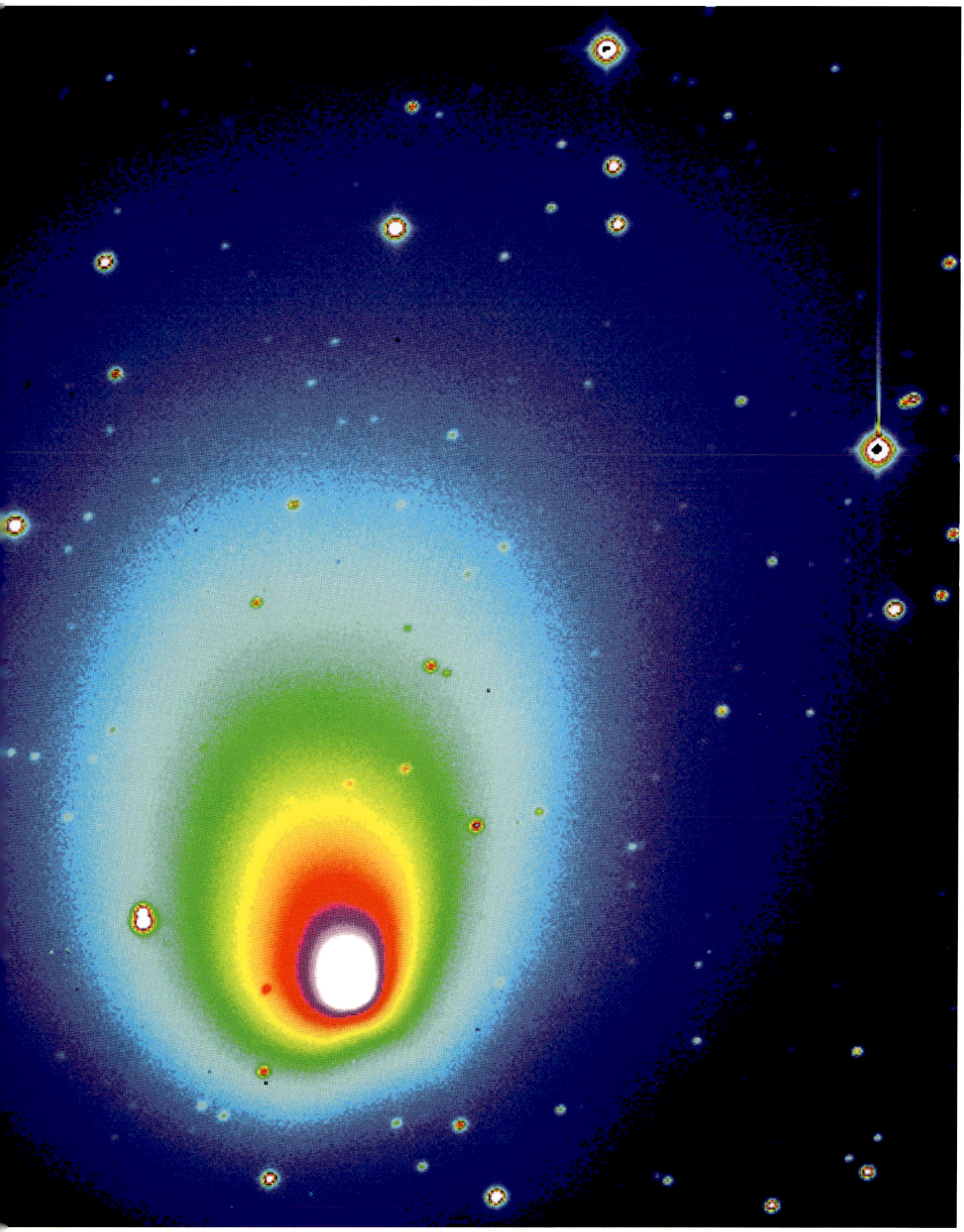

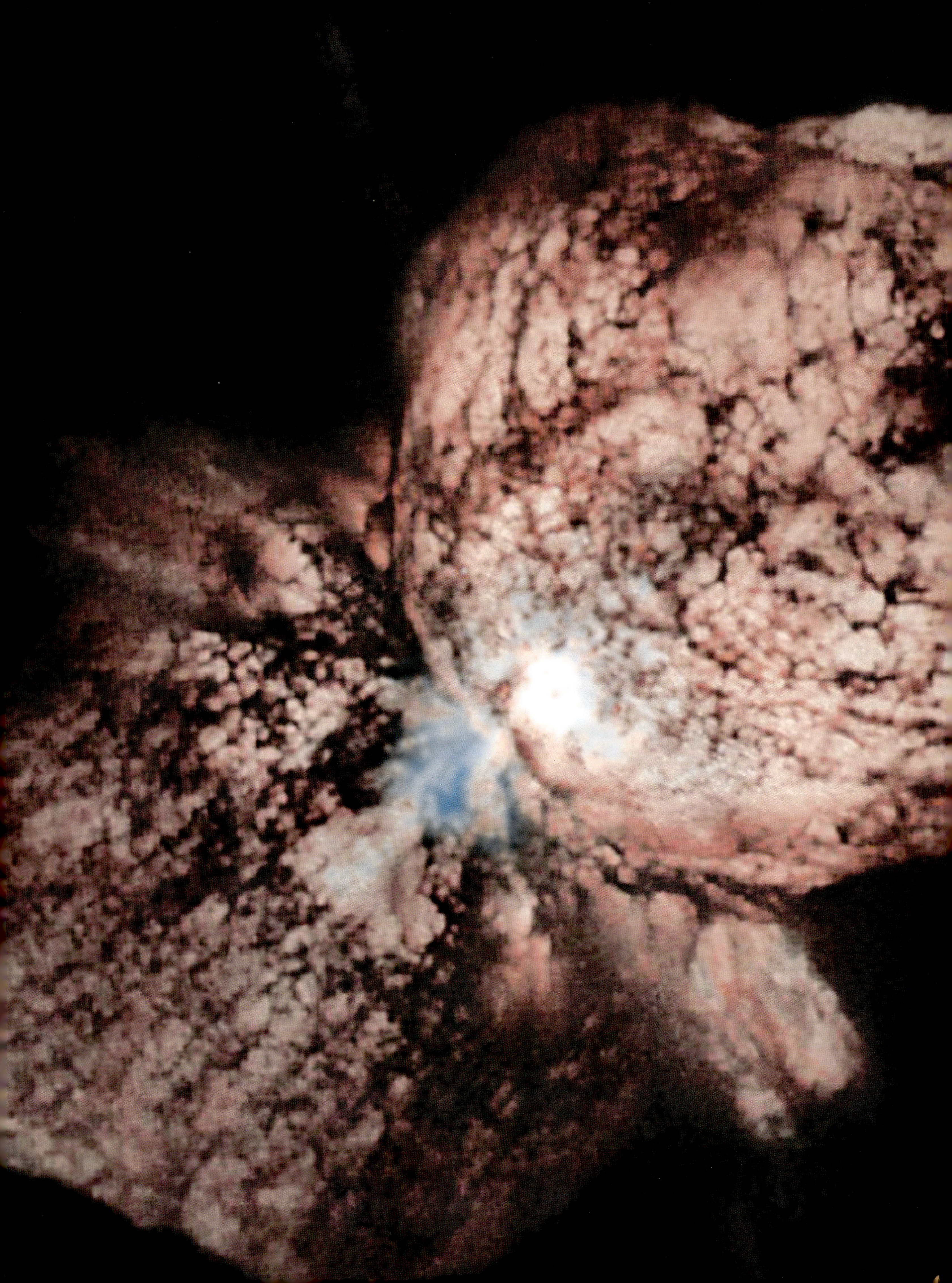

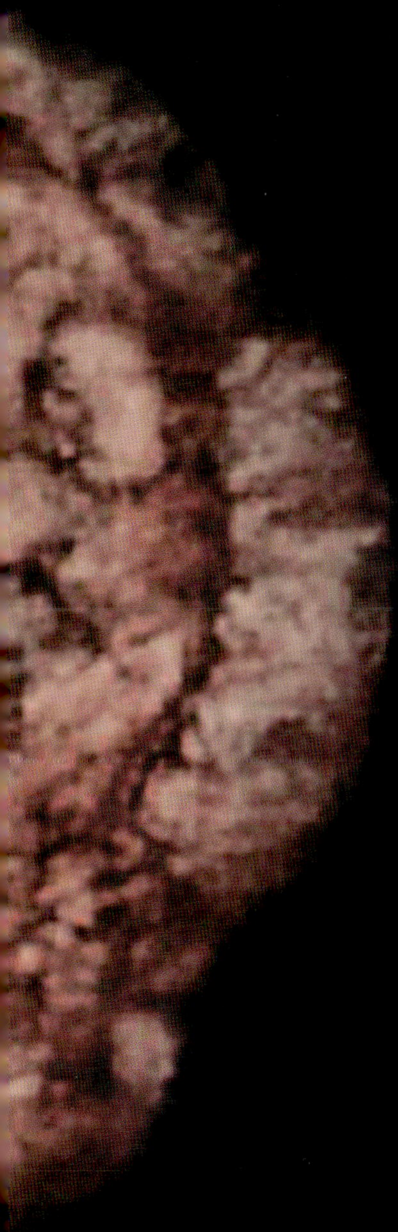

DAS GROSSE JENSEITS

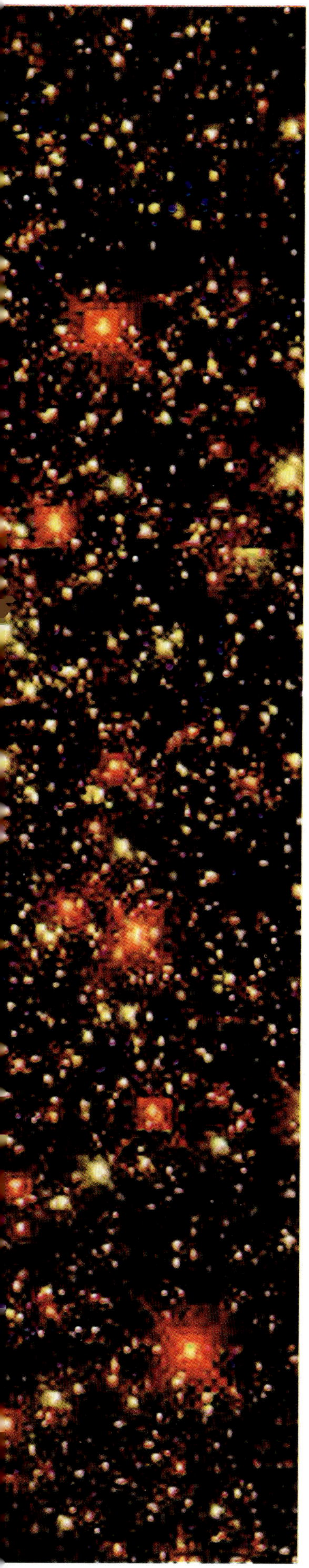

In Anbetracht der faszinierenden Vielgesichtigkeit unseres Sonnensystems ist schwer vorstellbar, dass all diese staunenswerten Planeten und Monde einen ganz gewöhnlichen Stern umkreisen, der sein Leben in einem ganz gewöhnlichen Teil einer ganz gewöhnlichen Galaxie verbringt. Doch genau das hat uns die Astronomie des 20. Jahrhunderts über unseren Platz im Universum gelehrt. Sobald wir über den Tellerrand unseres eigenen Sonnensystems schauen, sehen wir ein anderes, schier unglaubliches Reich vor uns, mit Sternen, die unser Heimatgestirn ohne weiteres schlucken könnten, und Schwarzen Löchern, die jedes noch so winzige Quentchen Materie aus ihrer Umgebung einsaugen und dem Universum für alle Zeit entziehen. Es ist ein Reich, in dem Riesensterne ihr Leben mit gigantischen Explosionen beenden und dabei chemische Elemente in den Raum schleudern, aus denen sich später Planeten wie unsere Erde bilden können. Es ist ein Reich von unvorstellbarer Größe und Vielfalt, ein Reich, das alles, was wir auf unserer bisherigen Reise gesehen haben, verblassen lässt. Diesem Reich, dem „Großen Jenseits", wollen wir uns jetzt zuwenden. Bedenken Sie dabei aber immer das eine: Es ist ein Reich, in dem die Wahrheit oft merkwürdiger ist als jegliche Sciencefiction.

Astronomen haben lange gebraucht um herauszufinden, wie groß die Distanzen jenseits unseres Planetensystems sind. Das hängt damit zusammen, dass der Nachthimmel zweidimensional ist – der winzige Lichtpunkt, der uns von einem Stern oder Planeten erreicht, gibt keinerlei Hinweis darauf, wie lange dieses Licht zu uns unterwegs war. Handelt es sich um einen lichtschwachen Stern, der relativ nahe liegt, oder um einen sehr leuchtkräftigen, aber weit entfernten? Ohne eine dritte Dimension gibt es keine Möglichkeit, das festzustellen. Deshalb müssen auch die Sterne eines Sternbilds, die von uns aus gesehen scheinbar zusammengehören, in Wahrheit überhaupt nichts miteinander zu tun zu haben – ja, viel häufiger sind sie ganz unterschiedlich weit von der Erde entfernt. Unserem zweidimensionalen Himmel räumliche Tiefe zu verleihen, war eine der schwierigsten und langwierigsten Aufgaben der Astronomie. Und genau genommen ist dieses Problem noch immer nicht völlig gelöst.

FESTIVAL DER STERNE

Zwei relativ junge Sternhaufen leuchten aus unserem nächsten galaktischen Nachbarn, der Großen Magellanschen Wolke. Die Gelb-färbung lässt auf etwa 50 Mio. Jahre alte Hauptreihensterne schließen, die ihre Lebensenergie aus der Kernfusion von Wasserstoff zu Helium beziehen. Weiße Sterne sind heißer, massereicher und jünger – erst ca. vier Mio. Jahre alt.

[Vorhergehende Doppelseite] Der dem Tode geweihte Stern Eta Carinae, rund 100-mal größer als unsere Sonne, brennt millionenmal heller und bläst dabei zwei gigantische heiße Gas-und-Staub-Wolken auf. Früher oder später wird ihn eine gewaltige Explosion zerreißen.

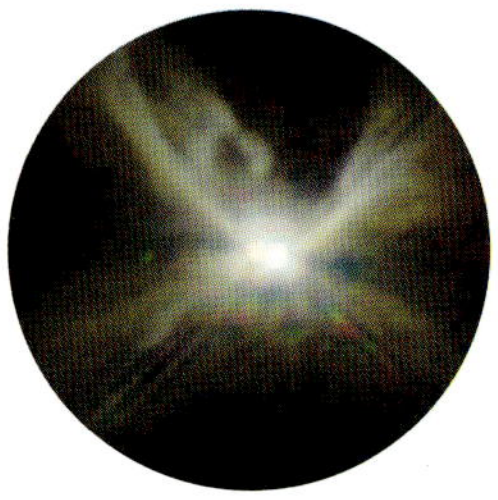

NEUGEBORENER NEBEL

Wie ein kosmischer Vogel im Flug breitet der extrem junge Doppelstern CoKu Tau/1 seine nebligen, von Licht reflektierenden Staubteilchen ummantelten „Flügel" bis zu 120 Millionen km weit in den Weltraum. Im Herzen dieses etwa 450 Lichtjahre entfernten Nebels im Sternbild Taurus sind die beiden Sterne deutlich auszumachen.

Das wichtigste Hilfsmittel des Astronomen ist die Triangulation – das Vermessen der Winkel eines Objekts von zwei verschiedenen Orten aus und die daraus mögliche Ableitung der Entfernung zu dem Objekt. Die Distanz zwischen den beiden Beobachtungspunkten wird dabei Basislänge oder Standlinie genannt. Schon im zweiten vorchristlichen Jahrhundert setzten griechische Astronomen dieses Verfahren ein, um die Entfernung des Mondes zu bestimmen. Leider hat die Triangulation ein großes Handicap: Sie funktioniert nur, wenn man in der Lage ist, Winkel korrekt zu vermessen. Soll die Distanz zu einem fernen Objekt von zwei verschiedenen Orten auf der Erde aus bestimmt werden, müssen sich die beiden Visierwinkel erkennbar unterscheiden. Ist das nicht der Fall, bleiben die Visierlinien scheinbar parallel – und das Objekt damit unendlich weit entfernt. Es gibt nur zwei Möglichkeiten, diese Schwierigkeit zu umgehen: Entweder man vergrößert die Distanz zwischen den Beobachtungsorten, oder man findet einen Weg, die Winkel noch genauer zu messen.

Bevor Anfang des 17. Jahrhunderts das Teleskop erfunden wurde, kam nur ersteres in Frage. Nun gibt es eine natürliche Grenze, wie weit zwei Beobachtungspunkte auf unserem Planeten auseinander liegen können – weiter als der Erddurchmesser geht beim besten Willen nicht. (In der Praxis ist es freilich einfacher, zwei Messungen mit demselben Instrument am selben Platz aber im Abstand von zwölf Stunden durchzuführen, was denselben Effekt hat, da die Erdrotation für die Standortverschiebung sorgt.) Durch Bestimmung der Visierwinkel zum Mond gelang Ptolemäus bereits 150 v. Chr. auf diesem Wege eine überraschend genaue Schätzung der Entfernung Erde – Mond, und das mit bloßem Auge! Für weitere Distanzen taugte die Methode leider nicht, und so musste die Entfernungsbestimmung für andere Himmelskörper warten, bis das Fernrohr nicht nur erfunden, sondern relativ ausgereift war.

Der Durchbruch erfolgte 1672, als neueste Teleskope (die eine exaktere Winkelmessung erlaubten) und eine neue Präzison der Ortsbestimmung auf der Erdoberfläche (die für akkuratere Standlinien sorgt) Wissenschaftler in die Lage versetzten, die Entfernung Erde – Sonne zu bestimmen, die wir heute als eine Astronomische Einheit (1 AE) bezeichnen. Damit war die Bühne frei für eine beträchtliche Vergrößerung der Basis: Anstatt sich auf den Erddurchmesser beschränken zu müssen, konnte man nunmehr den Durchmesser der *Erdumlaufbahn* verwenden. Zumindest theoretisch war es also möglich, den Winkel der Visierlinie zu einem Stern im Januar und Juli zu messen (seine trigonometrische Parallaxe) und daraus die Entfernung dieses Stern zu errechnen. Leider sind die Sterne jedoch so fern, dass selbst diese verlängerte Basis allein nicht ausreichte, und so dauerte es ein weiteres Jahrhundert, bevor Astronomen – mit Hilfe entsprechend verbesserter Teleskope – Unterschiede zwischen den Winkeln für einen bestimmten Stern zu entdecken vermochten.

Der erste, dem die Messung einer Fixsternparallaxe durch Triangulation gelang, war der deutsche Astronom Friedrich Bessel, der 1838 –

nach rund 18-monatiger Arbeit – die Entfernung zum Stern 61 Cygni im Sternbild Schwan mit 690 000 AE oder rund 10,9 Lichtjahren angab. Das ist eine enorme Distanz. Beispielsweise wäre ein Raumschiff, das die 149,6 Millionen km zwischen Erde und Sonne in einer Stunde zurücklegen könnte, zu 61 Cygni mehr als 78 Jahre unterwegs. Mit Bessels Berechnungen wurde das Universum mit einemmal noch viel größer, als es sich der Mensch je hätte träumen lassen.

Nach und nach wurden die Entfernungen zu immer mehr Sternen gemessen. Aber indes das vorstellbare Universum ständig wuchs, überforderte die Dimension der Distanzen selbst die stärksten Teleskope und penibelsten Triangulationsversuche. Um das Große Jenseits kartieren zu können, mussten sich die Wissenschaftler folglich ein anderes Mittel zur Entfernungsmessung einfallen lassen. Den Grundstein dazu legte Anfang des 20. Jahrhunderts die am Harvard-Observatorium tätige amerikanische Astronomin Henrietta Leavitt, die das Prinzip der Standardkerze formulierte.

Im Fachjargon der Kosmologen ist eine Standardkerze ein Himmelsobjekt, dessen Energieausstoß bekannt ist. Eine 100-Watt-Glühbirne wäre also eine perfekte Standardkerze. Der Gedanke, der dahinter steht, ist folgender: Wenn man weiß, wie viel Energie abgestrahlt und wie viel Energie auf der Erde empfangen wird, lässt sich daraus die Entfernung ermitteln.

Jahrzehntelang hofften die Forscher, ein Himmelsobjekt zu finden, dessen Strahlungsleistung sich durch eine Beobachtung ermitteln ließ, die ohne Entfernungsangabe auskam. Oder anders ausgedrückt: eine Methode zu finden, die Beschriftung der 100-Watt-Birne zu lesen, und dann den Energieausstoß dieser Standardkerze dazu zu benutzen, ihre Distanz zu bestimmen. Aber wo befand sich die Wattangabe auf einem Stern? Leavitt konzentrierte sich bei ihrer Arbeit auf einen Sterntyp, der Cepheidenveränderlicher genannt wird (weil sich der erste näher erforschte Stern dieser Art im Sternbild Cepheus befand) und dessen Leuchtkraft nicht konstant ist, sondern im Laufe der Zeit schwankt.

Beobachtet man einen Cepheidenveränderlichen über mehrere Monate hinweg, fällt auf, dass er nach einem festen Zyklus heller und dunkler wird. Leavitt gelang der Nachweis, dass die Gesamtmenge an Licht, die ein Cepheidenverändlicher in den Weltraum abstrahlt, in Verbindung zu der Periode der Helligkeitsschwankung steht: Je länger diese ist, desto leuchtkräftiger der Stern. Diese Entdeckung war ein wichtiger Erfolg für die Astronomen, die nun, sofern sich in einem Sternhaufen einen Cepeidenveränderlichen ausmachen ließ, aus dessen Periode die Gesamtenergie errechnen konnten, die er in Weltraum abgab. Und durch Vergleichen dieser Information mit der auf der Erde angekommenen Lichtmenge ließ sich wiederum die Distanz zu diesem Veränderlichen und damit zu allen Sternen des Haufens errechnen.

Mit Hilfe von Leavitts Standardkerze begannen die Astronomen also Anfang des 20. Jahrhunderts, das Große Jenseits zu kartieren. Sie fanden heraus, dass die Sterne der Milchstraße in Spiralarmen angeordnet

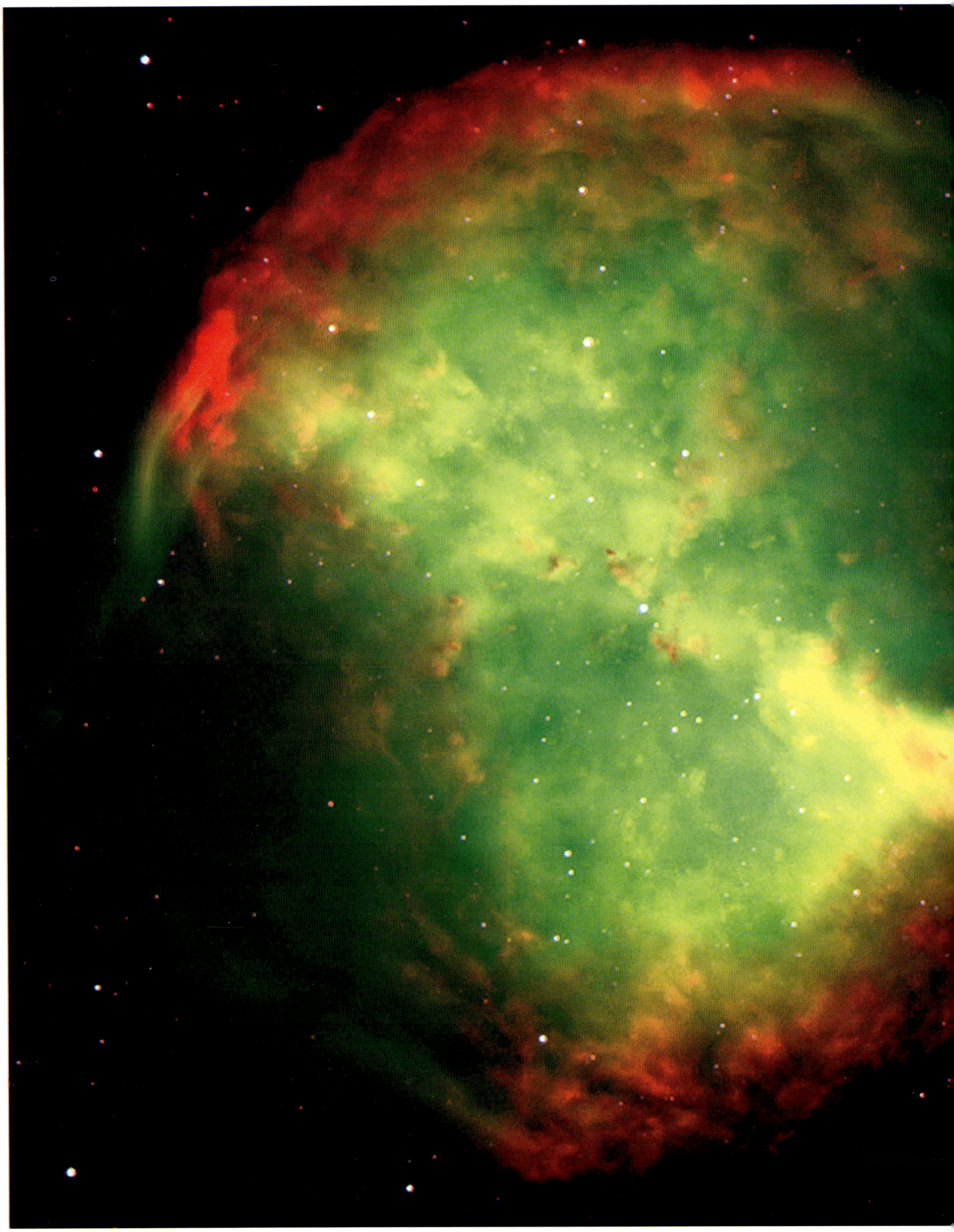

waren und dass die Sonne nicht im Zentrum des Universums, sondern ein ganzes Stück seitlich lag. Sie kamen auch zu dem Schluss, dass die fernsten Einzelsterne einen Milchstraßendurchmesser von 300 000 Lichtjahren nahe legten. (Heute wissen wir, dass es eher 100 000 Lichtjahre sind.) Doch trotz all diesen Forschungen und Entdeckungen blieb das Rätsel der Nebel.

Als Nebel wurden anfänglich sämtliche verschwommenen Himmelsobjekte bezeichnet, die sich selbst mit stärksten Teleskopen nicht auflösen ließen. Jahrzehntelang stritten sich die Gelehrten, ob diese „Flecken" einfache Gas-und-Staubwolken innerhalb unserer eigenen Galaxis waren, oder ob es sich nicht doch um andere Welteninseln handelte, riesige Galaxien wie unsere Milchstraße, aber unermesslich weit entfernt.

Das Grundproblem bestand darin, dass – durch kleinere Teleskope beobachtet – sehr weit entfernte ganz verschiedenartige Objekte gleich aussehen: wie verschwommene Lichtfleckchen eben. Erst als die Teleskope sehr viel leistungsfähiger geworden waren und Einzelheiten der Nebelstrukturen preisgaben, fand die Kontroverse ein Ende. Und wie Sie sehen werden, gehören Nebel zu den schönsten und Ehrfurcht gebietendsten Objekten am Himmel.

1925 schaltete sich ein neuer Name in die Nebeldebatte ein: Edwin Hubble, der während seiner Studienzeit an der University of Chicago mehrfach an Basketballmeisterschaften teilnahm und mit einer derartigen Leidenschaft in den Ring stieg, dass er angeblich eine Karriere als Boxer in Erwägung zog. Nach dem Militärdienst im Ersten Weltkrieg kehrte er nach Chicago zurück, beendete das Jurastudium und war ein Jahr lang als Anwalt tätig. Dann schrieb er sich erneut an der Universität ein, diesmal für Astronomie, machte auch hier seinen Abschluss und erhielt bald darauf als einer der ersten Zugang zu dem neuen 2,5-m-Teleskop am kalifornischen Mount Wilson.

Dank Lichtstärke und Auflösungsvermögen dieses Teleskops war Hubble in der Lage, in vielen Nebeln Einzelsterne auszumachen und anschließend nach Leavitts Prinzip deren Distanz zur Erde zu bestimmen. Insbesondere gelang ihm der Nachweis, dass viele Nebel nicht nur Tausende, sondern Millionen von Lichtjahren entfernt sind. Da man den Durchmesser unserer Milchstraße damals auf 300 000 Lichtjahre schätzte, ließ sich daraus schließen, dass diese Nebel tatsächlich eigene Galaxien (oder Welteninseln) waren – was nicht nur neue Dimensionen, sondern auch einen ganz neuen Kontext für die Erforschung unserer Milchstraße eröffnete.

Nun sind bei weitem nicht alle Nebel Galaxien. Moderne Teleskope machten es möglich, mehrere verschiedene Nebelkategorien zu unterscheiden. So gibt es zum Beispiel:

PLANETARISCHE NEBEL. Nähert sich ein sonnenähnlicher Stern seinem Lebensende, macht er eine kurze Phase als Roter Riese durch, während der er gewaltige Materiewolken abstößt, die an enorm ver-

PLANETARISCHE NEBEL

Abgesehen davon, dass sie in kleinen Teleskopen häufig scheibchenförmig und damit wie ein Planet erscheinen (daher der Name!), haben die so genannten Planetarischen Nebel nicht das geringste mit den Planeten zu tun. Sie stellen vielmehr ein Stadium im Leben sonnenähnlicher Sterne dar: Ist ein solcher Stern zum Roten Riesen geworden, stößt er in einem spektakulären Schauspiel, das erst über Jahrtausende wieder verblasst, seine Gashülle ab und entwickelt sich zu einem Weißen Zwerg. Manchmal präsentieren sich die abgestoßenen Hüllen wie beim Planetarische Nebel M27, auch Hantel-Nebel genannt, (links) in perfekter Symmetrie.

stärkten Sonnenwind erinnern. Kurz darauf wird um den hellen Reststern eine leuchtende, wesentlich größere Gashülle sichtbar. Durch ältere Fernrohre mit niedriger Auflösung betrachtet, wirkten diese Gashüllen häufig wie jene Scheibchen, als die die Planeten erscheinen. Und als man später mit besserer Auflösung den Zentralstern entdeckte, glaubte man, dieser bilde sich gerade aus dem umgebenden Gas – so wie einst unsere Sonne aus dem solaren Nebel. Der Name hat sich aus historischen Gründen erhalten, obwohl wir heute wissen, dass es sich dabei um eine späte Phase der Sternentwicklung handelt, die rein gar nichts mit den Planeten zu tun hat.

Planetarische Nebel zählen zu den faszinierendsten Objekten am Himmel und präsentieren sich oft in ganz unterschiedlicher Gestalt, von Hanteln über Ringe und Spiralen bis hin zu rechteckigen, fast polygonalen Formen.

DUNKELNEBEL
Die charakteristische Form, der der Pferdekopf-Nebel seinen Namen verdankt, ist nur Teil einer insgesamt wesentlich größeren Staubwolke. Wie andere Dunkelnebel erscheint sie finster, weil der interstellare Staub Licht absorbiert. Die markante Silhouette dieses berühmten Nebels hebt sich vor dem im Hintergrund leuchtenden Wasserstoffgas besonders deutlich ab.

SUPERNOVA-ÜBERRESTE. Wenn Sterne mit vielfacher Sonnenmasse sterben, tun sie dies auf höchst spektakuläre Weise in einer gewaltigen Explosion, die Supernova genannt wird und bei der die äußeren Schalen des Riesensterns in den Raum geschleudert werden. Nach einer Weile erscheint diese expandierende Materiewolke durchs Fernrohr betrachtet wie ein verwaschener Lichtfleck. Der vielleicht bekannteste Nebel dieser Art ist der Krebs-Nebel in unserer Galaxis (S. 214f) – die leuchtenden Überreste einer Supernova, die vor fast tausend Jahren explodierte.

EMISSIONSNEBEL. Die meisten Nebel innerhalb der Milchstraße sind gigantische Wolken aus interstellarem Gas oder Staub, die nicht in Verbindung mit irgendeinem bestimmten Stern stehen. Die auffälligsten dieser Wolken heißen Emissionsnebel und sind so heiß, dass sie Licht abstrahlen. Ein gutes Beispiel ist der Orion-Nebel (S. 202f), in dem heiße, junge Sterne Wolken umliegenden Wasserstoffgases durch Absorption ultravioletten Lichts auf bis zu 10000 °C (das Doppelte der Oberflächentemperatur unserer Sonne) erhitzen. Daraufhin geben die Wolken dann selbst das Licht ab, das wir im Teleskop sehen. Besonders gut emittiert Wasserstoff solches Licht. Manchmal absorbiert mit dem heißen Gas vermischter Staub einen Teil des Lichts, und es entstehend dunklere Regionen, die eindrucksvoll mit dem Rest des Nebels kontrastieren.

DUNKELNEBEL. Wie wir bei den Emissionsnebeln gesehen haben, kann interstellarer Staub Licht schlucken. So ist beispielsweise das dunkle Band, das die Milchstraße zu teilen scheint, keineswegs eine besonders sternarme Region, sondern wird vielmehr von dazwischen liegenden Staubwolken verursacht. Der Pferdekopf-Nebel (links und S. 204f) zählt zu den bekanntesten Beispielen.

REFLEXIONSNEBEL. Schließlich gibt es noch Nebel, die dunkel sind und selber kein Licht erzeugen, deren Staub jedoch das Licht anderer Sterne reflektiert. Solche Reflexionsnebel wirken oft etwas bläulich, weil der Staub das Licht am blauen Ende des Spektrums stärker streut als am roten. Das ist übrigens auch der Grund, warum uns Erdlingen der Himmel bei Sonnenschein immer blau erscheint!

Unsere Heimatgalaxie, die Milchstraße oder Galaxis, enthält einige Hundert Milliarden Sterne, von denen aber nur wenige Tausend mit bloßem Auge sichtbar sind. Dennoch wäre es falsch, sich die Galaxis als reine Ansammlung von Sternen vorzustellen; sie ist weitaus komplexer. Trotzdem gehören die Sterne natürlich zu den augenfälligsten Elementen. Wie unsere Sonne sind sie aus kollabierenden Gas- und Staubwolken entstanden und leben von der Kernfusion von Wasserstoff zu Helium. Jeder Stern, der größte wie der kleinste, beginnt sein Leben als glühende Kugel aus Urwasserstoff, der die Energie für sein weiteres Dasein liefert. Aber dennoch sind nicht alle Sterne gleich. Je nach Dichte, Temperatur und Materiestruktur der Wolke, aus der ein Stern geboren wurde, kann er deutlich kleiner oder größer als unsere Sonne sein. Angenommen, die Sonne hätte Basketballgröße, variierten die Sterne am Himmel zwischen Revolverkugel und 50-stöckigem Hochhaus. Außerdem sind manche Sterne hell und andere lichtschwach, manche leicht bläulich, andere weiß usw. usw.

Abgesehen von der verschieden weiten Entfernung zur Erde unterscheiden sich die Sterne vor allem in zweierlei Hinsicht: Sie haben unterschiedliche Masse (das heißt sie enthalten unterschiedlich viel Materie), und sie befinden sich in unterschiedlichen Stadien ihres Lebenszyklus.

Den nächtlichen Himmel zu betrachten ist so ähnlich, wie wenn man auf einen riesigen Mischwald mit vielen verschiedenen Baumarten schaut – Eiche, Buche, Ahorn, Fichte etc. –, die zudem alle möglichen Altersstufen haben. Es gibt Keimlinge, junge, erwachsene, die in der Blüte ihrer Jahre stehen, alte und auch tote, die langsam verrotten. Genauso vielfältig ist die Milchstraße hinsichtlich ihrer Sterne, die – wie die Sterne jeder Galaxie – in Masse und Entwicklungsstadium deutlich differieren.

Ende des 19. Jahrhunderts wussten die Astronomen, dass es verschiedene Arten von Sternen gibt, und begannen, sie nach der abgestrahlten Lichtmenge zu klassifizieren. 1920 war man dann in der Lage, aus der Stärke von Spektrallinien im Licht der Sterne auch deren Oberflächentemperatur zu bestimmen. Heute ordnet man Sterne nach Oberflächentemperatur und Leuchtkraft in Spektralklassen ein, die – von heiß zu kühl – die Buchstaben O, B, A, F, G, K und M tragen. (Generationen von Astronomiestudenten haben sich die Reihenfolge mit Hilfe des englischen Merkspruchs „Oh, Be A Fine Girl, Kiss Me" eingeprägt.) Unsere Sonne gehört zum Typ G, liegt also sowohl größen- als auch temperaturmäßig im Mittelfeld. Man nimmt an, dass solche Sterne optimal für erdähnliche Planeten sind, da sie es ermöglichen, dass flüssiges Wasser – wie es für Leben, wie wir es kennen, Voraussetzung ist – längere Zeit auf einer Planetenoberfläche verbleibt.

Nun könnte man erwarten, dass größere Sterne auch eine höhere Lebenserwartung haben – schließlich verfügt ein größerer Stern über einen größeren Wasserstoffvorrat und damit mehr Brennstoff. Doch so einfach ist das nicht. Zwar enthält ein großer Stern tatsächlich mehr Wasserstoff, doch er übt auch eine größere Anziehungskraft auf seine

Materie aus und muss daher seinen Treibstoff rascher verbrennen, um nicht zu kollabieren. Deshalb ist die Lebensspanne eines Sterns paradoxerweise umso kürzer, je mehr Brennstoff ihm zur Verfügung steht. Unsere Sonne ist ein Stern mittlerer Größe, die genügend Wasserstoff mitbekam, um rund elf Milliarden Jahre zu brennen. Ein 40-mal größerer Stern lebt vielleicht nur etwas über eine Million Jahre, während ein Stern mit der halben Sonnenmasse durchaus zweihundert Milliarden Jahre alt werden kann, so er sparsam mit seinem Wasserstoffvorrat umgeht. Für Sterne scheint also das Motto zu gelten: Leb intensiv, stirb jung – und mach einen spektakulären Abgang!

Als die Sonne vor viereinhalb Milliarden Jahren aus einer interstellaren Staub- und Gaswolke kondensierte und zu scheinen begann, dürfte diese Staubwolke einen Großteil des sichtbaren Lichts geschluckt haben. Doch mit zunehmender Stärke der Kernreaktion und allmählicher Auflösung der Staubwolke wurde die Sonne immer heller und hatte bald ihre heutige Leuchtkraft erreicht.

Sonnenähnliche Sterne, die in ihrem Kern noch immer Wasserstoff verbrennen, heißen Hauptreihensterne. Eine der spannendsten Fragen lautet, was passiert, wenn ihnen der Brennstoff ausgeht. Unsere Sonne zum Beispiel wird in etwa sechs Milliarden Jahren „ausgebrannt" sein. Dann wird ihr Energieausstoß zurückgehen und nicht länger die Gravitation ausgleichen können. Folglich wird ihre Materie nach innen gezogen, und die Sonne wird anfangen zu kontrahieren. Diese Kontraktion wiederum erhöht die Innentemperatur, wodurch jeglicher noch in irgendwelchen Schichten außerhalb des Kernbereichs befindlicher Wasserstoff zu brennen beginnt. Außerdem wird das Helium im Sonnenkern – die „Asche" der Wasserstoffkernfusion – eine weitere Fusion in Gang setzen und dabei Kohlenstoff erzeugen. So wird die Asche eines nuklearen Feuers zum Brennstoff des nächsten.

Während dies geschieht, expandiert die äußere Schicht der Sonne wieder und stößt einen Teil ihrer Masse in Form eines starken Sonnenwinds ab. Während ihrer größten Ausdehnung wird die Sonne über den heutigen Orbit der Venus hinausreichen. Allerdings wird ihre Oberfläche dann deutlich abgekühlt sein, da dieselbe Energiemenge auf eine weitaus größere Fläche verteilt werden muss. Sterne, die ihre Energie über solch große, kühle Oberflächen abgeben, werden Rote Riesen genannt. Wenn unsere Sonne dieses Stadium erreicht, dürfte ihr Masse- und Gravitationsverlust dazu geführt haben, dass die Planeten ein ganzes Stück von ihr abgerückt sind. Es wird also nur Merkur verschluckt werden, während Erde und Venus in Umlaufbahnen überdauern, die außerhalb ihrer heutigen liegen – allerdings nur ein geringer Trost, denn die Ozeane der Erde dürften vollständig verdampft sein, lange bevor die Sonne ihre maximale Ausdehnung erreicht hat.

Sind sämtliche Helium- und Wasserstoffvorräte aufgebraucht, wird die Sonne sich erneut zusammenziehen und dieses Mal zu einem Objekt von Erdgröße schrumpfen (weniger als ein Prozent ihres derzeitigen Durchmessers). An diesem Punkt werden die Elektronen der Sonne derart dicht gedrängt liegen, dass sie sich nicht noch weiter kom-

EMISSIONS-NEBEL

Der Orion-Nebel besteht aus riesigen Wolken aus interstellarem Staub und Gas, die von der Strahlung darin eingebetteter heißer Sterne zum Leuchten angeregt werden. Er zählt zu den aktivsten Sternentstehungsgebieten und enthält vorwiegend gasförmigen Wasserstoff. Außerdem wurden kleinste Spuren von Wassermolekülen entdeckt, und Astronomen haben ausgerechnet, dass der Nebel – aufgrund seiner gigantischen Größe – die 60fache Menge an Wasser birgt wie alle Erdozeane zusammen! Es könnte gut sein, dass das Wasser, ohne das auf unserem Planeten kein Leben entstanden wäre, aus einer solchen stellaren Quelle stammt.

primieren lassen. Das Ganze stabilisiert sich also und bleibt, obwohl keine weitere Energieerzeugung stattfindet, außerordentlich heiß. Derartige kleine heiße Sterne, in denen keine Kernfusion mehr stattfindet, heißen Weiße Zwerge.

Massereichere Sterne – solche mit zehn oder mehr Sonnenmassen – erwartet ein ganz anderes Ende, das nicht nach dem relativ ruhigen Roter-Riese-Weißer-Zwerg-Muster verläuft. Zu Beginn ihres Lebens verbrennen auch diese Sterne wie die Sonne Wasserstoff. Doch wie wir gesehen haben, brauchen sie ihren Vorrat wesentlich rascher auf, und ist dieser dahin, folgen der unvermeidliche Kollaps und die Verschmelzung von Helium zu Kohlenstoff – wie bei unserer Sonne. Allerdings lässt die bei größeren Sternen naturgemäß größere Gravitation die Temperatur beim Kollaps auf einen Punkt ansteigen, an dem selbst Kohlenstoff zu brennen beginnt, wobei durch Fusion Elemente wie Sauerstoff, Neon, Magnesium und Silizium entstehen. Mit der Zeit fangen diese nuklearen Reaktionen an, Eisen zu erzeugen. Nun besitzt Eisen den am stärksten gebundenen Atomkern aller Elemente. Man benötigt Energie, um Eisen in kleinere Atomkerne aufzuspalten, aber auch, um es durch Kernfusion zu größeren zu verschmelzen. In anderen Worten: Eisen ist ein denkbar untauglicher Brennstoff für einen Stern – es gibt einfach keine Möglichkeit, daraus Energie zu gewinnen.

Hat ein Stern also dieses Stadium erreicht, sammelt sich die nicht brennbare Eisenasche in seiner Kernregion. Genau wie bei einem Weißen Zwerg drängen sich die Elektronen so dicht zusammen, dass das Zentralgebiet anfangs nicht weiter kollabieren kann. Auf Grund der Gravitation wird jedoch immer mehr Sternmaterie zu Eisen verbrannt, und schließlich steigt der Druck in der Kernregion weit genug an, um die Elektronen in eine Verbindung mit den Eisenatomkernen zu zwingen. Dabei entstehen Neutronen – Teilchen, die genauso schwer sind wie Protonen, aber ohne elektrische Ladung. Hat dieser Prozess einmal eingesetzt, geht es im Schneeballsystem weiter, und es dauert nicht lange, bis die gesamte Masse der Eisenkernregion in Neutronen umgewandelt ist. Ohne Elektronen gibt es nichts mehr, was der Gravitation entgegenwirken könnte, weshalb nun der Neutronenkern kollabiert. Innerhalb weniger Minuten implodiert die gesamte Zentralregion des Sterns, und es entsteht ein unglaublich dichtes Objekt mit einem Durchmesser von nur rund 15 km – aus etwas, was wesentlich größer war als unsere Sonne! Gigantische Stoßwellen zerreißen die Außenhülle des Sterns. Ein paar Tage lang können die Kernreaktionen des sterbenden Sterns mehr Licht aussenden als eine ganze Galaxie! Ein solches Ereignis, den Tod eines riesigen Sterns, nennen wir eine Supernova. In den meisten Galaxien kommt es etwa alle 30 Jahre zu einer Supernova. Supernovae in unserer eigenen Galaxie lassen sich nicht gut beobachten, da die meisten Sterne, die sie verursachen, in der galaktischen Ebene liegen und deshalb von Gas- und Staubwolken verdeckt sind. Wir können jedoch Supernovae in anderen Galaxien sehen, die häufig ein spektakuläres Schauspiel bieten.

Weit wichtiger als ihre Schönheit ist freilich, was in ihrem Inneren passiert, denn sämtliche schweren chemischen Elemente des Universums entstehen bei Supernovae. Während Elemente bis zum Eisen in der normalen Lebenszeit eines großen Sterns gebildet werden, entstehen die Elemente bis Uran nur bei Supernovaexplosionen und werden anschließend in die Galaxie hinausgeblasen, wo sie sich mit dem interstellaren Staub und Gas vermischen. Man nimmt an, dass genau dies mit der Wolke geschah, aus der sich unser Sonnensystem formte: Sie reicherte sich mit Elementen an, die von Supernovae stammten – Sternen, die gestorben waren, lange bevor unsere Sonne zu scheinen begann. Das Kalzium in unseren Knochen und das Eisen in unserem Blut – alles entstand im Herzen anderer Sterne, lange bevor unser Heimatgestirn auch nur geboren wurde.

Doch damit ist die Supernova-Geschichte noch längst nicht zu Ende. Während die Überreste der Hülle des sterbenden Sterns in den Raum geschleudert werden, können im Rest der kollabierten Zentralregion merkwürdige Dinge geschehen. Ist der Stern nicht zu massereich, wird er solange weiter kollabieren, bis die Neutronen nicht noch enger zusammengedrängt werden können. Das Ergebnis ist ein Neutronenstern, ein Körper mit einem Durchmesser von nur rund 15 km, aber von der Dichte eines Atomkerns. Neutronensterne rotieren ausgesprochen schnell aus demselben Grund, aus dem eine Eiskunstläuferin sich rascher dreht, wenn sie bei der Pirouette die Arme anlegt: Beide Male reduziert sich der Durchmesser. Außerdem wurde beim Kollaps des Sterns auch dessen Magnetfeld komprimiert und dadurch enorm verstärkt. Darin gefangene Teilchen senden in Richtung des magnetischen Nord- und Südpols des Sterns Radiowellen aus. Am besten stellt man sich einen Neutronenstern wie eine Art himmlischen Leuchtturm vor, der einen Radiowellenstrahl ins All schickt und durch die Rotation zu blinken scheint. Jedesmal, wenn der Strahl über unseren Planeten wandert, empfangen erdgestützte Radioteleskope einen Strahlungspuls.

Ein rasch rotierender Neutronenstern dieses Typs heißt Pulsar. Wir wissen, dass es Pulsare gibt, die bis zu 1000-mal pro Sekunde rotieren! Weil die Pulsperioden sehr regelmäßig sind und wir mittlerweile über ausgezeichnete Zeitmesser verfügen, ist es möglich, diese interessanten Sterne genau zu verfolgen. So können wir beispielsweise „Sternbeben" beobachten – Ereignisse, bei denen ein Teil der äußeren Kruste eines Sterns ein paar Meter zusammenfällt und sich als Folge davon die Rotationsrate geringfügig ändert.

Es sind sogar Anstrengungen im Gange, einige der schnelleren Pulsare zur Kontrolle von Atomuhren einzusetzen und eventuelle Schwankungen zu korrigieren. Dazu müsste man Millisekundenpulsare über Jahrzehnte hinweg beobachten und deren regelmäßge Pulse mit unseren Uhren vergleichen. Wissenschaftler schätzen, dass solche Pulsaruhren bis zu 100-mal genauer gehen könnten als die Atomuhren, die wir heute benutzen.

Obwohl diese Entwicklung noch in den Kinderschuhen steckt, hat der Gedanke etwas Geschichtsträchtiges. Schließlich basieren die ältesten Zeitmaßstäbe der Menschheit auf astronomischen Ereignissen: der Rotation der Erde (Tag) und ihrer Bahn um die Sonne (Jahr). Es wäre also nur stimmig, wenn wir uns zur Definition unserer Zeiteinheiten irgendwann wieder dem Himmel zuwendeten.

Bei sehr großen Sternen – solchen mit mehr als 30 Sonnenmassen – geht der Gravitationssog weiter und löst schließlich einen Kollaps aus, der weit über das Maß eines Neutronensterns hinausgeht und den Stern zu einem der merkwürdigstens Körper zusammenpresst, den man sich nur vorzustellen vermag: einem Schwarzen Loch. Schwarze Löcher sind so klein und dicht, dass ihnen nichts entkommen kann, nicht einmal die elektromagnetische Strahlung, die wir Licht nennen. Was einmal in ein Schwarzes Loch gefallen ist, ist für immer dahin. Ein Schwarzes Loch sendet weder Licht aus noch reflektiert es Licht und ist daher tatsächlich schwarz und somit für uns unsichtbar. Was aber nicht heißt, dass es nicht existiert. In gewisser Hinsicht ist es ein System, das die Struktur von Raum und Zeit verzerrt und sich vom Rest der Galaxie abgeschnitten hat. Unsere Galaxis scheint mit diesen so genannten Schwarzen Löchern, dem Endstadium im Leben sehr massereicher Sterne, regelrecht übersät.

Da Schwarze Löcher Licht weder aussenden noch reflektieren, sind sie sehr schwer zu entdecken. (Nach was soll man, bitteschön, suchen?) Mit die besten Chancen hat man bei (physischen) Doppelsternsystemen, bei denen zwei Sterne einander umkreisen, aber nur einer zu einem Schwarzen Loch wird. Da ein Schwarzes Loch ungeheure Gravitation besitzt, lässt sich diese Anziehungskraft auf den Partnerstern beobachten, auch wenn das Schwarze Loch selbst unsichtbar bleibt. Bislang hat man rund zehn mögliche Kandidaten für diese Art Schwarzes Loch in unserer Galaxis entdeckt, und ihre Zahl steigt beständig.

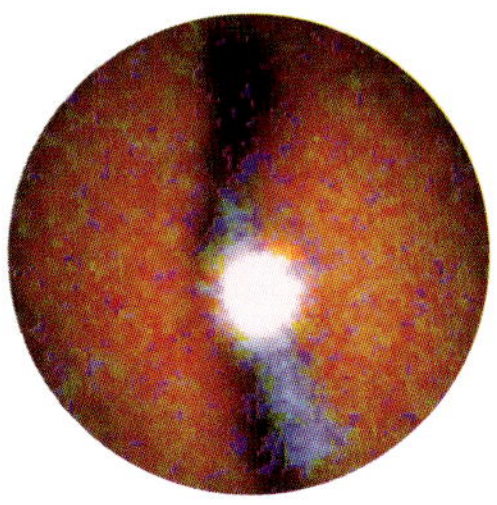

SCHWARZE LÖCHER

Schwarze Löcher verfügen über eine derart starke Gravitation, dass nichts, nicht einmal Licht, entweichen kann – und sind trotz ihrer unglaublichen Dichte für uns unsichtbar. Allerdings kann Materie beim Sturz in ein Schwarzes Loch Strahlung aussenden, die sich messen lässt. Diese Fotomontage des Hubble-Teleskops vereint „normale" und Ultraviolettaufnahmen der Region rings um ein Schwarzes Loch, dessen zentrale Staubscheibe wie eine Hutkrempe gebogen scheint.

Auch wenn wir uns bisher auf Sterne konzentriert haben, ist die Milchstraße doch weit mehr als eine zufällige Ansammlung von Sternen. Aus sehr weiter Entfernung wirkt sie wie ein gigantisches Feuerrad mit vier breiten Spiralarmen, das gemächlich im Raum rotiert. Unsere Sonne, die auf viertelter Länge eines dieser Arme liegt, braucht für einen Umlauf 250 Millionen Jahre.

Im Mittelpunkt der Milchstraße befindet sich eine große kugelförmige Ansammlung von Sternen, die man als galaktischen Kern bezeichnet. Die Rotationsebene der Milchstraße ist voll von Gas- und Staubwolken derselben Art, aus der unsere Sonne entstand. In einigen davon werden neue Sterne geboren, während in anderen Regionen Sterne sterben – zu Weißen Zwergen, Supernovae, Neutronensternen oder Schwarzen Löchern werden und dabei schwere Elemente wieder an die Wolken zurückgeben.

Wie aber ist es möglich, dass wir so viel über unsere Galaxis wissen, wo wir doch in einem Meer aus Staub und Gas treiben, das einen so großen Teil davon verdeckt? Nun, zum einen mögen Staub und Gas zwar das sichtbare Licht schlucken, aber sie absorbieren weder Radiowellen noch Infrarotstrahlung. Folglich können wir das Zentrum der Galaxis „sehen“, indem wir mit Radiowellen in sie hineinhorchen. Die gesamte sichtbare Milchstraßenspirale hat einen Durchmesser von etwa 100 000 Lichtjahren. Rings um die zentrale Ebene der Galaxis liegen Kugelhaufen genannte Sternansammlungen. Sie sind, wie ihr Name schon sagt, weitgehend kugelförmig und beherbergen mit die ältesten Sterne unserer Galaxie, die 12–14 Milliarden Jahre zählen dürften. (Um das Alter ferner Sterne zu schätzen, messen Astronomen, wie viele schwerere Elemente in deren Nuklearöfen entstanden.)

Durch Beobachtung der Kugelhaufen unserer Milchstraße gelangte übrigens der amerikanische Astronom Harlow Shapley 1917 zu dem Schluss, dass die Sonne nicht das Zentrum der Galaxis sein könne. Er bemerkte, dass es auf einer Seite des Himmels deutlich mehr Kugelhaufen gab als auf der anderen. Davon ausgehend, dass solche Haufen sphärisch um das galaktische Zentrum angeordnet sind, folgerte er, dass die Erde ein ganzes Stück weit vom Kern der Milchstraße entfernt liegen müsse. Wieder einmal bestätigte sich das kopernikanische Diktum, dass die Erde nicht Dreh- und Angelpunkt des Universums ist – dieses Mal allerdings in einer Dimension, die die kühnsten Vorstellungen des deutschen Astronomen und Domherrn übertroffen hätte.

Direkt außerhalb unserer Galaxis, etwa 150 Millionen Lichtjahre von der Erde entfernt, liegen zwei kleine „Vorstadtgalaxien“ der Milchstraße, Große und Kleine Magellansche Wolke mit Namen. Nur von der Südhalbkugel aus sichtbar, erinnern sie an den portugiesischen Seefahrer Fernão de Magalhães, der als erster Kapitän einer europäischen Flotte weit genug gen Süden segelte, um sie erblicken zu können.

Rings um die Milchstraße und ihre Kugelhaufen befindet sich ein rätselhaftes Etwas, das wir als Dunkle Materie bezeichnen. Da sie weder Licht noch Radiowellen oder Röntgenstrahlen emittiert oder diese absorbiert, ist sie mit unseren Teleskopen nicht zu erkennen. Wir wissen von ihrer Existenz einzig aufgrund ihrer gravitativen Wirkung auf sichtbare Himmelskörper.

Den ersten Anhaltspunkt dafür, dass es im Universum nicht sichtbare Materie gibt, fand man in den 1950er Jahren, als der am Mount-Wilson-Observatorium tätige Schweizer Astronom Fritz Zwicky bemerkte, dass sich die Galaxien mancher Haufen relativ zueinander bewegten (was normal ist), dies aber mit hoher Geschwindigkeit taten (was nicht normal ist). Seinen Berechnungen zufolge bewegten sich die Galaxien so schnell, dass sie eigentlich hätten auseinanderdriften müssen. Das einzige, was sie zusammenhalten hätte können, wäre die Anziehungskraft anderer Galaxien gewesen, doch gab es weit und breit dafür nicht genügend sichtbare Masse. Daraus schloss Zwicky, dass es in diesen Haufen etwas – d. h. eine gravitativ wirkende Masse – geben musste, das er nicht sehen konnte. Auf diesem Erkenntnisstand verharrte die Forschung mehrere Jahrzehnte lang.

Die Geschichte, die den Nachweis der Existenz Dunkler Materie begleitet, ist höchst interessant. Im weiteren Umfeld der Galaxien hat man einzelne durch den Weltraum treibende Wasserstoffatome nachgewiesen. Am besten stellt man sich jedes Atom wie einen mikroskopisch kleinen Satelliten einer Galaxie vor. Aus der Strahlung, die diese Atome aussenden, können Astronomen ihre Geschwindigkeit errechnen. Gäbe es jenseits des sichtbaren Teils dieser Galaxien nichts als absolute Leere, müssten sich die am weitesten vom Zentrum entfernten Wasserstoffatome am langsamsten bewegen – aus denselben Gründen, aus denen die äußeren Planeten wie Jupiter und Saturn ihre Bahn langsamer ziehen als die inneren.

Anfang der 1970er Jahre bemerkte die amerikanische Astronomin Vera Rubin jedoch, dass dies nicht der Fall war. Durch sorgfältige Messungen der schwachen Strahlung dieser Wasserstoffatome gelang ihr der Nachweis, dass sich sämtliche Atome in großen Distanzen vom Zentrum einer bestimmten Galaxie mit ungefähr derselben Geschwindigkeit fortbewegten. Die einzig logische Erklärung hierfür wäre, dass die Atome – vermutlich durch Gravitation – in eine unsichtbare Materie eingebunden sind, die mit der Galaxie rotiert. Genau wie das Zeug, das Zwicky vermutete, konnte man diese Materie, aus was immer sie auch bestehen mochte, nicht sehen. Sie verriet sich lediglich durch ihre gravitative Wechselwirkung mit anderer, sichtbarer Materie. Als Astronomen die Menge der Dunklen Materie abzuschätzen suchten, die nötig war, um das Verhalten der o.g. Wasserstoffatome zu erklären, kamen sie zu dem Schluss, dass mindestens 90 Prozent aller Materie in Galaxien wie der Milchstraße aus dieser neu entdeckten, unsichtbaren Form bestehen müsste. Was wiederum bedeuten würde, dass sämtliche Sterne und Staub und Nebel, die wir (mit den größten Teleskopen) sehen, nicht einmal 10 Prozent des gesamten Universums ausmachen!

Natürlich gibt es eine Menge Hypothesen, um was es sich bei dieser Dunklen Materie handeln könnte. So wäre denkbar, dass sie aus kleinen, nicht leuchtenden Objekten aus gewöhnlicher Materie besteht – Wissenschaftler nennen solche Dinge „Jupiters“, um das Bild eines Körpers heraufzubeschwören, der zu klein und zu fern ist, als dass man ihn sehen könnte. Eine andere Möglichkeit wäre, dass die Region außerhalb der Spiralarme der Galaxis mit Schwarzen Löchern übersät ist – den massereichen Überresten längst vergangener Sterne. Einer wieder anderen Theorie zufolge besteht Dunkle Materie aus Neutrinos, subatomaren Teilchen, die in den ersten Augenblicken des Urknalls entstanden. Und schließlich könnte sie natürlich aus jeder erdenklichen Verbindung exotischer Teilchen zusammengesetzt sein, deren Existenz zwar theoretisch postuliert, die jedoch noch nie in einem Labor gesichtet wurden. Ich persönlich neige zu letztgenannter These. Die Beschaffenheit der Dunklen Materie gehört zu den großen ungelösten Rätseln der Astronomie, aber dass es sie gibt, steht außer Zweifel – wir haben ihre gravitative Wirkung viel zu oft gemessen.

Heute gehen Wissenschaftler auf zweierlei Art auf die Suche nach Dunkler Materie. Zum einen ist da der Versuch, Teilchen davon aufzu-

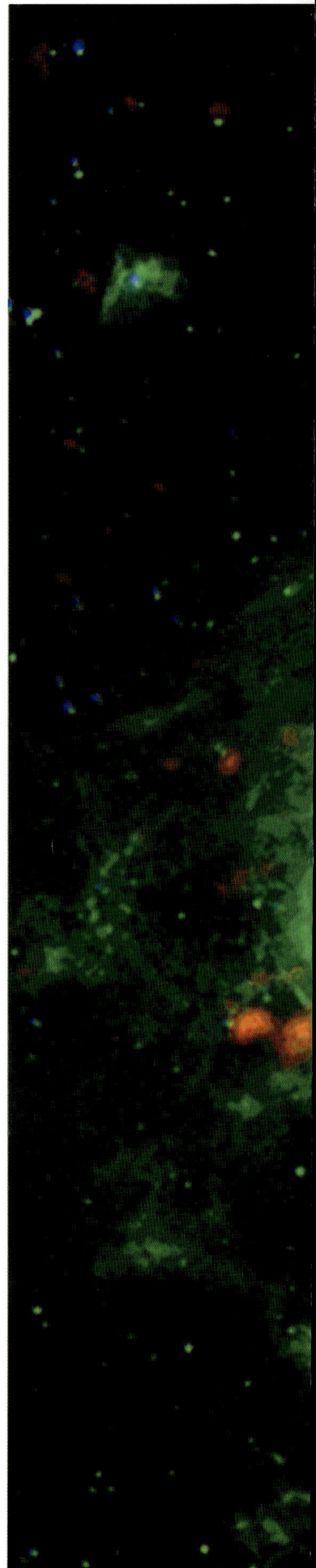

KUGELHAUFEN
Der Tarantel-Nebel in der Großen Magellanschen Wolke gilt als aktives Sternentstehungsgebiet mit ionisiertem Plasma und häufigen Supernova-Explosionen. All diese energetischen Prozesse lassen ihn quer durch das elektromagnetische Spektrum leuchten: Rot steht für Röntgenstrahlung (von bis zu 1 Mio. °C heißen Gasen), Grün symbolisiert ionisierten Wasserstoff, und Blau weist auf Quellen ultravioletter Strahlung hin. In seinem Zentrum liegen einige der heißesten, größten und massereichsten Sterne, die wir kennen. Möglicherweise entsteht hier ein neuer Kugelhaufen, eine sphärische Ansammlung langlebiger Sterne, die das Herz einer Galaxie umkreisen.

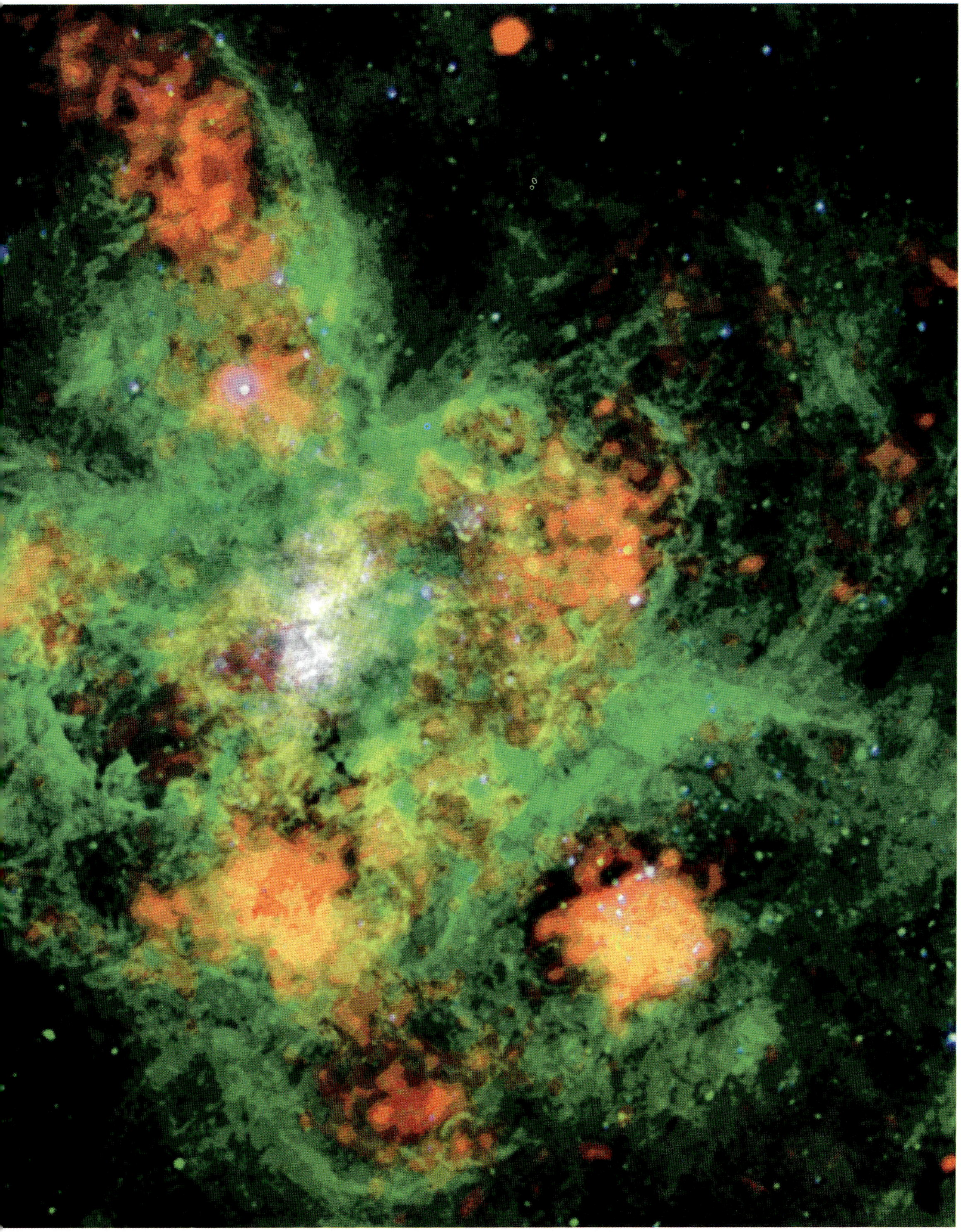

spüren, während die Erde daran vorüberzieht. Die andere Methode besteht darin, konzentrierte Dunkle Materie innerhalb der Milchstraße genau zu lokalisieren.

In einem Tunnel unter den italienischen Alpen beobachten Forscher derzeit neun 20-Pfund-Würfel Natriumjodid, die hierher gebracht wurden, um sie gegen die Vielzahl unterschiedlicher Strahlung abzuschirmen, der unser Planet tagtäglich ausgesetzt ist. Hinter diesem Experiment steht ein ganz simpler Gedanke: Ist die Milchstraße tatsächlich voller unsichtbarer Dunkler Materie, dann muss die Sonne auf ihrer Bahn um das galaktische Zentrum durch sie hindurchziehen. Dies wiederum bedeutet, dass auf der Erde ein „Dunkel-Materie-Wind" feststellbar sein müsste – so wie ein Autofahrer selbst bei völliger Windstille während der Fahrt immer eine leichte Brise spürt. Gelegentlich wird sich das eine oder andere Teilchen dieses Dunkel-Materie-Winds in den Tunnel verirren und mit einem einzelnen Natriumjodidatom reagieren, so dass dieses einen winzigen Lichtblitz aussendet, der von hoch empfindlichen Geräten aufgezeichnet wird. Man hofft, auf diesem Wege im Laufe eines Jahres Unterschiede in der Anzahl der Lichtblitze zu entdecken – da sich die Erde während ihres Orbits zeitweise in dieselbe Richtung wie die Sonne bewegt, zeitweise aber auch in entgegengesetzte. Und es scheint erste Hinweise darauf zu geben, dass sich diese Annahme bestätigt. Sobald mehr Daten zur Verfügung stehen, wollen die Forscher damit nicht nur die Existenz der Dunklen Materie nachweisen, sondern auch etwas über die Teilchen aussagen können, aus denen dieses geheimnisvolle Etwas besteht.

Der zweite „Suchtrupp" konzentriert sich darauf, in dem sphärischen Randgebiet der Milchstraße, ihrem Halo, kleine, massereiche Körper aufzuspüren. Dahinter steht der Gedanke, einen dieser Körper zu lokalisieren, wenn er zwischen uns und einen Stern einer der beiden Magellanschen Wolken gerät. Geschieht dies, wird der Relativitätstheorie zufolge das Licht des Sterns um das dazwischenkommende Objekt herumgebogen. Das Objekt wirkt daher als Linse und fokussiert das Sternenlicht. Für einen Beobachter auf der Erde scheint der Stern über einen Zeitraum von mehreren Tagen oder Wochen zunächst heller und dann wieder dunkler zu werden. Diese Methode hat den Vorteil, dass sich jedes Objekt, das – wie zum Beispiel ein Schwarzes Loch – große Anziehungskraft besitzt, durch den Gravitationslinseneffekt lokalisieren lässt, ob man es nun direkt sehen kann oder nicht.

Für diese „Jagd" benötigt man Teleskope mit entsprechend aufwendiger Elektronik, die eine Million Sterne gleichzeitig überwachen können. Mittlerweile haben Astronomen eine Reihe solcher Ereignisse verfolgen können und angefangen, einen Katalog der kleinen, aber massereichen Objekte zu erstellen, die das Milchstraßensystem umgeben. Und sie erfinden witzige Namen für ihre „Beute". Ein Teilchen, das Bestandteil des Dunkle-Materie-Winds sein könnte, heißt beispielsweise WIMP (dt. „Schwächling"; für Weakly Interacting Massive Particle = schwach wechselwirkendes massereiches Teilchen), während Körper, die für den Graviationslinseneffekt verantwortlich sind, als

MACHOs bezeichnet werden (für Massive Compact Halo Objects = massereiche kompakte Halo-Objekte).

Stellen Sie sich vor, wie es wäre, sich unserer Galaxis von außen zu nähern. Zuerst gelangten wir in die Sphäre der Dunklen Materie und dann zwischen die stattliche Ansammlung von Kugelhaufen des Halo. Erst anschließend erwartet uns der vertrautere und flachere spiralarmige Teil der Milchstraße mit seinen Staubregionen und Sternen. Nahezu alles, was wir über Sterne wissen – die unterschiedlichen Typen und ihren Lebenszyklus –, verdanken wir Beobachtungen aus dieser für uns sichtbaren, relativ nahen Nachbarschaft.

Mit abnehmender Distanz zum Milchstraßenzentrum steigt die Dichte der Sterne drastisch an. Im kugelförmigen Kern der Galaxie sind sie so dicht gepackt, dass wir – befände sich die Erde dort – nachts bei Sternenlicht lesen könnten. Im eigentlichen Galaxienkern dann scheinen die Sterne mit hoher Geschwindigkeit eine zentrale Masse zu umkreisen. Die derzeit beste Erklärung für diese wirbelnden Wolken ist, dass dort ein riesiges Schwarzes Loch lauert, vielleicht eine Million mal massereicher als unsere Sonne, und langsam Materie anzieht, um sie zu verschlingen. Auch Beobachtungen anderer Galaxien scheinen die These zu bestätigen, dass sich in ihrer Mitte ein gewaltiges Schwarzes Loch befindet.

So also sieht kurz gesagt unsere Heimatgalaxie aus: Ein Schwarzes Loch in der Mitte, umgeben von einem Kern dicht gepackter Sterne und weitläufigen Spiralarmen, das Ganze eingebettet in eine gigantische Kugel aus Dunkler Materie. Und die überwiegende Mehrzahl aller sichtbaren Galaxien scheint nach demselben Schema aufgebaut. Aber bevor wir die Milchstraße verlassen, stellt sich noch eine Frage, die vielleicht interessanteste überhaupt: Gibt es irgendwo jemanden wie uns? Unter all diesen Milliarden Sonnen unserer Galaxis – gibt es dort einen Planeten, der Leben hervorgebracht hat, das eine vergleichbare Entwicklung wie wir durchmachte und mit dem Kommunikation möglich wäre? Oder sind wir allein?

Diese Frage ist so alt wie die Menschheit. Als Thema wissenschaftlicher Forschung ist sie jedoch relativ neu. Sie dreht sich um das, was häufig als Suche nach außerirdischer Intelligenz bzw. SETI (Search for Extraterrestrial Intelligence) bezeichnet wird und auf ein Symposion zurückgeht, das 1961 im National Radio Astronomy Observatory in Green Bank, West Virginia, USA, stattfand. Auf dieser Tagung wiesen Wissenschaftler erstmals darauf hin, dass uns die Fähigkeit, Radiowellen zu senden und zu empfangen, zur Mitgliedschaft in etwas berechtigte, was sie Galactic Club nannten – einer imaginären Gruppe hoch entwickelter Zivilisationen, die über die gesamten Milchstraße hinweg ein Kommunikationsnetz unterhielten.

Sinn und Zweck der Tagung war herauszufinden, wie viele Mitglieder – wenn überhaupt – dieser Club haben könnte und wie wir mit ihm Verbindung aufnehmen könnten. Die Vorgehensweise war klar: Um eine hoch stehende Kultur hervorbringen zu können, brauchte man einen Stern als Energiequelle, einen Planeten, auf dem Leben entstehen könnte, ein Umfeld, das die Entwicklung von Intelligenz und Technologien förderte, etc. etc. Ausgehend von den Daten, die ihnen damals zur Verfügung standen, errechneten die Wissenschaftler, dass der Galactic Club leicht mehrere Tausend Mitglieder haben könnte.

Uns stehen heute natürlich ganz andere Informationen zur Verfügung, die diese Wahrscheinlichkeit gravierend einschränken, wenn nicht gar völlig in Frage stellen. Aber die Vorstellung von einer Galaxie mit vielerlei intelligentem Leben ist und bleibt tief im allgemeinen Gedankengut verhaftet: Krieg der Sterne und Raumschiff Enterprise sind beredte Zeugen.

Seit 1961 hat sich unser Wissen über das Universum und die Anforderungen für extraterrestrisches Leben immens vermehrt. Wir wissen um die Bedeutung flüssigen Wassers für die Entwicklung von Leben und dass nur ein Planet der richtigen Größe im richtigen Abstand zum richtigen Stern jahrmilliardenlang flüssiges Wasser auf seiner Oberfläche haben kann. Und wir wissen, dass auch Leben ohne Intelligenz entstehen kann – schließlich war dies den größten Teil der letzten vier Milliarden Jahre auf unserer Erde der Fall.

Zudem ist bekannt, dass selbst intelligentes Leben nicht unbedingt Technologien entwickeln muss (denken Sie an die Dinosaurier oder an Wale und Delfine), und wir haben keine Ahnung, ob selbst eine technologisch fortschrittliche Kultur überhaupt Interesse an Kommunikation hätte. Zwar glauben die meisten Wissenschaftler weiterhin, dass irgendwo da draußen intelligentes Leben existiert – und sei es nur, weil es so unüberschaubar viele Sterne gibt –, doch teilen nurmehr wenige die optimistischen Schätzung aus der Anfangszeit von SETI.

Meinen eigenen Berechnungen mit dem Astronomen Robert Rood zufolge liegt die Wahrscheinlichkeit, dass eine andere technologisch fortschrittliche Zivilisation mit uns Kontakt aufnehmen möchte, bei höchst bescheidenen eins zu zehntausend. Trotzdem sind wir beide unbedingt dafür, die Fahndung nach extraterrestrischem Leben fortzusetzen. Schließlich weiß man in der Wissenschaft nie, wie ein Experiment ausgeht, bevor man es nicht tatsächlich durchführt.

Die Jagd auf Hinweise für Leben jenseits unseres Sonnensystems geht weiter. In der University of California, Berkeley, wurde der weltweit erste Lehrstuhl für die Suche nach außerirdischer Intelligenz eingerichtet, ein Akt, der SETI als ernst zu nehmende Wissenschaft etabliert. Dort ist auch der Bau eines regelrechten Radioteleskop-Parks geplant, mit einer Gesamtantennenfläche von einem Hektar – 10 000 qm – die größte Anlage ihrer Art. Außerdem haben Mitarbeiter der Universität den Bildschirmschoner SETI@home entwickelt, der die Rechenkapazität Hunderttausender ans Internet angeschlossener PCs ausnützen soll, die – wenn sie von ihren Besitzern gerade nicht benutzt werden – Radioteleskopdaten auswerten sollen.

Ganz neu und ausgesprochen vielversprechend ist die Entdeckung von Planeten außerhalb unseres Sonnensystems. Bis 1999 fanden

Astronomen Indizien für fast zwanzig Planeten anderer Sterne. Dabei kam ihnen die Tatsache zu Hilfe, dass Planeten ihren Stern nicht wirklich kreisförmig umrunden, sondern vielmehr beide einen zwischen ihnen gelegenen Schwerpunkt umkreisen. (Stellen Sie sich vor, Sie balancieren einen Stock mit einem Stern am einen und einem Planeten am anderen Ende; die Stelle, wo sich Ihr Finger befindet, markiert den Schwerpunkt.) Aus diesem Grund scheint ein Stern mit Planetensystem eher im Raum zu schwanken als sich in einer geraden Linie zu bewegen.

1991 verkündete Alexander Wolszczan, Astronom am weltgrößten Radioteleskop in Arecibo, Puerto Rico, die Entdeckung des ersten Planeten außerhalb unseres Sonnensystems. Überraschenderweise war der Heimatstern dieses Planeten ein Pulsar – der Überrest einer Supernova! Man nimmt heute an, dass Planeten, die Pulsare umkreisen, aus einer Scheibe mit Gesteinstrümmern entstanden, die sich im Anschluss an die Supernova formte. Wegen der intensiven Strahlung des Pulsars dürfte ein solcher Planet jedenfalls kein geeigneter Kandidat für Leben sein.

Nur wenige Jahre später, 1995, fanden Astronomen schließlich auch Hinweise auf Planeten bei „normalen" Sternen. Da die auffälligste Schwankung von großen Planeten verursacht wird, die ihren Heimatstern in geringer Distanz umkreisen, darf es nicht verwundern, dass die meisten bislang entdeckten Planeten mindestens Jupitermasse besaßen und ihrem Stern näher waren als die Erde der Sonne. Dies überraschte zunächst, da wir aus eigener Erfahrung erwarten, dass sich große Planeten in den kalten Regionen fern ab von ihrem Zentralgestirn bilden. Mittlerweile haben sich die Forscher aber an die Existenz dieser „heißen Jupiter" gewöhnt, die sich möglicherweise in staubreichen Regionen weiter draußen bildeten und erst später näher an ihre Sonne heranrückten.

Als nicht mehr völlig unmöglich gilt inzwischen auch eine optische Darstellung extrasolarer Planeten. Dies ist mit erdgestützten Teleskopen zwar nicht machbar (die Störung der Erdatmosphäre ist zu stark), rückt aber mittels einem – momentan in Planung befindlichen – komplexen System von Weltraumteleskopen in den Bereich des Möglichen. So ist der Start einer Kette von Satelliten im Gespräch, die je einen kleinen Spiegel tragen. Gelingt es, die Abstände der Satelliten absolut konstant zu halten, könnte moderne Elektronik all ihre Daten zusammenfassen und daraus ein Bild erstellen, das dem eines Telekops mit dem Durchmesser der Satellitenkette entspräche.

Für 2003 plant die NASA eine kurze Versuchsmission in dieser Richtung. Beim derzeitigen Stand der Technik wird es jedoch nicht leicht sein, zwei oder mehr Satelliten so exakt auf Kurs zu halten, dass sie als Teleskop fungieren können – schon Erschütterungen wie die Vibrationen eines Tonbandgerätes würden das Experiment scheitern lassen. Außerdem spielt man mit dem Gedanken, Satelliten auf einem Gitter zu koppeln. Irgendwann werden solche Teleskope – oder vielleicht andere, noch komplexere Instrumente – in der Lage sein, Bilder extra-

solarer Planeten zu übermitteln und sogar chemische Indizien für Wasser und Sauerstoff in ihrer Atmosphäre aufzuspüren. Sobald dies gelingt, ist die größte Hürde der Suche nach erdähnlichen Planeten genommen.

Verlassen wir nun die Milchstraße und die Magellanschen Wolken und tauchen ein in das wirkliche Grenzland – das Reich der Galaxien. Ein Blick in den Weltraum offenbart, dass die Materie nicht gleichmäßig verteilt ist, sondern sich in Sternsystemen sammelt. Die meisten, die wir mit dem Teleskop beobachten können – es sind schätzungsweise drei Viertel – sind Spiralgalaxien wie unsere Milchstraße und enthalten Sterne in sämtlichen Stadien ihres Lebens. Da gibt es Sterne, die aus Gas-und-Staub-Wolken geboren werden, Sterne in der Blüte ihrer Jahre, sterbende Sterne, und in manchen Fällen schleudern sie neue chemische Elemente ins All. Diese Galaxien sind Orte, an denen man sich vorstellen könnte, dass Planeten wie die Erde Sterne wie die Sonne umkreisen – und die möglicherweise sogar intelligente Lebewesen hervorbringen, die, wenn auch nicht menschlich, Sciencefiction-Lesern bestimmt nicht allzu fremd vorkommen würden.

Vielleicht 10 Prozent der bekannten Sternsysteme sind Elliptische Galaxien, die insgesamt ältere Sterne enthalten als Spiralgalaxien. Das Spektrum reicht von Zwergen, die nur wenige Tausend Lichtjahre durchmessen, bis zu einige Millionen Lichtjahre großen Riesengalaxien. Gäbe es nur spiralförmige und elliptische Galaxien, wäre unsere Milchstraße recht typisch für das gesamte Universum. Doch man kennt noch andere, darunter eine ganz wichtige dritte Kategorie: Galaxien, in denen gewaltige Explosionen und Erschütterungen riesige Materiewolken Tausende von Lichtjahren weit in den Raum katapultieren, Galaxien, die – warum, wissen wir bis heute nicht – weit mehr Energie abgeben als die Milchstraße. Die Rede ist von den so genannten Aktiven Galaxien, wo das Universum regelrecht verrückt zu spielen scheint, wo die Energiepegel höher sind als irgendwo sonst. Astronomen haben eine Skala entwickelt, auf der Aktive Galaxien nach ihrem Energieausstoß eingetragen werden.

Die häufigsten Aktiven Galaxien sind Radiogalaxien, die erstmals 1946 entdeckt wurden. Radiogalaxien senden immens viele Radiowellen aus – bis zu zehn Millionen mal so viel wie eine Galaxie von der Art unserer Milchstraße. Im sichtbaren Licht erscheinen sie wenig auffällig, während sie auf Radiobildern seitlich hervorstehende Blasen zeigen, so als spuckten sie laufend Materiewolken in den intergalaktischen Raum. Wissenschaftler kennen mehrere Zehntausend Radiogalaxien, und fast täglich kommen neue hinzu.

Die vielleicht rätselhaftesten Objekte sind Quasare, die man heute für extrem energiereiche Zentren Aktiver Galaxien hält. Der erste Quasar wurde in den 1960er Jahren entdeckt, als es gelang, die Position einer ungewöhnlichen kosmischen Radioquelle exakt zu bestimmen. Der Astronom Maarten Schmidt von Caltech gelangte dabei zu dem Schluss, dass das fragliche Objekt mehrere Milliarden Lichtjahre von

GALAXIEN

Jedes dieser juwelenbesetzten Rädchen des Universums enthält Tausende von Sternhaufen, Milliarden von Sternen und gigantische Mengen diffuser Gase, die alle einen gemeinsamen Schwerpunkt umkreisen.

Astronomen unterteilen Galaxien nach Form und Aktivitätsgrad. Diese Aufnahme der Spiralgalaxie ESO 510-13 in Kantenstellung zeigt eine Verbiegung der Scheibenebene, was von früheren Wechselwirkungen oder gar Kollisonen mit anderen Galaxien herrühren könnte. Unsere eigene Galaxie, die Milchstraße, weist vermutlich eine nur geringe Verbiegung auf. ESO 510-13 liegt rund 150 Millionen Lichtjahre von der Erde entfernt und hat einen geschätzten Durchmesser von 100 000 Lichtjahren.

der Erde entfernt sein müsse, genau genommen das fernste Objekt, das je gesichtet wurde. Die Tatsache, dass wir Quasare trotz ihrer enormen Distanz von uns überhaupt orten können, sollte schon einen Eindruck von der ungeheuren Gewalt ihres Energieausstoßes vermitteln.

Lässt man den Blick über den Himmel schweifen, ist das in etwa so, als nähere man sich im Flugzeug einer unbekannten Großstadt: Als erstes sieht man die hellsten Lichter der Metropole. Entsprechend konzentrieren sich Astronomen, die die fernsten Regionen des Universums erforschen, auf die energiereichsten Gebilde – und entdecken dabei ständig neue Quasare. Paradoxerweise werden diese immer rätselhafter, je mehr wir über sie in Erfahrung bringen. Einige zeigen Helligkeitsausbrüche, die nur Tage oder Wochen andauern, woraus man schließen kann, dass ihre Energiequelle – was auch immer diese sein mag – recht klein sein muss; nicht mehr als ein paar Lichttage oder Lichtwochen im Durchmesser. Aber wie erzeugen sie derart viel Energie auf so kleinem Raum? Wir wissen es nicht. Das Ganze erinnert ein bisschen an die Suche nach einem neuen Treibstoff, mit dem Ihr Auto einen Monat lang fährt, ohne mehr als eine Kleinfingerkuppe voll zu verbrauchen.

Nach derzeitigem Wissensstand stehen alle Aktiven Galaxien in Zusammenhang mit ausgesprochen massereichen Schwarzen Löchern. Damit meine ich nicht so mickrige wie das im Zentrum unserer Milchstraße, dessen Gravitation einer bloßem Million Sonnen entsprechen dürfte. Nein, ich meine Schwarze Löcher mit vielmilliardenfacher Sonnenmasse, gewaltige Gierschlunde, die alle Arten von Materie einsaugen.

Die „Launenhaftigkeit" Aktiver Galaxien, die Explosionen und Ausbrüche in ihrem Inneren, ließe sich dadurch erklären, dass sich Materieklumpen aufheizen und beim Sturz in diese Schwarzen Löcher kollidieren. Einige Astronomen vertreten sogar die Ansicht, für die energiereichsten Aktiven Galaxien, also die Quasare, wäre die Materie einer einzigen Galaxie nicht ausreichend; sie müssten vielmehr das Ergebnis einer Kollision zwischen zwei oder mehr Sternsystemen sein. Wie alle Schwarzen Löcher sind auch die Aktiver Galaxien natürlich nicht direkt sichtbar, sondern einzig durch ihre Wirkung auf einfallende Materie „dingfest" zu machen.

Nun ist das Universum, das wir jenseits der Milchstraße sehen, ausgesprochen vielgesichtig und enthält eine Fülle merkwürdiger Objekte, die sich häufig ganz anders verhalten, als man erwarten möchte.

Kehren wir dazu noch einmal zurück zu Edwin Hubble und ins Jahr 1925. Hubble wies nicht nur die Existenz anderer Galaxien nach, sondern bemerkte auch, dass das Licht, das die Atome jener Galaxien aussandten, immer etwas röter erschien als das Licht vergleichbarer Atome in irdischen Labors. Es musste also eine etwas längere Wellenlänge haben. Die charakteristischen Spektrallinien der chemischen Elemente waren vorhanden, aber eben leicht verschoben – was Hubble damit erklärte, dass sich die Licht ausstrahlenden Galaxien von uns weg bewegten. Und tatsächlich ist diese „Rotverschiebung" Beispiel eines Phänomens, das als Doppler-Effekt bekannt ist.

Der Doppler-Effekt ist uns im akustischen Bereich vertrauter als im optischen, aber das Prinzip ist in beiden Fällen dasselbe: Wenn Sie an der Straße stehen und ein hupendes Auto vorbeifährt, scheint sich die Tonhöhe des Signalhorns zu verändern: Der Hupton wird höher, wenn das Fahrzeug näher kommt, und tiefer, wenn es sich wieder entfernt. Das hängt damit zusammen, dass beim Annähern die Schallwellenmaxima dichter zusammen, beim Entfernen dagegen weiter auseinander liegen als im Stillstand.

Nehmen Sie Licht anstelle des Huptons und Farbe anstelle der Tonhöhe, wird Hubbles Schlussfolgerung nachvollziehbar. Ist das Licht entfernter Galaxien ständig zum roten Ende des Spektrums hin (d.h. weitere Distanzen zwischen den Wellenmaxima) verschoben, müssen sich diese Sternsysteme von uns weg bewegen. Und je stärker diese Verschiebung, umso höher die Geschwindigkeit.

Beim Vergleich seiner Rotverschiebungsdaten mit bereits bekannten – mittels Cepheiden-Standardkerze ermittelten – Distanzen, fand Hubble eine neue Gesetzmäßigkeit: Je weiter entfernt eine Galaxie von der Erde war, desto rascher bewegte sie sich. Diese Entdeckung, anfangs auf wenigen Beispielen basierend, hat sich seit den Tagen Hubbles immer wieder bestätigt und ist heute als Hubble-Gesetz bekannt. Aus ihr aber leitet sich unumstößlich die Erkenntnis ab, dass sich das Universum ständig weiter ausdehnt.

Um diese Expansion des Weltalls möglichst bildhaft vor Augen zu haben, stellt man sich am besten einen Hefeteig mit Rosinen vor, der in der warmen Küche aufgeht. Je mehr der Teig geht, desto weiter entfernen sich die Rosinen voneinander, und je weiter sie sich von einander entfernen, desto rascher bewegen sie sich auch. Für einen Betrachter, der auf einer Rosine steht, scheint sich der ganze Teigbatzen freilich gleichmäßig auszudehnen. Dabei bewegen sich die Sternsysteme nicht in einen bislang leeren Raum hinein, sondern der dreidimensionale Raum (der Teig!) expandiert als Ganzes.

Dieses Bild der Hubble-Expansion erklärt aber noch eine ganze Menge mehr über unser Universum. Zum einen macht es verständlich, warum sich die Erde scheinbar im Zentrum der Expansion befindet: Jede Rosine wird sich selbst als Mittelpunkt betrachten, da sich ja schließlich alles von ihr weg bewegt. Und zweitens zeigt es – da die Ausdehnung ja gleichmäßig erfolgt –, dass das Universum an einem bestimmten Punkt in der Vergangenheit seinen Anfang genommen haben muss. Spielt man den Film der Hubble-Expansion rückwärts ab, endet man bei einem Universum, das, vor vielleicht 12 Milliarden Jahren, heiß und dicht begonnen hat und sich seitdem abkühlt und ausdehnt. Das auslösende Ereignis – was immer es auch gewesen sein mag – sowie die nachfolgende Abkühlung und Expansion werden unter dem Begriff Urknall oder Big Bang zusammengefasst.

Die Tatsache, dass die Rotverschiebung einer Galaxie in direkter Beziehung zu ihrer Distanz steht, gibt uns ein weiteres wichtiges Hilfsmittel

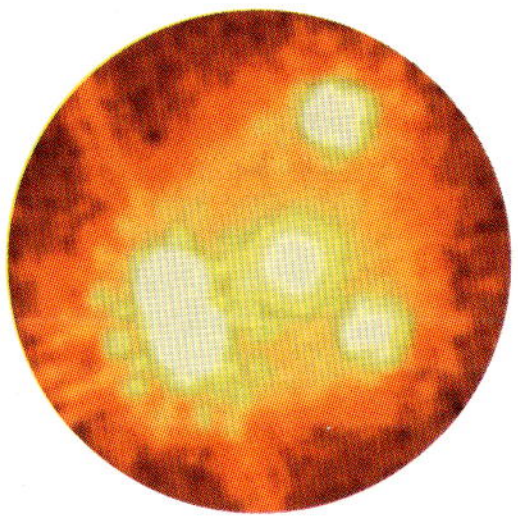

QUASARE

Diese erst Anfang der 1960er Jahre entdeckten Objekte zählen zu den fernsten, gleichzeitig aber auch hellsten im Universum. Einige strahlen die 1000fache Energie der gesamten Milchstraße ab und sind doch kaum größer als unser Sonnensystem. Die vier hier sichtbaren Lichtpunkte stammen von demselben Quasar, doch befindet sich zwischen ihm und der Erde eine Galaxie (orange), deren Gravitation wie eine Linse wirkt und das gelbe Licht des Quasars in vier Abbilder ablenkt. Dieser Quasar liegt acht Milliarden Lichtjahre entfernt im Sternbild Leo.

zur Entfernungsbestimmung an die Hand. Wie die Sterne präsentieren sich auch die Galaxien am zweidimensionalen Himmelszelt, weshalb wir keine direkte Möglichkeit haben, ihre Entfernung zu ermitteln. Bei relativ nahe gelegenen können wir Cepheidenveränderliche zur Distanzbestimmung heranziehen, aber bei sehr fernen funktioniert diese Methode nicht, da unsere Instrumente nicht gut genug sind, um in ihnen Einzelsterne auszumachen. Durch Messung der Rotverschiebung ganzer Galaxien lässt sich gemäß Hubbles Gesetz unser zweidimensionales Bild vom Himmel aber auf drei Dimensionen erweitern: Je größer die Rotverschiebung, desto größer die Distanz zu der Galaxie.

Nun haben Astronomen, die die Rotverschiebungen einer Vielzahl von Sternsystemen vermessen haben, festgestellt, dass sich die Galaxien keineswegs gleichmäßig im Raum verteilen, sondern in riesigen Superhaufen versammelt scheinen. Zwischen diesen Superhaufen liegen Regionen mit nur vereinzelten oder sogar bar jeglicher Galaxien. Im englischen Sprachraum werden diese leeren Gebiete manchmal als „Hubble's bubbles" bezeichnet, was sich leider nicht adäquat ins Deutsche übersetzen lässt. Wir müssen uns deshalb mit dem Ausdruck „leere Weiten" begnügen.

Das Universum, das sich durch diese umfassenden Rotverschiebungs-Durchmusterungen aufgetan hat, gleicht einem Berg Seifenschaum im Spülbecken: Es gibt Stellen, die Materie enthalten (die Seife selber) und andere, die leer sind (das Innere der Schaumbläschen). Und wie der Schaumberg aus nur wenigen Tropfen Spülmittelkonzentrat entstand, so liegt der Ursprung des Universums – der Urknalltheorie zufolge – in einer konzentrierten Suppe aus Urmaterie, Antimaterie und Strahlung.

Rotverschiebungs-Durchmusterungen bleiben ein wichtiger Zweig der modernen Kosmologie. In den Worten von Margaret Geller vom Harvard Smithonian Center für Astrophysik, einer Pionierin auf dem Gebiet: „Sollte der technologische Fortschritt sein derzeitiges Tempo beibehalten, wird in hundert Jahren der gesamten Himmel kartiert sein. Angesichts der Tatsache, dass es mehrere Jahrhunderte dauerte, um die Erde zu kartieren, ist dies eine ganz enorme Leistung der Menschheit."

Doch auch wenn eine solche Karte vorliegt, bleiben viele Fragen offen. Warum sind die Galaxien nach dem Haufen-Leere-Schema angeordnet? Und warum haben sie sich überhaupt gebildet? Da die Antworten hierauf buchstäblich in den Sternen stehen, müssen wir weiter forschen. Schließlich macht die Tatsache, dass sich mit jeder gefundenen Antwort neue Fragen auftun und jede Beobachtung voller ungelöster Rätsel steckt, einen ganz wesentlichen Reiz aus – in der Wissenschaft im Allgemeinen und in der Astronomie im Besonderen. Gibt es einen schöneren Abschluss für unsere Reise durch das Große Jenseits als den Blick auf einige der Gebiete, die die Forscher an ihren Teleskopen derzeit am meisten beschäftigen? ●

FERNE WEITEN

Nicht Sterne, sondern ganze Galaxien leuchten auf dieser Aufnahme, bei der das Weltraumteleskop Hubble in eine der „leersten" Himmelsregionen schaute – ein Gebiet von gerade einmal der Größe eines Sandkorns, das man in der ausgestreckten Hand hält!

Dies ist unser Universum: Eine fremde Welt nach der anderen, so weit das Auge – bzw. das Hubble-Teleskop – reicht. Das Licht einiger der hier abgebildeten Galaxien war 11 Milliarden Jahre zu uns unterwegs! Der große weiße Fleck oben in der Bildmitte gehört zu den nächst gelegenen – lediglich vier Milliarden Lichtjahre entfernt.

NEBEL

Diese Stalagmiten aus dichtem interstellarem Wasserstoffgas und Staub sind eine echte Sternenwiege. Sie enthalten Regionen, die irgendwann unter ihrem eigenen Gewicht kollabieren und neue Sterne gebären werden. An den Säulenspitzen bläst die starke ultraviolette Strahlung heißer, massereicher Sterne Materie ins All. Dieser Fotoevaporation genannte Prozess bedingt den geisterhaften Strahlenkranz und unterstreicht die Dreidimensionalität.

Das Säulentrio bildet nur einen winzigen Teil des Adler-Nebels (M16), der etwa 7000 Lichtjahre von uns entfernt im Sternbild Serpens liegt. Die linke Säule ist etwa ein Lichtjahr hoch! Als Nebel bezeichnet man riesige Gas-und-Staub-Wolken, in denen – wie bei M16 – junge Sterne entstehen können.

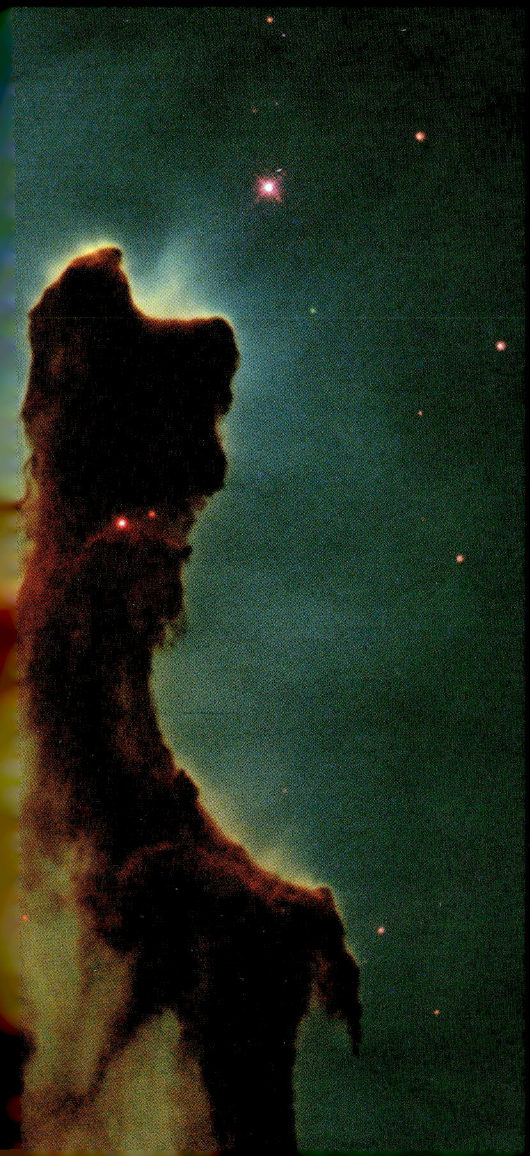

ORION-NEBEL

In den wirbelnden Weiten des nur rund 1500 Lichtjahre entfernten Orion-Nebels verbergen sich die uns nächst gelegenen Sternentstehungsgebiete. Ein Hubble-Mosaik (gegenüber) zeigt den inneren Teil des Nebels mit dem Trapez genannten hellen Sternhaufen und einer Reihe von Stoßwellen, die aus dem Aufeinandertreffen rascher und langsamer Materieströme resultieren.

Auf einem Infrarotbild vom Herzen des Nebels (rechts) erscheinen neu geborene Sterne und leuchtende Wolken aus interstellarem Staub gelb-orange, während blaue Finger aus molekularem Wasserstoff gewaltige Materieströme markieren, die möglicherweise von noch im Staub eingebetteten jungen Sternen angetrieben werden.

PFERDEKOPF-NEBEL

[nachfolgende Doppelseite] Auf einer Panoramaaufnahme des bekannten Nebels, ebenfalls Teil des gigantischen Orion-Komplexes, erweist sich die charakteristische Silhouette als bloßer Ausläufer einer weit größeren dunklen Staubwolke. Heiße, nahe gelegene Sterne bringen den Hintergrund aus Wasserstoffgas zum Leuchten. Der helle Stern links von der Bildmitte ist einer der Gürtelsterne der bekannten Konstellation Orion.

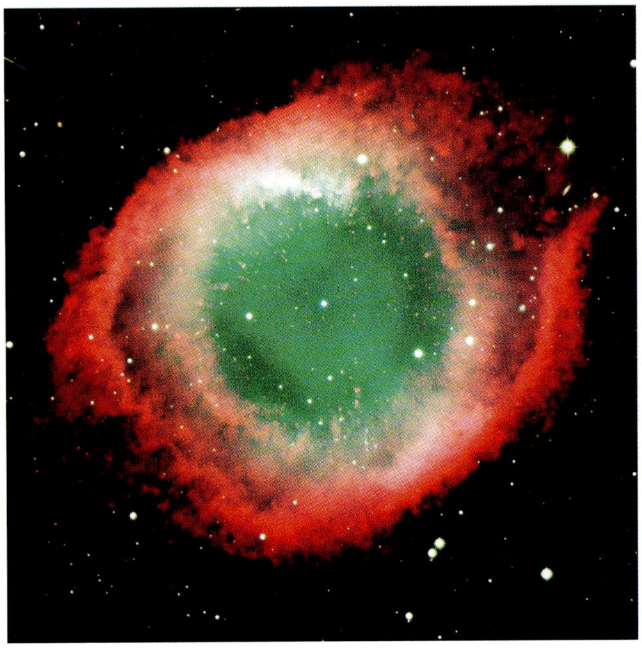

HELIX-NEBEL

Der erdnächste Planetarische Nebel (oben) leuchtet nur 450 Lichtjahre entfernt! Seine rotvioletten Ringe weisen auf Stickstoff und Wasserstoff hin, die von der ultravioletten Strahlung des Zentralsterns zum Leuchten gebracht werden. Eine Hubble-Nahaufnahme der Gashülle (rechts) zeigt mehrere Tausend „Kometare Knoten" – Verdichtungen, die wie Kometen Kopf und Schweif besitzten, wobei letzterer immer vom Zentralstern weg deutet. Sie entstehen vermutlich, wenn heiße, frisch ausgestoßene Gashüllen ältere, kühlere überholen. Dabei sind sie riesig: Jeder Kopf durchmisst mehrere Milliarden Kilometer, und die Schweife sind über 150 Milliarden km lang – mehr als das 1000fache der Entfernung Erde–Sonne!

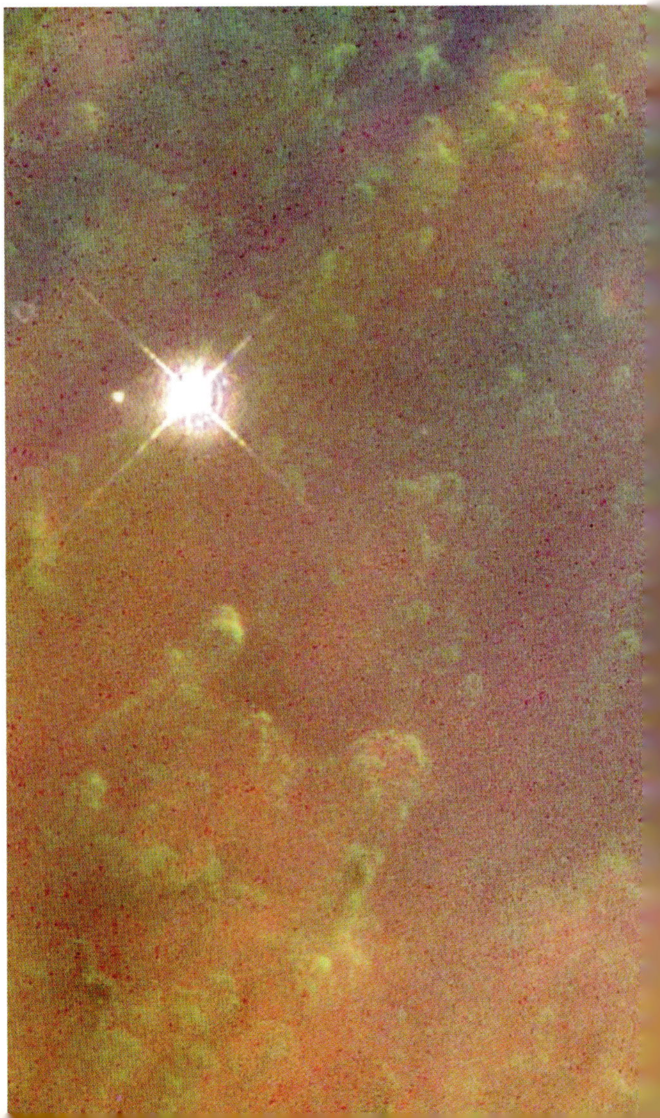

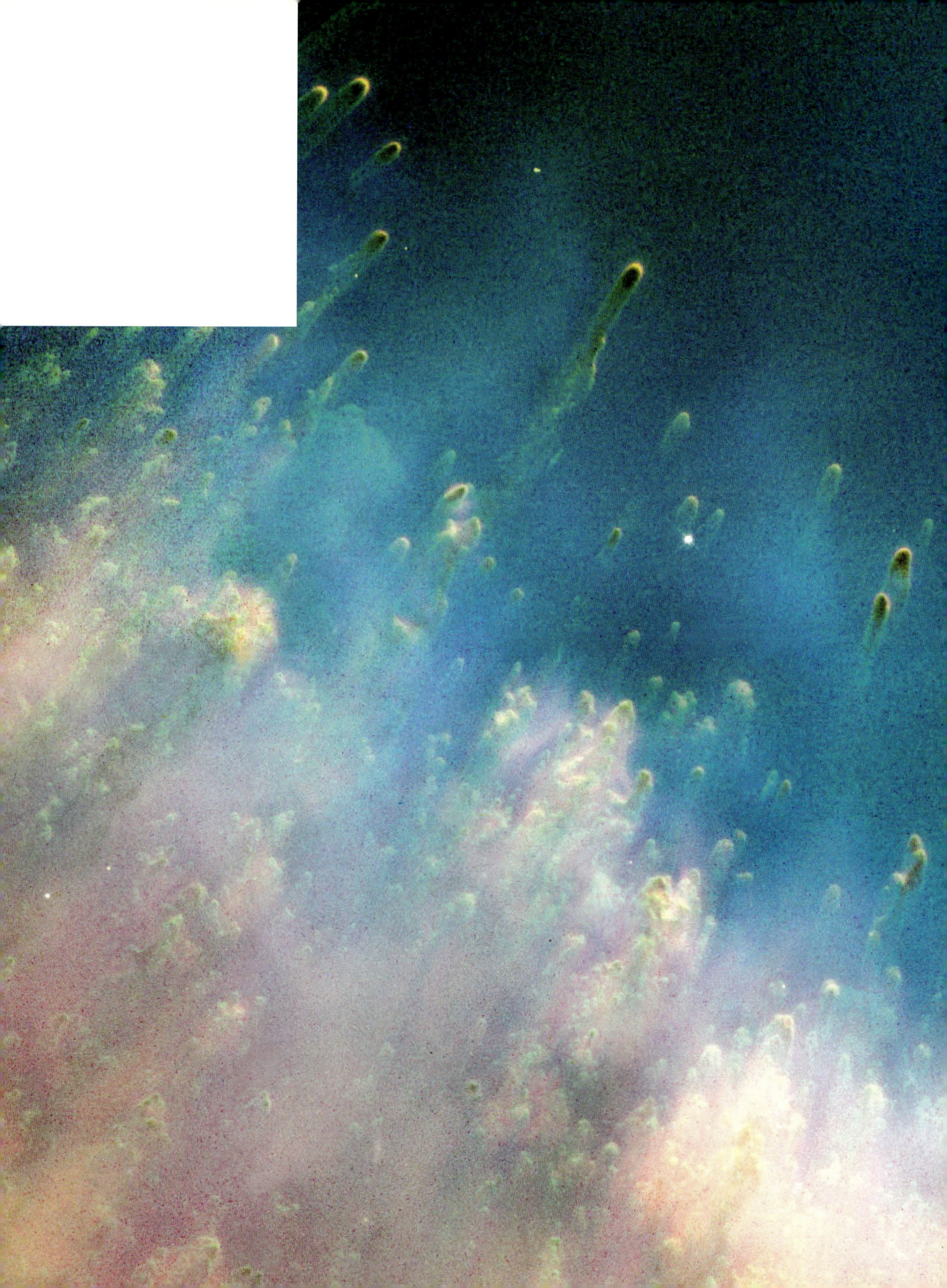

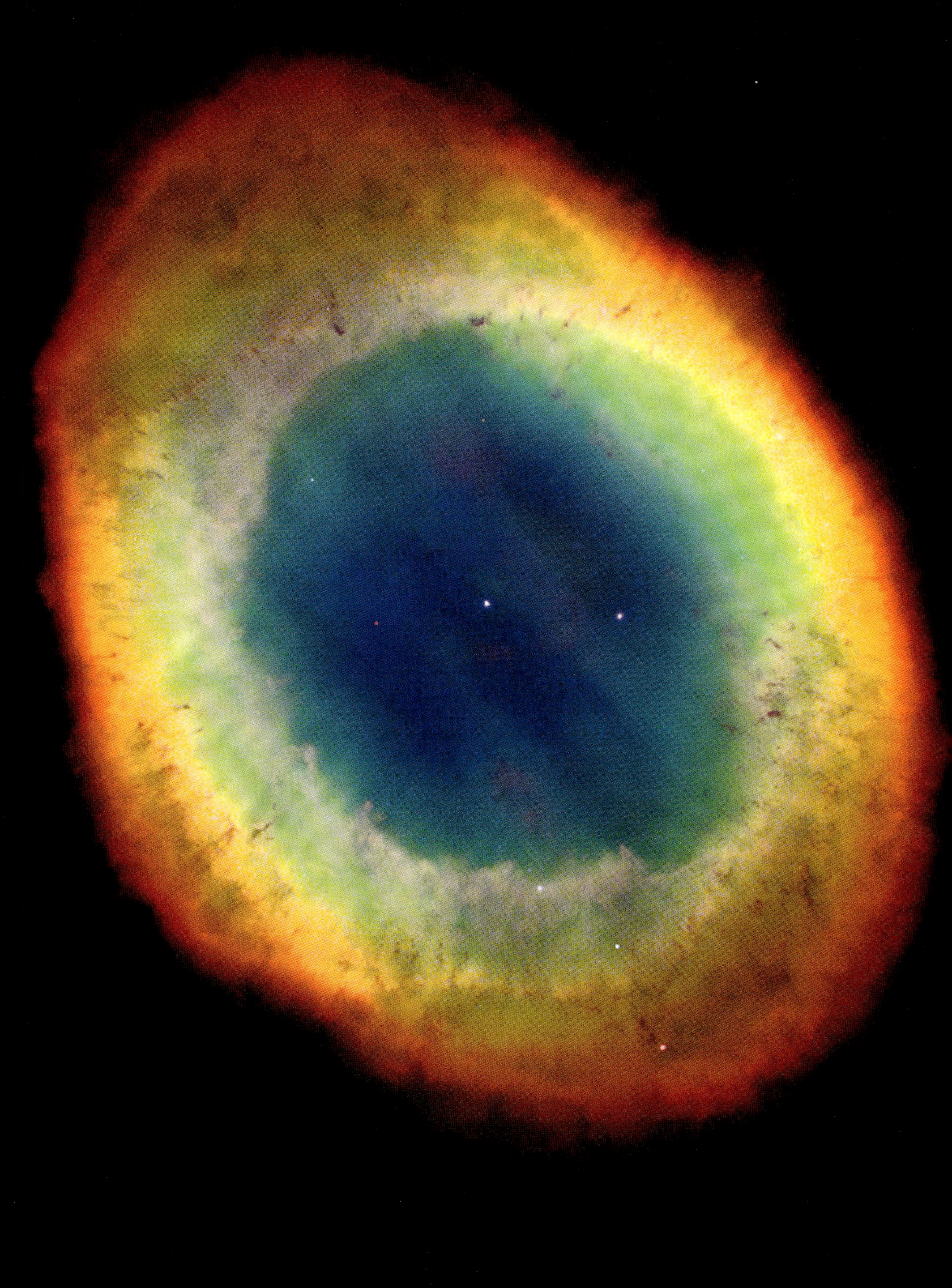

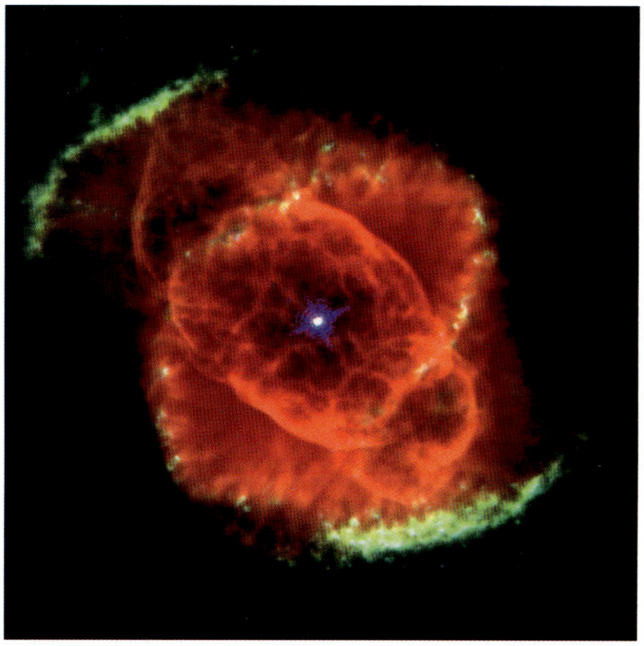

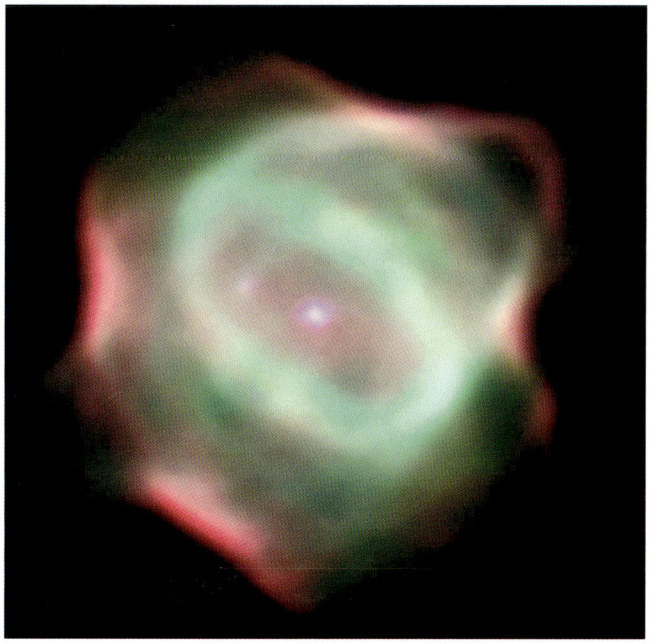

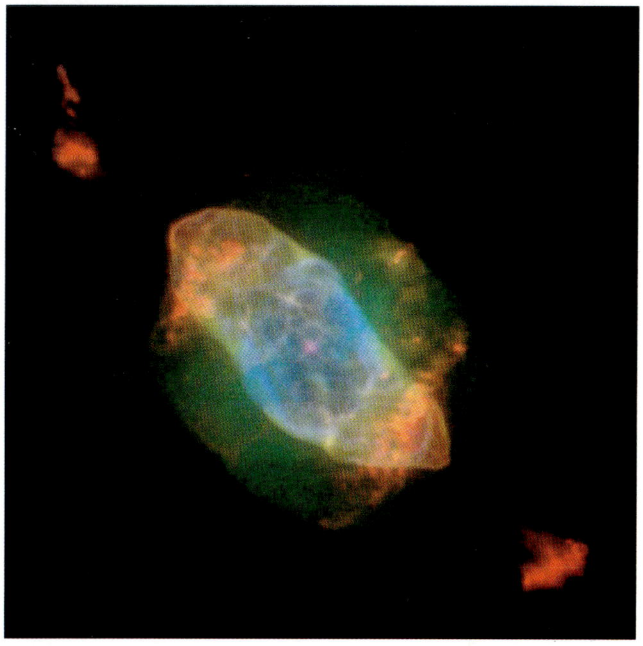

GALERIE STERBENDER STERNE

In ihrer grandiosen Vielfalt bieten sich Planetarische Nebel, die oft mit launigen Namen belegt werden, als faszinierende Beobachtungsobjekte an. Der elegante Ring-Nebel (gegenüber) im Sternbild Lyra ist der hellste und in Wahrheit röhrenförmig – wir sehen nur auf ein Ende. Das heiße blaue Gas rings um den Zentralstern geht allmählich in die kühleren Grün-, Gelb- und Rottöne über.

Eine Infrarotaufnahme des Ei-Nebels (ganz oben, links) zeigt Mehrfachemissionen von Gas zwischen Nebelstaub, während der „Rochen" (oben, links) Gaswolken und Stoßwellen aussendet. Für die Wellenform dürfte der zweite Zentralstern verantwortlich sein. Auch das „Katzenauge" (ganz oben, rechts) könnte innerhalb der spiralig gewundenen Gashüllen ein Doppelsternsystem beherbergen. Und der deutlich bipolare Saturn-Nebel (oben, rechts) zeigt, welch phantasievolle Formen stellare Winde ausgestoßenem Gas zu geben vermögen.

SCHMETTERLING MIT DÜSENANTRIEB

Das Gas dieses Planetarischen Nebels, den nur ein poetisches Gemüt nach einem gemächlich gaukelnden Falter benennen konnte, schießt mit mehr als 320 km/s (das sind 1150 km/h!) innerhalb der violetten Flügel hervor. Sein Zentralstern, einer von einem Paar, deren Bahnen gefährlich nahe beieinander verlaufen, könnte seinen Partner schon bald verschlingen.

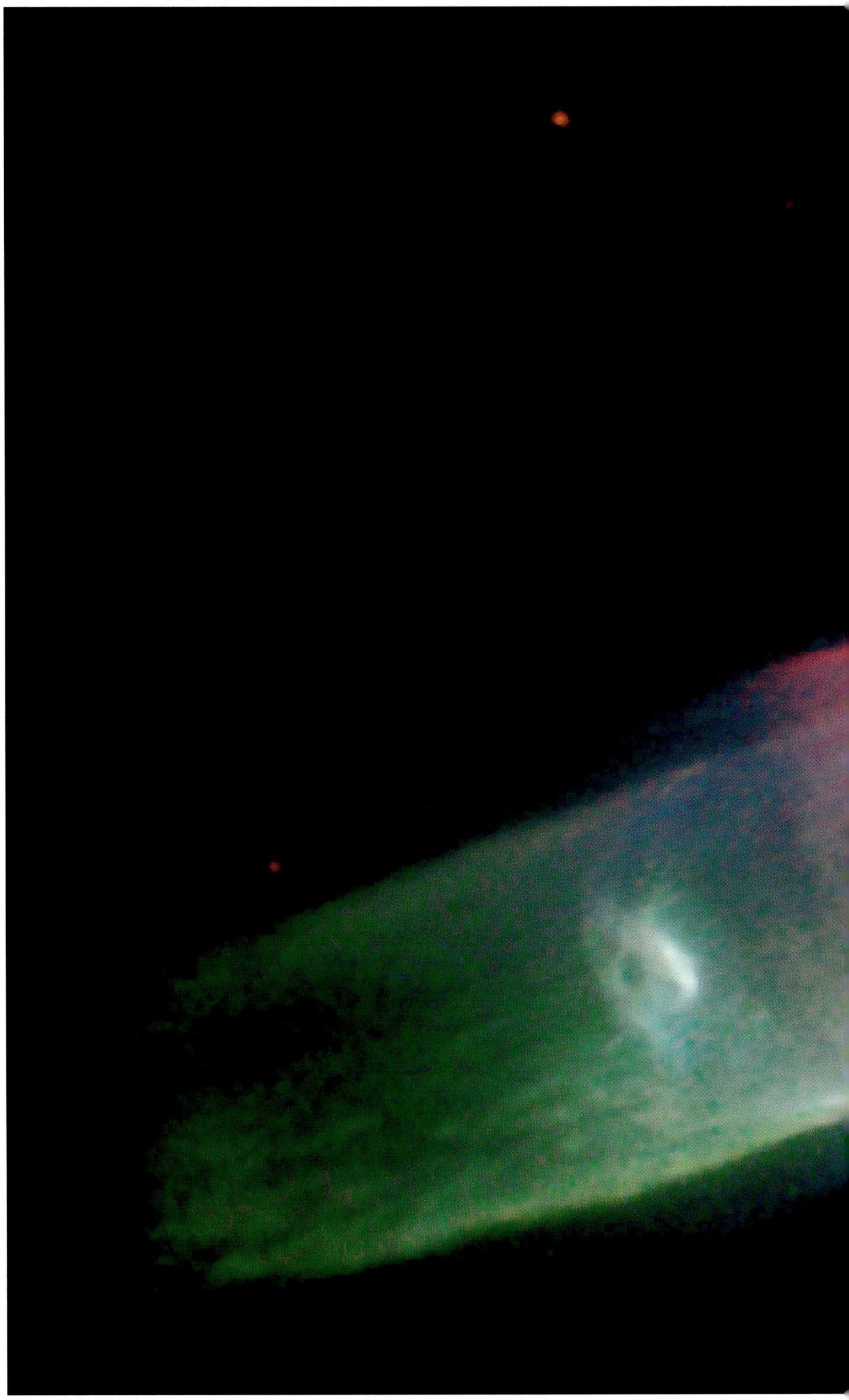

SCHIMMERNDE SCHÖNHEIT

Der Blasen-Nebel (links) trägt seinen Namen zu Recht: Er verdankt seine Gestalt den gewaltigen Sternwinden seines Zentralgestirns, die eine blasenförmige Hülle expandierender Gase immer weiter nach außen trieben, bis eine nahe gelegene massereiche Molekülwolke der Ausdehnung Einhalt gebot.

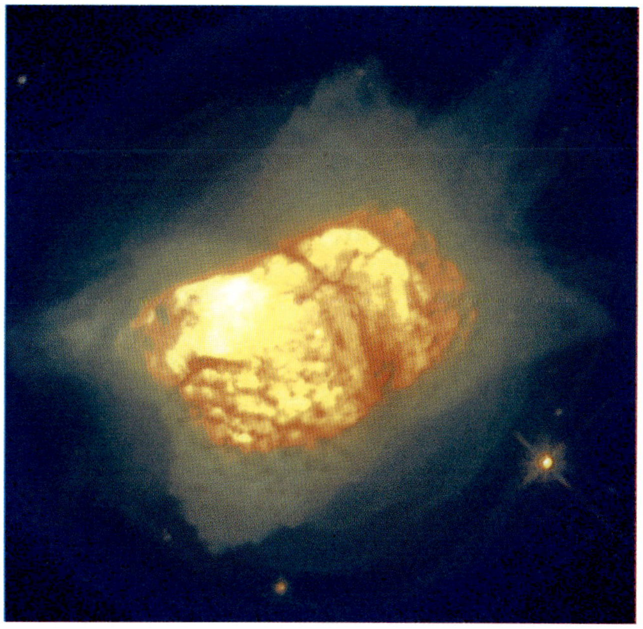

Das Ergebnis? Die Wolke kann die Blase – noch – unter Kontrolle halten, wird aber von der glühenden Strahlung des Sterns zum Leuchten angeregt. Bereits mit einem kleinen Teleskop ist der 10 Lichtjahre große Nebel in der Nähe des Sternbilds Cassiopeia auszumachen.

Beim Planetarischen Nebel NGC 7027 (oben) verursachen dichte Materieausstöße leuchtende Staubwolken. Sie verhüllen den sterbenden Weißen Zwerg des Nebels, der nurmehr als winziger weißer Fleck erkennbar ist. Unsere Sonne erwartet ein ähnliches Ende – allerdings erst in etwa sechs Milliarden Jahren.

SUPERNOVAE

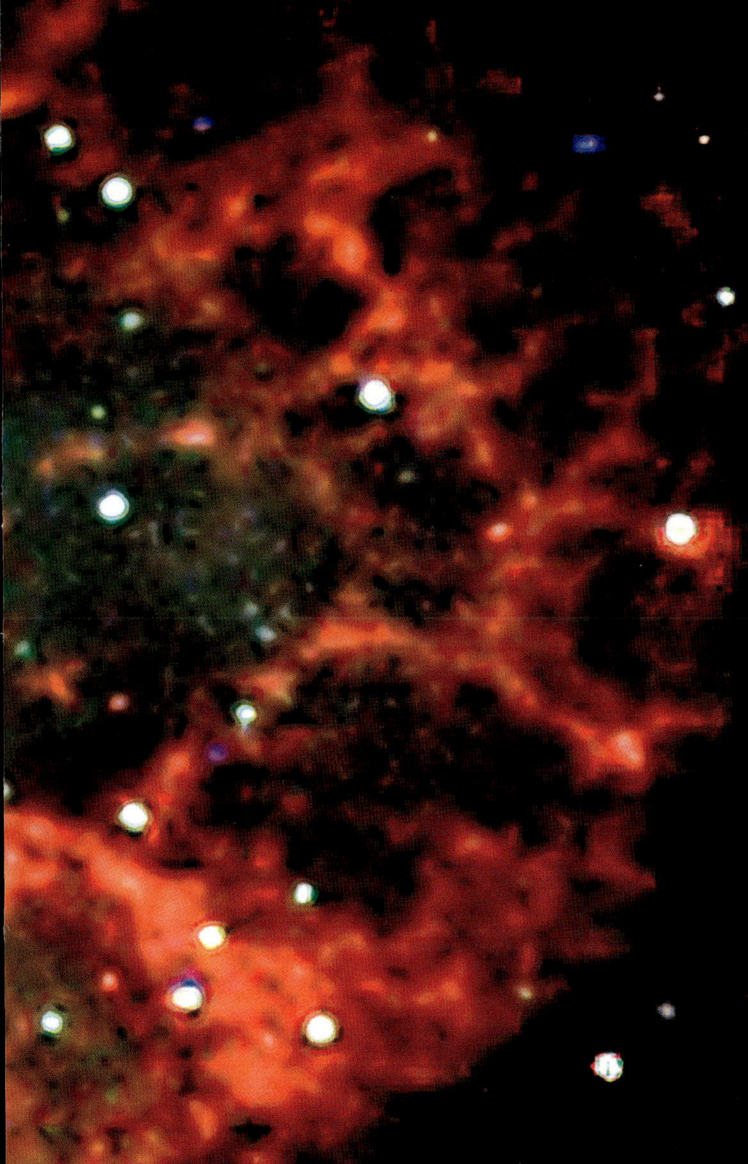

Im Jahr 1054 beobachteten chinesische Astronomen einen Stern, der heller als die Venus wurde und dann im Laufe eines Jahres langsam wieder verblasste. Sie wurden Zeugen eines Ereignisses, das wir Supernova nennen – die gigantische Explosion eines Sterns, der zu massereich ist, um den Weg Roter-Riese-Weißer-Zwerg einzuschlagen.

Die Überreste jener tausend Jahre zurückliegenden Explosion bilden heute den Krebs-Nebel – den hier gezeigten, von Filamenten überlagerten verwaschenen Fleck –, der so energiereich ist, dass er alle Arten elektromagnetischer Strahlung aussendet. In seinem Herzen befindet sich ein Pulsar, ein rotierender Neutronenstern, der bei einem Durchmesser von nur 10 km mehr Masse besitzt als unsere Sonne und einen Teilchen- und Strahlungsstrom ausstößt, der aufgrund der raschen Rotation 30-mal pro Sekunde über uns hinweg fegt. Die Rotfärbung markiert Regionen, in denen sich Elektronen und Protonen zu Wasserstoff verbinden, während Grün für Wolken freier Elektronen steht, die im Magnetfeld des Pulsars durcheinander wirbeln.

SUPERNOVA 1987A

Die Erschütterung einer Supernova hallt in der Großen Magellanschen Wolke (links) wider, wo ungewöhnliche Ringe und leuchtendes Gas die Stelle markieren, an der im Mai 1987 die Explosion eines massereichen Sterns zu beobachten war. Die Ringe dürften noch heller werden, wenn sich ausbreitetende Materie bereits ausgestoßene Trümmerstücke einholt, erhitzt und zum Leuchten bringt. Ein Bild des „Lichtechos" (oben) aus Vorher- und Nacher-Aufnahmen der Supernova zeigt die tatsächliche Farbe der Explosion.

VERSCHLEIERTER SCHWAN

Zwei Ansichten des zarten Schleier-Nebels im Sternbild Cygnus (Schwan) zeigen die Nachwirkungen einer Supernova, die vor rund 15000 Jahren explodierte. Stößt eine Druckwelle (oben) auf interstellares Gas, entsteht ein zauberhaft sphärisches Leuchten.

Blau steht für stark ionisierten Sauerstoff, Rot für ionisierten Schwefel und Grün für Wasserstoffatome.

Eine Nahaufnahme (gegenüber) zeigt, wie bei der Explosion ausgeschleudertes heißes Gas (blau) eine ältere Gaswolke (rot) allmählich einholt.

KUGELHAUFEN

Der größte und hellste Sternhaufen unserer Galaxis ist Omega Centauri, dessen rund 10 Millionen Einzelsterne dicht gepackt das galaktische Zentrum umkreisen. Er ist einer von rund 200 bekannten Haufen in der Milchstraße, die vermutlich bereits entstanden, bevor sich das galaktische Material in einer Scheibe sammelte.

Die Mitglieder eines Kugelhaufens haben eine gemeinsame Vergangenheit. Viele scheinen sich in einem fortgeschritteneren Entwicklungsstadium als die Sonne zu befinden und verbrennen in ihrem Inneren nicht länger Wasserstoff zu Helium, sondern Helium zu Kohlenstoff. Bald werden sie ihre äußeren Hüllen abstoßen und zu glutheißen Weißen Zwergen werden. Ihr hohes Alter erleichtert die Datierung des Universums, und ihre Beob-

STERNE ÜBER STERNE

Bei einem Blick ins Herz des Kugelhaufens 47 Tucanae (links) entdeckte das Hubble-Teleskop nicht nur viele alte Sterne, sondern auch so genannte Blaue Vagabunden, die möglicherweise aus der Verschmelzung älterer Sterne hervorgingen und nun im blauen Licht jüngerer Sterne strahlen.

Auch der Kugelhaufen G1 (oben) in der nahe gelegenen Andromeda-Galaxie enthält Helium verbrennende Sterne, deren Temperatur und Leuchtkraft vermuten lassen, dass G1 bereits kurz nach der Geburt des Universums entstand.

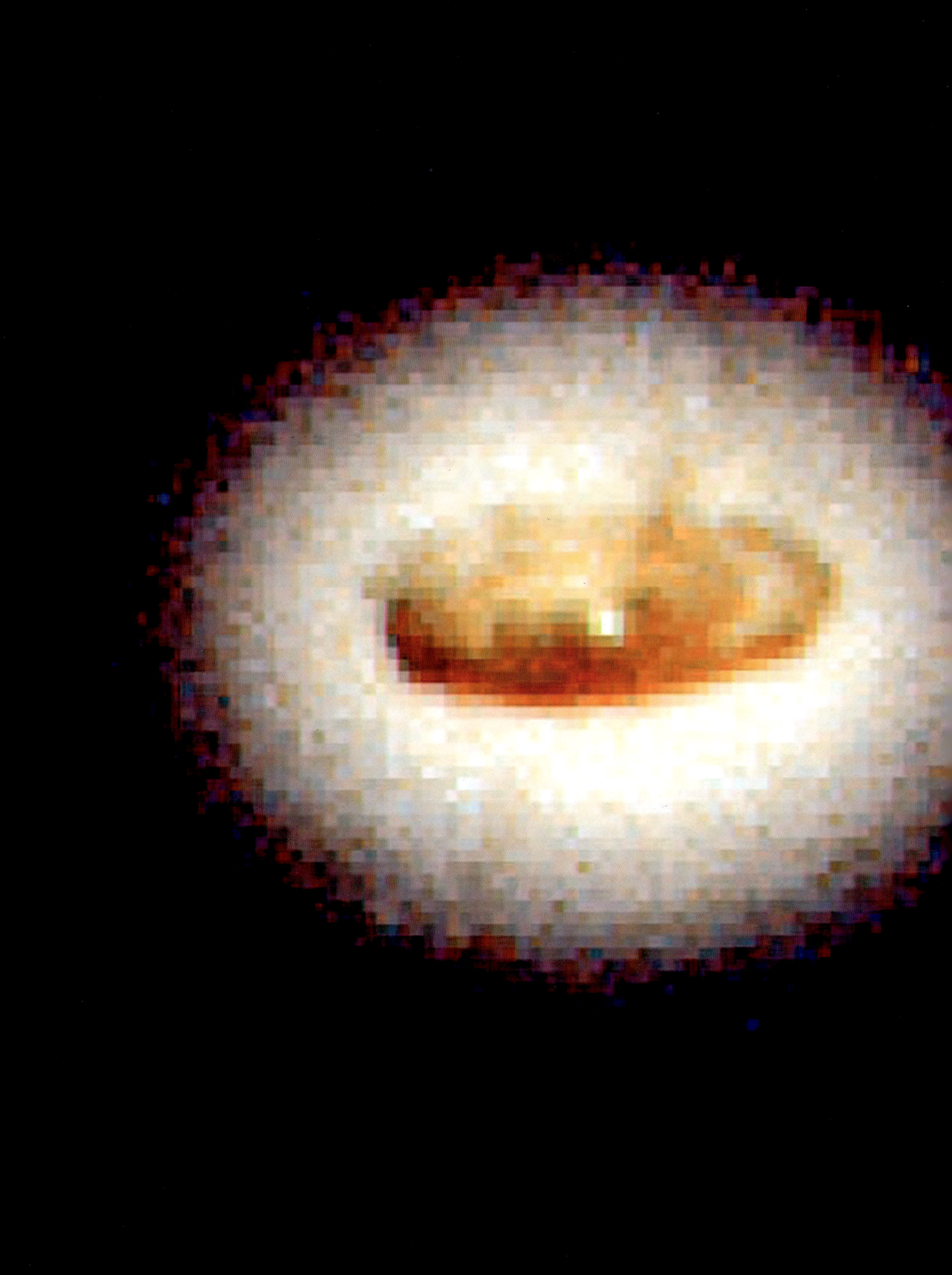

SCHWARZE LÖCHER UND QUASARE

Die beiden großen Rätsel des Kosmos, Schwarze Löcher und Quasare, könnten durchaus unterschiedliche Manifestationen ein und desselben Phänomens sein. Diese wirbelnde Gas-und-Staub-Scheibe, die etwa 800 Lichtjahre durchmisst, markiert mit allergrößter Wahrscheinlichkeit ein Schwarzes Loch. Sie liegt in der Nähe des Zentrums einer Elliptischen Galaxie und gilt als der Überrest einer kleineren Galaxie, die vor vielen Jahrmillionen von dem Schwarzen Loch verschluckt wurde. Schwarze Löcher lauern im Herzen vieler Galaxien und könnten notwendiger Bestandteil galaktischer Systeme sein.

Quasare – kurz für „quasistellare Objekte" –, die leistungsstärksten Strahlungsquellen im Universum, sind die leuchtenden Zentren Aktiver Galaxien. Man vermutet sie aber auch in galaktischen Kernen mit besonders massereichen Schwarzen Löchern. Da alle bekannten Quasare sehr weit von uns entfernt liegen, wäre sogar denkbar, dass sie auf die Anfänge des Universums zurückgehen. Zudem könnten sie früher wesentlich weiter verbreitet gewesen sein, starben dann aber der Reihe nach aus, als ihren Galaxien der Brennstoff ausging.

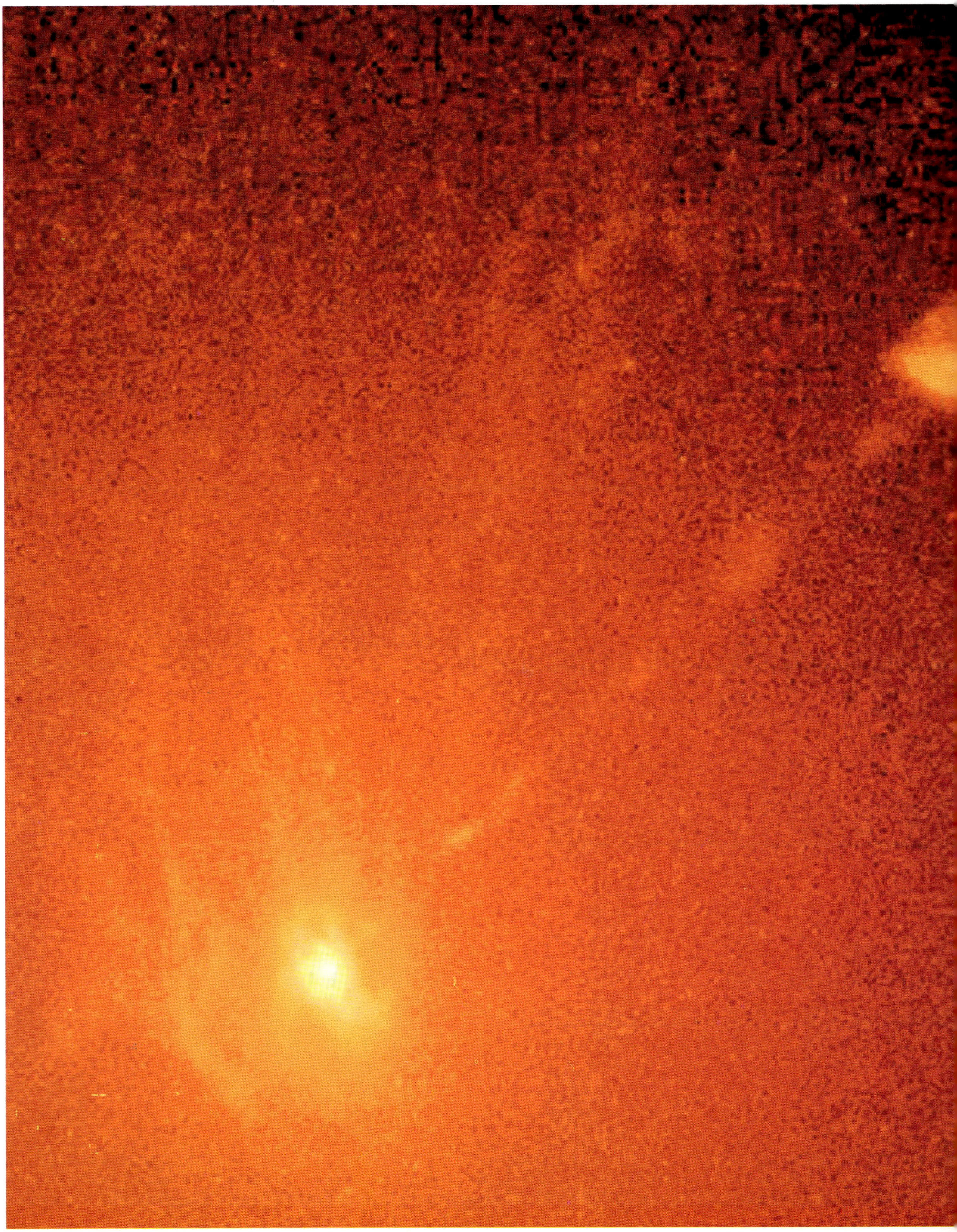

KOSMISCHE STICHFLAMME

Ein glühend heißer Strahl Elektronen und Positronen (links) schießt mit Lichtgeschwindigkeit aus der rasch rotierenden Gasscheibe im Herzen der elliptischen Riesengalaxie M87. Beobachtungen haben eine so hohe Kerndichte ergeben, dass dort eigentlich nichts anderes als ein Schwarzes Loch sein kann.

Das Signet eines anderen super massereichen Schwarzen Lochs wurde in der Nähe der Galaxie M84 entdeckt (unten). Die Farben spiegeln die Rotationsgeschwindigkeit, während die deutliche S-Form auf drastische Änderungen der Orbitalgeschwindigkeit der Gase hinweist, die bereits in den Sog des Schwarzen Lochs geraten sind. Wäre kein Schwarzes Loch vorhanden, verliefe die Linie nahezu senkrecht.

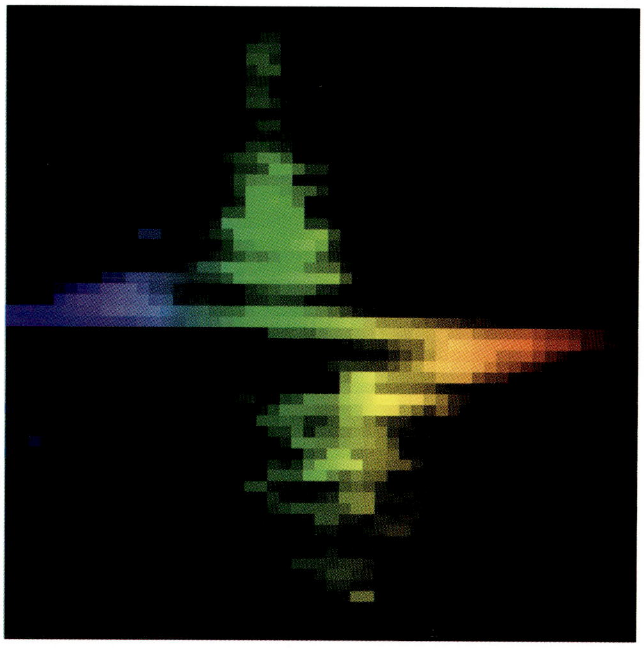

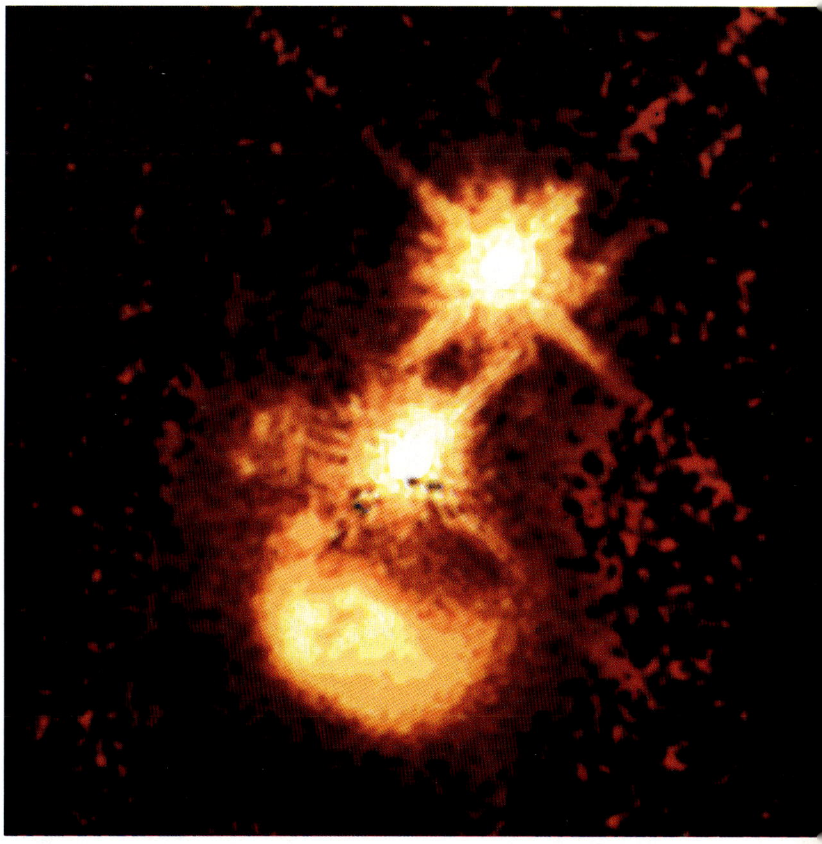

QUASAR-GALERIE

Viele Astronomen glauben, zentraler Motor jedes Quasars sei ein gigantisches Schwarzes Loch, das sich aus enormen Mengen eingesaugter Gase, Staub und Sterne speist. Von den vier hier abgebildeten Quasaren liegt einer (ganz links) im Zentrum einer scheinbar normalen Elliptischen Galaxie. Die anderen, die deutliche Beugungszacken aufweisen, befinden sich in zerrissenen Galaxien, die mit benachbarten Sternsystemen kollidieren oder verschmelzen. Ihre gewaltigen Gravitationsfelder geraten in Wechselwirkung, richten verheerende Verwüstungen an – und setzen ausreichend Material frei, um die hungrigen Schwarzen Löcher zu füttern, die man heute im Herzen der Quasare vermutet.

GALAXIEN

Eine Welteninsel im schwarzen Meer des Kosmos. Die Galaxie M100 zählt zu den hellsten am Nachthimmel – obwohl sie viele Millionen Lichtjahre entfernt im Virgo-Galaxienhaufen liegt. Wie unsere Milchstraße ist M100 eine Spiralgalaxie, ein scheibenförmiges Gebilde mit einem aufgewölbten zentralen Kern, der ältere Sterne und Kugelhaufen enthält. In den spiralig aufgewundenen Armen gibt es dagegen viele Gebiete, in denen neue Sterne entstehen. Zum Glück für irdische Beobachter ist M100 so ausgerichtet, dass wir ihre kunstvolle Struktur fast „von oben" sehen.

IN KANTENSTELLUNG

Spiralgalaxien zeigen durchaus Unterschiede in ihrer Erscheinungsform. Bei NGC 891 (gegenüber) verteilen sich Gas, Staub und Sterne auf einer relativ schmalen Scheibe. Der dunkle Rand besteht aus einer Licht absorbierenden Staubspur. Früher glaubte man, NGC 891 sei der Milchstraße ähnlich, doch weiß man heute von Filamentmustern, die darauf hinweisen könnten, dass Supernovaexplosionen Staub aus der Scheibe herausgeschleudert haben.

Auch die Sombrero-Galaxie M104 (oben) zeigt einen deutlichen Staubring sowie einen ausgeprägten Halo aus Sternen und Kugelhaufen. Starke Röntgenstrahlung und hohe Orbitalgeschwindigkeiten ihrer Zentralsterne lassen es denkbar erscheinen, dass im Herzen der Galaxie ein Schwarzes Loch lauert.

KOSMISCHE FUSION

[nachfolgende Doppelseite] Eine Aufnahme der so genannten Antennen-Galaxien NGC 4038 und 4039 zeigt zwei kollidierende, aufgrund von Gravitationswechselwirkungen verformte Spiralen. Beide stoßen gigantische Gaswolken aus und sind enorm produktive Geburtsstätten neuer Sterne.

Die Kerne der beiden Galaxien sind nach wie vor getrennt und werden von umliegendem Staub in leuchtendes Gelb und Rot getaucht. Neue Kugelhaufen – viele davon blau, was auf massereiche, heiße junge Sterne hinweist – gruppieren sich längst eines breiten verwirbelten Staubbandes. Bei den rötlichen Verdichtungen könnte es sich um Haufen handeln, die es noch nicht geschafft haben, den Staub aus ihrem System hinaus zu befördern.

GALAXIEN IM WANDEL

Als Folge eines Frontalzusammenstoßes mit einem galaktischen Eindringling besitzt die Wagenrad-Galaxie (gegenüber) speichenartige Strukturen, die ihre Zentralregion mit einem auffälligen Außenring verbinden. Wie bei einem ins Wasser geworfenen Stein löste die Kollision sich kreisrund ausbreitende Energiewellen aus, die eine Spur der Verwüstung hinterließen: explodierende Supernovae, gigantische Schleifen und Blasen sowie leuchtend blaue Knoten.

Die Galaxie NGC 4314 (oben) gehört zum Typ Balkenspirale. Obwohl sie viele Milliarden Jahre alt ist, zeigen sich in ihrem ungewöhnlich hellen inneren Ring Haufen junger Sterne – ein Hinweis darauf, dass sie sich im Laufe der letzten fünf Millionen Jahre sichtbar verändert hat. Interessanterweise wirkt die innere Region wie eine eigene kleine Spiralgalaxie – komplett mit Staubspuren und Spiralarmen –, durchmisst aber nur wenige Tausend Lichtjahre.

GALAKTISCHER KANNIBALISMUS

Wie ein gigantischer Moloch verschlingt ein massereiches Schwarzes Loch aus seinem „Versteck" in der nahe gelegenen Galaxie Centaurus A heraus eine kleinere Spiralgalaxie (den leuchtenden Fleck auf 5-Uhr-Position), um seinen bereits immensen Gravitationssog noch zu verstärken. Eine riesige dunkle Staubspur schließt die größere Galaxie und ihre orange Scheibe aus glühendem Gas ein, und spitzenzarte Staubbänder liegen über leuchtendem Gas und blauen Haufen junger Sterne.

10 Millionen Lichtjahre entfernt, ist Centaurus A der uns nächst gelegene bekannte aktive Galaxienkern. Sein Schwarzes Loch könnte die Materie einer Milliarde Sonnen enthalten – zusammengepresst auf einen Raum nicht größer als unser Planetensystem!

NACHBARGALAXIE

[nachfolgende Doppelseite] Die prachtvolle Andromeda-Galaxie, nur zwei Millionen Lichtjahre entfernt und damit unser nächster Nachbar im All, ist schon mit bloßem Auge als länglicher Nebelfleck zu sehen. Nahaufnahmen des Weltraumteleskops Hubble zeigen einen Doppelkern – möglicherweise Hinweis darauf, dass sich diese Galaxie einst eine kleinere einverleibte.

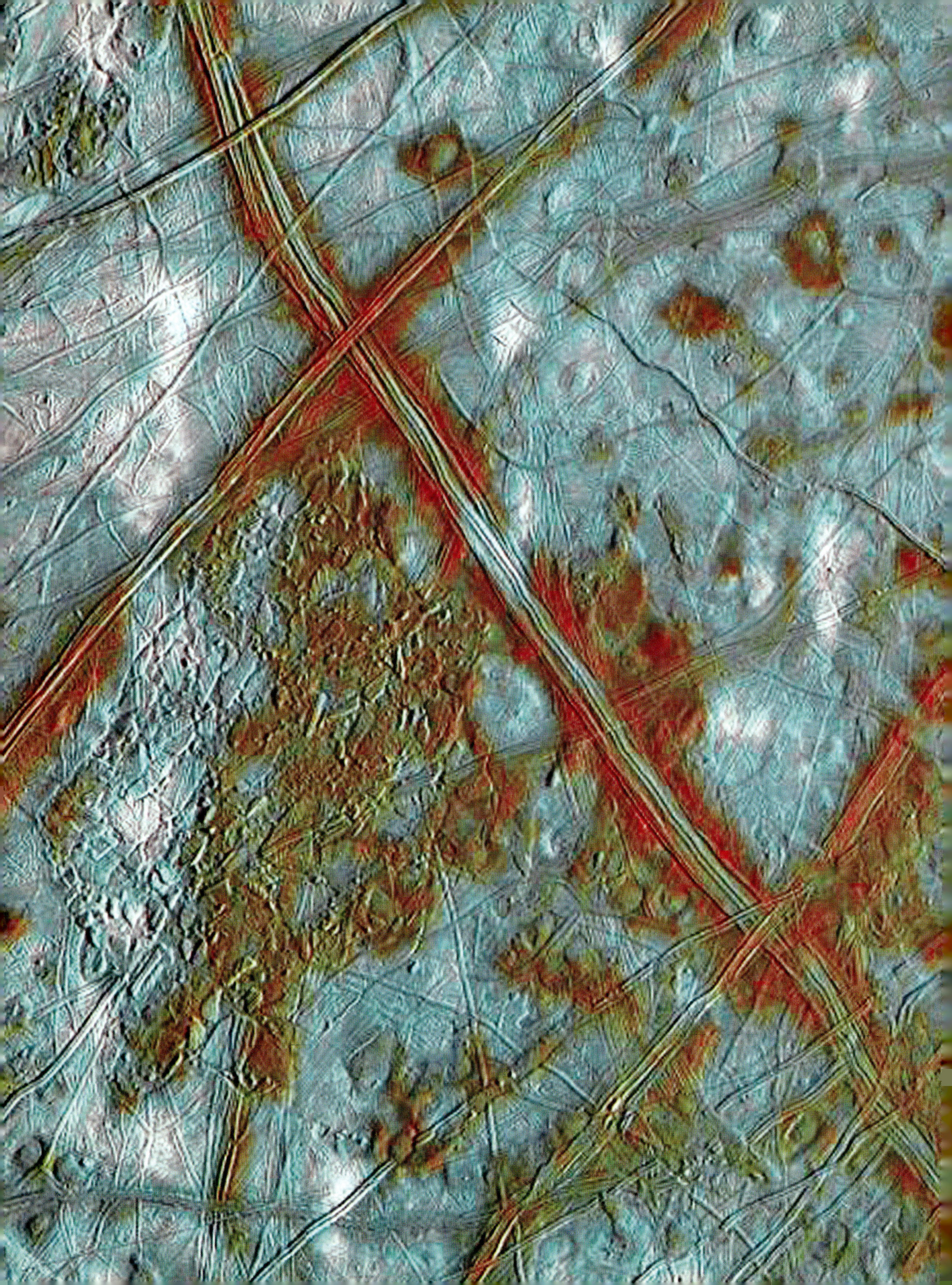

GEHEIMNISSE DES KOSMOS

Wie hat das Universum angefangen? Wie wird es enden? Gibt es irgendwo da draußen Leben, vielleicht sogar intelligentes Leben? So viele Fragen zum Universum – darunter auch ganz fundamentale – sind noch offen. Mit ihnen werden sich die Astronomen der nächsten Generation befassen dürfen.

GIBT ES ANDERSWO LEBEN?

Unzählige Sciencefiction-Filme haben uns gelehrt, käferäugige Monster, ETs und andere skurrile, aber hoch entwickelte Geschöpfe als typische extraterrestrische Lebensformen anzusehen. In Wahrheit wäre jedoch schon die Entdeckung von Leben überhaupt, und sei es in Form simpler Bakterien, eine wahre Sensation.

Der Grund dafür ist einfach: Jedes Lebewesen auf unserer Erde, vom primitivsten Einzeller hin zum komplexesten Organismus, ist das Ergebnis eines einzigen Experiments der Natur. Wissenschaftler nehmen an, dass wir alle von jener ersten Urzelle abstammen, die vor vielen Jahrmilliarden im Erdozean entstand. Und das wiederum heißt, dass alles, was wir über Lebensformen wissen, von dieser einen Zelle und ihren Nachkommen herrührt. Nun ist es natürlich ausgesprochen unwissenschaftlich, aus nur einem Experiment allgemein gültige Schlüsse zu ziehen. Als die Erde noch der einzige Planet war, über den wir Genaueres wussten, hatten wir ein ganz anderes Bild von ihr als heute, wo wir sie als einen unter vielen sehen. Und genauso wird sich unsere Perspektive wandeln, falls wir auch anderswo auf Leben stoßen.

Sollten wir eines Tages Hinweise auf extraterrestrisches Leben finden – vielleicht auf Europa, möglicherweise sogar auf dem Mars –, könnte man daraus schließen, dass Leben ein relativ »normaler« Bestandteil des gesamten Universums ist. Wir wissen, dass das Leben auf der Erde begann, als die Voraussetzungen stimmten, und jegliches Indiz auf Entstehung von Leben anderswo – und unter anderen Umständen – würde belegen, dass es weit vielseitiger ist als wir uns

EIN MOND MIT WASSER?

Unter den Eisplatten und Spalten des Jupitermondes Europa wird flüssiges Wasser vermutet, was Anlass zu Spekulationen gibt, ob dort nicht auch Leben entstanden sein könnte. Die blauen Regionen markieren altes Eis, die roten könnten auf jüngere geologische Aktivitäten hinweisen. Bei den weißen Stellen handelt es sich um Auswurfmaterial eines knapp 1000 km entfernten Einschlagskraters. Dieses Galileo-Mosaik zeigt ein rund 200 × 250 km großes Gebiet.

vorzustellen vermögen. Sollte sich andererseits herausstellen, dass nirgendwo sonst im Sonnensystem auch nur Ansätze dazu vorhanden waren, braucht es zur Entstehung von Leben offensichtlich mehr als das, was wir bisher für die richtigen Verhältnisse gehalten haben. Andere Voraussetzungen könnten eine Rolle spielen – beispielsweise das Vorhandensein eines großes Mondes, der auf seinem Heimatplaneten Gezeiten auslöst. Sollte dies der Fall sein, wäre Leben wohl in der Tat die sprichwörtliche Ausnahme von der Regel.

Würde im marsianischen Permafrost oder in den unterirdischen Ozeanen Europas Leben entdeckt, könnten wir zudem Einblick in die Methodik des Lebens gewinnen. Bisher wissen wir nur, dass alle irdischen Lebenwesen denselben genetischen Code besitzen und nach denselben elementaren DNA/RNA-Mechanismen funktionieren. Da wir aber nur dieses eine System kennen, ist es unmöglich zu sagen, ob es sich dabei um eine zufällige Entwicklung einer bestimmten chemischen Zusammensetzung innerhalb einer bestimmten Zelle handelt, oder ob dieses Merkmal allen Lebensformen gemein ist.

Gibt es einen Grund, warum diese bestimmte biochemische Zusammensetzung die Erde eroberte? Ist der DNA etwas – uns noch Verborgenens – zueigen, das sie zu einem unabdingbaren Bestandteil lebender Systeme macht? Hätten wir ein wenig Tümpelschlamm von Europa, wüssten wir, ob er unsere Art DNA oder RNA enthält oder ob seine chemische Zusammensetzung eine vollkommen andere ist. So oder so – eine eindeutige Antwort würde unsere Einschätzung allen Lebens gravierend verändern.

Heute scheint man sich in Wissenschaftskreisen einig, dass in anderen Teilen unserer Galaxie nicht nur Leben, sondern sogar intelligentes Leben existiert, mit dem wir eines Tages Kontakt aufnehmen werden. Hier bin ich freilich anderer Ansicht. Zwar glaube ich, dass wir, wenn nicht in unserem, so doch in anderen Sonnensystemen Lebensformen antreffen werden, aber ich halte es für mehr als unwahrscheinlich, dass es eine größere Zahl technologischer Zivilisationen gibt, die nur darauf warten, von uns entdeckt zu werden. Das knappste und zugleich stichhaltigste Argument für meine These lieferte der Nobelpreisträger Enrico Fermi, der die erste von Menschen überwachte Kernreaktion in Gang setzte. Er soll 1950 im Rahmen eines informellen Gesprächs über die Verbreitung technisch versierter Kulturen gesagt haben: »Und, wo sind sie dann alle?«

Dieses so genannte Fermi-Argument basiert auf einer ganz simplen Logik: Menschen verfügen erst wenige Jahrhunderte über die Erkenntnisse der modernen Wissenschaften und haben bereits den Sprung ins All geschafft. Nicht schwer vorzustellen, dass wir in ein paar Jahrhunderten ein weltraumerfahrenes Volk sind, das andere Systeme kolonisiert. (Wobei angesichts der enormen Distanzen die meisten Raumschiffe natürlich für mehrere Generationen angelegt sein werden, da man allein für die Reise zwischen den einzelnen Sternsystemen mindestens hundert Jahre ansetzen muss.)

Fermis Argumentation läuft darauf hinaus, dass es extrem unwahrscheinlich ist, dass viele andere Zivilisationen die Wissenschaften zu exakt derselben Zeit entdeckten wie wir. Wären sie jedoch auch nur tausend Jahre früher drangewesen, wären sie mittlerweile sicher so weit, dass sie unserem Sonnensystem zumindest einen Besuch abgestattet hätten.

Lägen sie andererseit tausend Jahre zurück, dürften wahrscheinlich wir ihren Heimatplaneten erreichen, bevor sie auch nur anfangen, uns Radiosignale zu senden. Technische Errungenschaften bauen aufeinander auf und entwickeln sich somit exponentiell. Stellen Sie sich nur einmal vor, wie verblüfft selbst ein großer Wissenschaftler wie Isaac Newton wäre, könnte er unser weltweites Kommunikationsnetz sehen.

Wo also bleiben diese hoch entwickelten extraterrestrischen Zivilisationen, die den Science-fiction-Autoren so sehr ans Herz gewachsen sind? Ich persönlich halte ihre Existenz für ausgesprochen hypothetisch.

WIE WIRD DAS UNIVERSUM ENDEN?

Seit Edwin Hubble in den 1920er Jahren seine Messungen ferner Galaxien durchführte, wissen wir, dass sich das Universum ausdehnt. Andere Sternsysteme bewegen sich von uns weg, und dies mit zunehmender Geschwindigkeit. Das Schicksal des Universums hängt also davon ab, ob diese Expansion jemals zum Stillstand kommen wird. Astrophysiker spielen derzeit drei mögliche Szenarien durch. Nach dem ersten, Offenes Universum genannt, geht die Ausdehnung einfach immer weiter. Irgendwann sind die Sterne ausgebrannt, und das Universum wird zu einem kalten, weiter expandierenden Meer aus stellarer Asche und vereinzelten Teilchen. Die zweite Möglichkeit wäre, dass die Expansion aufhört und sich umkehrt. In diesem Fall wird der Urknall oder Big Bang in einem Endknall oder Big Crunch enden, und alle Materie des Universums wird irgendwann in ihren unendlich dichten Urzustand zurückkehren – um vielleicht später erneut auszubrechen und einen neuen Zyklus zu beginnen. Diese Theorie heißt Geschlossenes Universum. Zwischen Offenem und Geschlossenem Universum liegt Option Nummer drei, derzufolge sich die Expansion immer weiter verlangsamt und nach unendlich langer Zeit zum Stehen kommt. Diese Hypothese wird Flaches Universum genannt.

Welches Szenario ist nun korrekt? Stellen Sie sich eine Galaxie vor, die sich immer rascher von uns entfernt. Dem konventionellen kosmologischen Bild des Universums nach wirkt auf diese Galaxie nur eine einzige Kraft, und zwar die Gravitation oder Anziehungskraft aller anderer Objekte im Universum. Addieren Sie nun alle existierende Materie, bestimmen Sie die Gravitation, die sie auf die Galaxie ausübt, und Sie können ausrechnen, ob sie ausreicht, diese soweit zu verlangsamen, dass sie ihre Richtung umkehrt.

Anfang der 1990er Jahre hatten Astronomen nur rund 30 Prozent der Materie gefunden, die zu einer solchen »Schließung« des Universums – d. h. einem unausweichlichen Big Crunch – nötig wäre. In den Schätzungen war bereits sämtliche nachgewiesene Dunkle Materie enthalten; das Schicksal des Universums schien damals also davon abzuhängen, ob es irgend jemandem gelang, die fehlenden 70 Prozent zu entdecken.

Nun hat uns die Forschung im Laufe des letzten Jahrzehnts einen neuen Schlüssel in die Hand gegeben. Wenn Sie das Licht einer Galaxie betrachten, die, sagen wir, zehn Milliarden Lichtjahre entfernt ist, sehen Sie sie natürlich nicht so, wie sie heute ist, sondern wie sie damals war. Errechnet man mittels Standardkerze (s. u.) aus dem jetzt empfangenen Licht dieser Galaxie die Expansionsrate, erhält man ein Maß für die Ausdehnung des Universums vor zehn Millionen Jahren. Dies sagt Ihnen, wie weit sich die Expansion seither verlangsamt oder beschleunigt hat, und daraus wiederum können Sie das Schicksal ableiten, das das Universums erwartet.

In anderen Worten: Anstatt die Materiemenge selbst zu ermitteln, versuchen Kosmologen heute die Gravitation dieser Materie zu berechnen, indem sie die Änderung der Expansion des Universums messen.

Dass dies nicht schon früher möglich war, hängt mit der Schwierigkeit zusammen, die Distanzen zu Galaxien, die zum Teil Milliarden von Lichtjahren von uns entfernt sind, exakt zu bestimmen. Teleskope sind nicht stark genug, um Einzelsterne solcher Galaxien aufzulösen, weshalb die Cepheiden-Standardkerzen-Methode, die Hubble und seine Nachfolger so erfolgreich einsetzten, hier nicht funktioniert.

Aber die Astronomen haben eine neue Art Standardkerze entwickelt, die Typ-Ia-Supernova. Ausgangspunkt hierzu ist eine bestimmte Art von Doppelsternsystem, bei der ein normaler Stern und ein Weißer Zwerg einander umkreisen. Im Laufe der Zeit entzieht der Weiße Zwerg seinem Begleiter Materie, und zwar solange, bis seine Masse etwa 1,44 Sonnenmassen entspricht. Dann fliegt er in die Luft. Weil Weiße Zwerge aber nur explodieren, wenn sie diese kritische Masse erreicht haben, dürften alle Typ-Ia-Supernovae in etwa identisch sein und können deshalb als Standardkerze herangezogen werden. Durch Beobachtung relativ naher Supernovae haben

NEUE STANDARDS
Die moderne »Standardkerze« – der helle Fleck am Rande dieser Galaxie – ist eine Typ-Ia-Supernova, die vor langer Zeit explodierte. Da alle Supernovae des Typs Ia mit derselben Energie detonieren, können wir aus ihrer scheinbaren Helligkeit die Distanz zur Erde errechnen. Wie vorher die Cepheidenveränderlichen, dürften diese stellaren Überreste unser Wissen über Komplexität und Maßstab des Universums deutlich erweitern.

Astronomen herausgefunden, dass sich aus dem zeitlichen Verlauf ihrer Helligkeitsänderung die Menge des tatsächlich abgestrahlten Lichts ableiten lässt.

Das heißt: Beobachtet man eine Supernova des Typs Ia in einer fernen Galaxie, kann daraus die abgestrahlte Lichtmenge errechnet und mit der auf der Erde empfangenen verglichen werden. Aus diesen Vergleichszahlen ermittelt man dann die Distanz zu der Galaxie. Bislang wurden mehr als hundert Typ-Ia-Supernovae in fernen Galaxien überwacht, die eine genaue Entfernungsbestimmung zuließen. Beim Vergleich der daraus bestimmten früheren Expansionsrate des Universums mit der heutigen gelangt man zu einem überraschenden Ergebnis: Die Hubble-Expansion verlangsamt sich nicht – nein, entgegen allen Erwartungen hat sie sich im Laufe der letzten 10 oder 12 Milliarden Jahre sogar beschleunigt!

Diese Tatsache lässt sich nur erklären, wenn man davon ausgeht, dass hier mehr Kräfte im Spiel sind als nur einfache Massenanziehung. Das Newtonsche Gravitationsgesetz allein reicht zur Erklärung nicht mehr aus. Es muss eine weitere Kraft im Universum geben, die auf große Distanzen wirksam wird – eine Art Antigravitation, die die Galaxien auseinanderdrückt. Sciencefiction-Fans alle mal herhören: Antigravitation scheint wirklich zu existieren! Tatsächlich brachte Albert Einstein schon in den 1920er Jahren eine solche Kraft zur Sprache und beschrieb sie als »kosmologische Konstante«, verwarf den Gedanken dann aber bald wieder. Dem heutigen Forschungsstand nach entscheidet sich das Schicksal des Universums folglich in dem Wettstreit zwischen der einwärts gerichteten Kraft der Gravitation und der auswärts weisenden jener mysteriösen Konstante. Zum einen bedeutet dies nun, dass sich das Universum bis in alle Ewigkeit weiter ausdehnt. Zum anderen, dass Astronomen die nächsten Jahrzehnte alle Hände voll zu tun haben werden, mittels Supernovae Entfernungen zu messen. Was uns wiederum nicht nur einen generellen Überblick über das Los des Universum, sondern auch ein sehr detailliertes Bild davon vermittelt, wie es tatsächlich enden wird.

Natürlich muss an dieser Stelle gesagt werden, dass die hier angesprochenen Entfernungen jegliche menschliche Vorstellungskraft übersteigen. Einsteins kosmologische Konstante ist etwas, das über Distanzen von Milliarden Lichtjahren wirksam wird. Sie impliziert keine gravierenden Änderungen in unserer Interpretation des Sonnensystems oder auch des Milchstraßensystems. Trotzdem ist es eine bahnbrechende Entdeckung, denn schließlich geht es in der Astronomie ja immer auch darum, das gesamte Universum zu verstehen. Und hier wird diese Erkenntnis sicher so manche Bildungslücke schließen.

WIE HAT ALLES ANGEFANGEN?

Genauso wichtig wie zu wissen, wohin wir gehen, ist die Frage, woher wir – respektive Erde, Sonnensystem, Milchstraße etc. – kommen. Nach derzeitigem Wissensstand weist alles darauf hin, dass das Universum seinen Anfang vor Jahrmilliarden in einem extrem heißen und dichten Zustand nahm. Ein Maß für unser Verständnis des Ganzen ist, wie weit wir zurückgehen und noch eine Erklärung finden können. Letztlich wird dies jedoch in der Frage münden, ob wir die Schöpfung erklären können. Und die Tragweite einer solchen Frage – im wissenschaftlichen wie im philosophischen Kontext – ist enorm.

Um den Urspung des Kosmos beschreiben zu können, muss man zunächst einmal verstehen, wie sich Materie bei extrem hohen Energien d.h. Temperaturen verhält: Hohe Temperaturen regen die Bausteine der Materie zu hohen Geschwindigkeiten an, was wiederum zu heftigen Kollisionen führt.

Spaltet man einen Atomkern, findet man Elementarteilchen – Protonen, Elektronen, Neutronen etc. –, und spaltet man auch diese, stößte man auf noch elementarere Dinge, die so genannten Quarks. In Teilchenbeschleunigern können wir verschiedene Teilchen mit nahezu Lichtgeschwindigkeit frontal aufeinanderprallen lassen. Für Sekundenbruchteile erzeugen diese Kollisionen in einem winzigem Raumgebiet von der Größe eines Protons Temperaturen vergleichbar denen, die vermutlich herrschten, als das Universum gerade eine Zehnmilliardstel Sekunde alt war.

In anderen Worten: Wir können im Labor Bedingungen schaffen, die seit jener Zeit im Universum nicht mehr existiert haben, und unsere Theorien erklären diese Wechselwirkungen überaus zufriedenstellend. Das heißt, wir sind heute in der Lage, den Ursprung des Universums sowohl experimentell als auch theoretisch bis auf eine Zehnmilliardstel Sekunde nach dem eigentlich Beginn nachzuvollziehen. Außerdem gibt es Theorien (aber noch keine Experimente), die noch weiter zurückreichen – bis auf 10^{-35} Sekunden (das sind 34 Nullen hinter dem Komma!) nach der Schöpfung.

Obwohl es noch nicht gelungen ist, im Labor dieselben Temperaturen zu erzeugen, die damals geherrscht haben dürften, machen es neueste Forschungserkenntnisse möglich, viele Merkmale unseres Universums theoretisch zu erklären. So können wir sagen, dass dieser winzigste Sekundenbruchteil die momentane theoretische Grenze unseres Wissens über den Urknall bildet.

Darüber hinaus stellen Wissenschaftler Vermutungen über die Geschehnisse vor diesem Zeitpunkt an – so genannte alles erklärende Theorien. Die wichtigsten Erkenntnisse auf diesem Gebiet dürfen wir im Laufe der nächsten Jahrzehnte wohl von Forschern erwarten, die logische Erklärungen für die kleinsten Bestandteile von Materie und deren Wechselwirkungen entwickeln.

Es ist nicht übertrieben zu hoffen, dass solche Theorien – so sie einmal gefunden sind – eine Erklärung dafür liefern, wie ein derart materiereiches Universum wie das unsere aus einem Vakuum entstehen konnte. Und eines Tages könnten wir sogar in der Lage sein, die ultimative Frage zu beantworten: Warum existiert das Universum überhaupt?

Natürlich sind wir als *Homo sapiens* Nachfahren von Primaten, die vor rund vier Millionen Jahren von den Bäumen herabstiegen und aufrecht zu gehen begannen. Das sich entwickelnde menschliche Gehirn erhöhte die Chancen unserer Ahnen, selbst in feindlicher Umgebung zu überleben. Und nach einer langen Entwicklungsgeschichte ist eben dieses Gehirn fähig, Vermutungen darüber anzustellen, was während der Schöpfung des gesamten Universums vor 10 oder 12 Milliarden Jahren geschah und welches Schicksal dasselbe Universum in Hunderten von Milliarden Jahren erwarten wird.

Die Geschichte des Kosmos ist mit Sicherheit Ehrfurcht gebietend. Aber das trifft auf die Geschichte der Spezies Mensch schließlich genauso zu. ●

VERGANGENHEIT UND ZUKUNFT

[nachfolgende Doppelseite] Von heftigen stellaren Winden aufgepeitscht, stieben heiße Gaswolken aus dem gigantischen Feuerball WR124, der zu einer äußerst seltenen kurzlebigen und extrem heißen Sternklasse gehört, die sich in einem turbulenten Übergangsstadium befindet – vermutlich auf dem Weg zum Weißen Zwerg. Der den Stern umgebende Nebel, er wird auf nicht einmal 10 000 Jahre geschätzt, ist so jung, dass er noch nicht mit den weiter außen gelegenen interstellaren Gasen kollidierte, wie es bei älteren Nebeln der Fall ist.

GLOSSAR

Absolute Größe (Absolute oder intrinsische Helligkeit) Die tatsächliche Helligkeit oder Leuchtkraft eines Objekts unabhängig von seiner Entfernung zu uns.

Absoluter Nullpunkt Eine Temperatur von -273 Grad Celsius oder 0 Kelvin; der Punkt, an dem jegliche Wärmebewegung aufhört.

Airglow (Luftleuchten) „Eigenleuchten" der Erdatmosphäre: eine schwache Lichterscheinung in der obersten Atmosphäre, verursacht durch von Sonnenstrahlung angeregten Luftmolekülen.

Akkretion Prozess, durch den ein kosmisches Objekt Materie aus seiner Umgebung aufsammelt. Hier: Zusammenballung kleinerer Körper zu Planeten.

Aktive Galaxie Sternsystem mit außergewöhnlich hoher Energieproduktion.

Antimaterie Eine Form der Materie, deren atomare Bausteine denen normaler Materie genau entgegengesetzt sind.

Aphel (Sonnenferne) *siehe* Apsiden

Apoapsis *siehe* Apsiden

Apogäum (Erdferne) *siehe* Apsiden

Apsiden Die beiden Punkte auf der elliptischen Bahn eines Himmelskörpers um einen anderen, für die die Entfernung zwischen den beiden Körpern jeweils am größten **(Apoapsis)** bzw. am kleinsten **(Periapsis)** ist. Bei einer Bahn um die Sonne spricht man von **Aphel** (Sonnenferne) und **Perihel** (Sonnennähe), bei einem Orbit um die Erde von **Apogäum** (Erdferne) und **Perigäum** (Erdnähe) und bei Doppelsternsystemen von **Apastron** (Sternferne) und **Periastron** (Sternnähe).

Asteroid Ein kleiner Gesteinskörper; die meisten Asteroiden umkreisen die Sonne im Asteroidengürtel zwischen Mars und Jupiter.

Astronomische Einheit (AE) Eine Längeneinheit; 1 AE entspricht der mittleren Entfernung Erde–Sonne, also 149,6 Millionen km.

Atom Die kleinste Einheit eines chemischen Elements, bestehend aus Atomkern (Protonen und Neutronen) und Atomhülle (den Kern umkreisende Elektronen).

„Big Crunch" (Endknall) Eine Theorie zum Ende des Weltalls, derzufolge das Universum eines Tages aufhören wird, sich weiter auszudehnen, und wieder kollabiert, so dass alle Materie und Strahlung erneut in einem einzigen Punkt zusammengeballt ist.

„Big Splash" Die Theorie, dass der Erdmond aus den Gesteinsbruchstücken eines Zusammenstoßes zwischen der Erde und einem etwa marsgroßen Objekt entstand, und so die Zusammensetzung unseres Trabanten erklärt.

Brauner Zwerg Ein „Möchtegern"-Stern; ein Körper mit sternähnlicher Zusammensetzung, der jedoch nicht genügend Masse besitzt, um eine Kernfusion von Wasserstoff zu Helium auszulösen.

Caldera Durch Einsturz kesselartig erweiterter Vulkankrater.

Cepheidenveränderlicher Ein heller Stern, der periodisch auf charakteristische Weise seine Leuchtkraft ändert, so dass daraus seine Entfernung zur Erde bestimmt werden kann.

Differenziation Entmischung einer homogenen Schmelze infolge unterschiedlichen Gewichts der Komponenten.

Doppelstern Zwei Sterne, die von der Erde ausgesehen sehr nahe beieinander liegen. Man unterscheidet echte Doppelsternsysteme, bei denen zwei Komponenten einen gemeinsamen Schwerpunkt umkreisen, und optische Doppelsterne, die nur zufällig in derselben Blickrichtung, tatsächlich aber weit auseinander stehen.

Doppler-Effekt Eine Änderung der Wellenlänge, die der Empfänger beobachtet, wenn sich Wellensender und Empfänger relativ zueinander bewegen.

Dunkelnebel Eine interstellare Wolke aus Gas und Staub, die Licht absorbiert und daher dunkel erscheint. Ein Beispiel ist der Pferdekopfnebel.

Dunkle Materie Galaktische Materie, die nicht sichtbar ist, da sie weder selbst leuchtet noch Licht reflektiert oder absorbiert, sondern nur durch ihre Gravitationswirkung erkennbar ist.

Emissionsnebel Eine interstellare Gaswolke, die durch die Strahlung umliegender heißer Sterne zum Leuchten angeregt wird.

Entweichgeschwindigkeit (Fluchtgeschwindigkeit) Die Geschwindigkeit, die ein Objekt benötigt, um dem Gravitationsbereich eines anderen Körpers zu entkommen.

Finsternis Vollständige (totale) oder teilweise (partielle) Verdeckung des Lichts eines Himmelskörpers durch einen vor ihm vorüberziehenen anderen.

Flaches Universum Ein Universum, dessen Expansion sich immer mehr verlangsamt, aber erst nach unendlich langer Zeit zum Stillstand kommt.

Flare Ausbruchartige Freisetzung magnetischer Energie, häufig begleitet von starker Strahlung und Plasmawolken, die in den Weltraum geschleudert wurden. Eine Verbindung zu Sonnenflecken ist nachgewiesen. *Siehe auch* Koronale Eruption

Galaxie (Sternsystem) Eine massereiche, scheibenförmige oder sphäroidische Ansammlung von Sternen, Gas und Staub, die durch gegenseitige Gravitation zusammengehalten werden.

Galaxis *siehe* Milchstraße

Galileische Monde Die vier größten Jupitersatelliten: Io, Europa, Ganymed und Kallisto, die Galileo Galilei (1564–1642) entdeckte.

Gasriesen Vier der fünf äußeren Planeten des Sonnensystems: Jupiter, Saturn, Uranus und Neptun.

Geschlossenes Universum Ein Universum, das irgendwann aufhört sich weiter auszudehnen und in einem „Big Crunch" wieder in sich zusammenstürzt.

Gravitation (Massenanziehung) Die Kraft, mit der ein Himmelskörper aufgrund seiner Masse alle anderen Körper anzieht.

Gravitationslinse Die Ablenkung von Licht einer weit entfernten Galaxie oder eines Quasars durch das Gravitationsfeld einer näher gelegenen Galaxie oder Sternansammlung, die den Beobachter mehrere Bilder der einen Quelle wahrnehmen lässt.

Hauptreihenstern Sterntyp aus der Mitte des Hertzsprung-Russel-Diagramms, der seine Energie durch Kernfusion von Wasserstoff zu Helium erzeugt. Die meisten Sterne (auch unsere Sonne) liegen auf der Hauptreihe.

Heliopause Eine Grenze des Sonnenystems, etwa 100 AE entfernt, wo der Sonnenwind und das Magnetfeld der Sonne in das Magnetfeld der Galaxie übergehen.

Hubble-Gesetz Der Lehrsatz, dass sich eine Galaxie umso schneller von uns fort bewegt, je weiter sie entfernt ist.

Ion Durch Abgabe oder Aufnahme von Elektronen positiv oder negativ geladenes Atom.

Kernfusion Die Verschmelzung kleiner Atome zu größeren, bei der Energie erzeugt wird.

Kernspaltung Die Aufspaltung eines Atomkerns in seine Bestandteile unter Freisetzung von Energie.

Komet Ein kleinerer Körper aus Eis, Staub und fester Materie, der eine elliptische Bahn um die Sonne beschreibt und in ihrer Nähe einen leuchtenden Schweif ausbildet.

Kometare Knoten In einigen Planetarischen Nebeln beobachtete tropfenförmige Verdichtungen; sie entstehen vermutlich, wenn heiße, frisch ausgestoßene Gashüllen ältere, kühlere überholen, die sich langsamer ausbreiten.

Konstellation *siehe* Sternbild

Kontinentaldrift Die plattentektonisch bedingte Bewegung der Erdteile.

Konvektion Durch Temperaturunterschiede hervorgerufene Ausgleichsströmung in Gasen, Flüssigkeiten und Schmelzen (warme Zellen steigen auf, kalte sinken ab).

Korona Die heiße, stark ionisierte, leuchtende äußerste Schicht der Sonnenatmosphäre.

Koronale Eruption Gewaltiger Plasmaausstoß von der Sonne, häufig in Verbindung mit Strahlungsausbrüchen der Sonne (Flares).

Kosmologie Die Lehre von Ursprung, Entwicklung und Aufbau des Universums.

Kugelhaufen Eine weitgehend kugelförmige Ansammlung von vielen Tausend relativ alten Sternen innerhalb einer Galaxie.

Kuiper-Gürtel Ein Band weit verstreuter Eisklumpen, die die Sonne außerhalb der Planetenbahnen aber innerhalb der Oortschen Wolke umkreisen.

Lagrange-Punkt (Librationspunkt, Gleichgewichtspunkt) Ein Ort im Raum, an dem sich die Gravitationskräfte von Sonne und Erde genau aufheben.

Lichtjahr (LJ) Entfernungseinheit: 1 LJ = die Distanz, die Licht in einem Jahr zurücklegt (9 460 700 000 000 km oder mehr als 60 000 AE).

M-Nummer (Messier-Nummer) Die Zahl, die der Astronom Charles Messier (1730–1817) in seinem Katalog nebelhaft erscheinenden Himmelsobjekten zuwies.

MACHOs Akronym für massereiche, kompakte Halo-Objekte; möglicher Bestandteil der u. a. für den Gravitationslinseneffekt verantwortlichen Dunklen Materie.

Magellansche Wolken (Große und **Kleine)** Zwei irreguläre Galaxien nahe der Milchstraße; beide sind von der Südhalbkugel aus gut beobachtbar.

Magnetosphäre Der Raumbereich, in dem das Magnetfeld eines Planeten den Sonnenwind dominiert.

Meteor (Sternschnuppe, Feuerkugel) Leuchtspur am Himmel, verursacht durch ein kleines Objekt aus dem All, das beim Eintritt in die Erdatmosphäre verglüht.

Meteorit Ein interplanetarer Kleinkörper, der beim Eintritt in die Erdatmosphäre nicht vollständig zerstört wird, sondern die Erdoberfläche erreicht.

Meteoroid Ein die Sonne umkreisender Kleinkörper.

Milchstraße Unsere Heimatgalaxie (Galaxis), mit einem geschätzten Durchmesser von 100 000 LJ und Milliarden von Sternen. In klaren Nächten sehen wir einen Teil der Milchstraße als schwach leuchtendes Band am Firmament.

Nebel Eine interstellare Wolke aus Gas und Staub. Ursprünglich Bezeichnung für alle nicht scharf begrenzten Himmelskörper außerhalb des Sonnensystems.

Neutronenstern Endstadium im Leben eines Sterns mit weniger als drei Sonnenmassen. Er ist extrem dicht und entsteht vermutlich in Folge einer Supernova. Aus kleineren Sternen werden Weiße Zwerge, aus größeren Schwarze Löcher.

Offenes Universum Ein Universum, das sich unendlich ausdehnt, da die Gravitation seiner Gesamtmaterie nicht ausreicht, um die Initialkraft des Urknalls abzuschwächen oder gar zu stoppen.

Oortsche Wolke Eine das Sonnensystem jenseits von Planetenbahnen und Kuiper-Gürtel umgebende kugelförmige Region voller Kometen (etwa 40 000–50 000 AE von der Sonne entfernt).

Orbit Umlaufbahn eines Satelliten um einen größeren, massereicheren Himmelskörper.

Periapsis *siehe* Apsiden

Perigäum (Erdnähe) *siehe* Apsiden

Perihel (Sonnennähe) *siehe* Apsiden

Photosphäre Die sichtbare Oberfläche der Sonne.

Planet Ein Himmelskörper, der größer ist als ein Asteroid, aber kleiner als ein Stern. Planeten umlaufen einen Stern und senden kein eigenes Licht aus, können aber Sonnen- bzw. Sternenlicht reflektieren.

Planetarischer Nebel Eine sich ausdehnende Gashülle um einen einzelnen heißen Stern; Stadium im Leben eines sonnenähnlichen Sterns auf dem Weg vom Roten Riesen zum Weißen Zwerg. Die im 19. Jahrhundert geprägte Bezeichnung geht auf den irrtümlichen Glauben zurück, es handle sich um eine frühe Phase der Planetenbildung.

Planetesimal Kleiner Körper aus kondensiertem Gas und Staub der Urmaterie, aus dem Planeten und Asteroiden entstanden.

Plasma Der vierte Aggregatszustand von Materie, bestehend aus hoch ionisiertem, sehr heißem Gas.

Polarlicht In der Atmosphäre eines Planeten (vorwiegend an den Polgebieten) auftretende Leuchterscheinung. Ursache ist die Wechselwirkung von Sonnenwind und Magnetfeld des Planeten, die die Atome der Hochatmosphäre zum Leuchten anregt.

Pulsar Ein rasch rotierender Neutronenstern, der in regelmäßiger Folge Pulse von Licht und Radiowellen aussendet.

Quasar Ein sehr weit entfernter sternähnlicher Himmelskörper mit ausgeprägter Rotverschiebung; Abkürzung für quasistellares Objekt.

Radiogalaxie Der häufigste Typ aktiver Galaxien, die vorwiegend Radiofrequenzen aussendet.

Riese (Riesenstern) Ein Stern mit etwa 100fachem Durchmesser unserer Sonne und entsprechender Leuchtkraft.

Röntgenstern Ein Sterntyp, der Strahlung im Röntgenbereich aussendet (kürzer als Ultraviolett-, aber länger als Gammastrahlung).

Rotation Die Drehung eines Körpers um seine eigene Achse.

Roter Zwerg Ein Stern mit geringerer Masse und Oberflächentemperatur als die Sonne.

Roter Riese Ein relativ kühler Stern, in dessen Innerem keine Kernfusion von Wasserstoff zu Helium mehr stattfindet und der auf ein Vielfaches seiner ursprünglichen Größe angewachsen ist.

Rotverschiebung Die durch den Doppler-Effekt bedingte Verschiebung von Spektrallinien zum roten Ende des Spektrums hin.

Satellit (Mond, Trabant) Ein kleinerer Himmelskörper, der einen Planeten umläuft und durch Gravitation an ihn gebunden ist.

Scheinbare Bewegung Bewegung eines Himmelskörpers in Relation zu weiter entfernten Körpern.

Scheinbare Größe (Scheinbare Helligkeit) Die Helligkeit eines Sterns, wie wir sie von der Erde aus sehen.

Schwarzer Zwerg Theoretischer Zustand eines Weißen Zwergs, der sämtliche Energie abgestrahlt hat und nurmehr aufgrund seiner Gravitation auffindbar ist.

Schwarzes Loch Ein kollabierter massereicher Stern mit derart starkem Gravitationsfeld, dass weder Materie noch Strahlung (z. B. Licht) in die Umgebung entweichen können.

SETI Akronym für „Search for Extra Terrestrial Intelligence"; die Jagd auf elektromagnetische Signale, die die Existenz anderer Lebensformen im Kosmos vermuten lassen könnten.

Solarer Nebel Eine rotierende Scheibe aus Gas und Staub, aus der das Sonnensystem hervorgegangen sein dürfte.

Sonnenprotuberanz Von der Sonnenoberfläche ausgestoßene leuchtende Materiewolke, deren Form vom Magnetfeld der Sonne bestimmt wird.

Standardkerze Ein Himmelsobjekt, aus dessen (bekannter) Leuchtkraft sich seine Distanz berechnen lässt und das Schätzwerte über die Entfernung von Galaxien ermöglicht. Beispiele sind Cepheidenveränderliche und Supernovae vom Typ Ia.

Sternbild (Konstellation) Im Grunde willkürlich festgelegte Himmelsregion oder Sterngruppe, die von verschiedenen Kulturen mit mythischen Gestalten, Tieren oder Gegenständen in Verbindung gebracht wird. Die Himmelssphäre ist in 88 Sternbilder aufgeteilt.

Supernova Explosion am Lebensende bestimmter Sterne, bei der immense Mengen elektromagnetischer Strahlung freigesetzt werden. Die Explosion eines Weißen Zwergs in einem Doppelsternsystem erzeugt eine Supernova vom Typ Ia, Typ-II-Supernovae resultieren aus dem Kollaps massereicher Sterne mit mehr als 9facher Sonnenmasse.

Terrestrische Planeten Die vier der Sonne nächsten Planeten: Merkur, Venus, Erde und Mars.

Urknall („Big Bang") Eine Theorie zum Ursprung des Weltalls, derzufolge vor 12 Milliarden Jahren alle Materie und Strahlung von einem einzigen Punkt ausging.

Weißer Zwerg Endstadium im Leben eines sonnenähnlichen Sterns, dessen Energievorrat erschöpft ist und der nurmehr schwach leuchtet.

WIMP Akronym für „Weakly Interacting Massive Particle", ein subatomares Teilchen, das sich frei durch Materie bewegt und Bestandteil der Dunklen Materie sein könnte.

REGISTER

Halbfett gedruckte Seitenzahlen verweisen auf Abbildungen

AUTOREN / DANKSAGUNG / BILDNACHWEIS

AUTOREN

James Trefil ist Professor für Physik an der George Mason University und Mitglied des Science Advisory Board for National Public Radio und hat bereits zahlreiche populärwissenschaftliche Bücher verfasst, darunter in deutscher Übersetzung *Lauter Gründe, warum die Welt ganz anders ist. Die Rätsel des Kosmos, die Grenzen des Wissens* (München 1998) und *Physik in der Berghütte. Von Gipfeln, Gletschern und Gestein* (Reinbek 1994). Trefil, der u.a. mit dem AAAS-Westinghouse Award für Wissenschaftsliteratur ausgezeichnet wurde, schreibt regelmäßig für *Smithsonian, Science* und *USA Today.*

David H. Levy, einer der erfolgreichsten Kometenjäger aller Zeiten, ist Autor von 21 Büchern und Wissenschaftsredakteur der Zeitschrift *Parade.* Beiträge von ihm erscheinen regelmäßig in Fachzeitschriften wie *Sky & Teleskope* und *Skynews,* und er hat über 500 Vorträge gehalten. Der Asteroid 3673 (Levy) trägt seinen Namen. Levy lebt mit seiner Frau Wendee und einem Beagle in Vail, Arizona.

DANKSAGUNG

Die Redaktion dankt allen in diesem Buch erwähnten Einzelpersonen, Gruppen und Organisationen für ihre Mitarbeit und Hilfe. Insbesondere gilt unser Dank Stephen P. Maran, der den gesamten Text überprüfte. Außerdem danken wir: Tom Ayres, Reta Beebe, Alan Boss, Lyn Clement, William Cochran, Arthur Cox, Jim Elliot, Andy Freed, Owen Gingerich, Ronald Greeley, Joseph Gurman, Heidi Hammel, William Hubbard, David Jewitt, Dennis Matson, Lucy McFadden, Patric McGovern, Robert Pappalardo, Carolyn Porco, Philip Sherrer, Seth Shostak, David Spergel, Paul Spudis, Robert Strom, Charles Tolbert, Virginia Trimble und Stan Woosley.

BILDNACHWEIS

Schutzumschlag vorne mit freundlicher Genehmigung von Jeff Hester, Paul Scowen (Arizona State University) und NASA; Schutzumschlag hinten John Spencer (Lowell Observatory) und NASA; 2–3 Hui Yang (University of Illinois) und NASA; 4 li The SOHO EIT Consortium (SOHO ist ein Gemeinschaftsprogramm von ESA und NASA; 4 ro David Crisp und WFPC2 Science Team (Jet Propulsion Laboratory/California Institute of Technology) und NASA; 5 li Reta Beebe, Amy Simon (New Mexico State Univ.) und NASA; 5 ro STScI, AURA, und NASA; 6 Hubble Heritage Team (AURA/STScI/NASA); 10 NASA/JPL/Hubble Space Telescope; 11 Dr. Peter McGregor und Mark Allen, Australian National University; 12 R. Sahai und J. Trauger (JPL), WFPC2 Science Team und NASA; 14–15 (beide) Michael Hauser (Space Telescope Science Institute), COBE/DIRBE Science Team und NASA; 20 Palomar Observatory, Mit freundlicher Genehmigung von AIP Emilio Segrè Visual Archives; 21 NASA; 22–23 The SOHO EIT Consortium (SOHO ist ein Gemeinschaftsprogramm von ESA/NASA); 24 ESA/NASA; 25 A. Caulet (ST-ECF, ESA) und NASA; 28–29 LASCO, SOHO Consortium, NRL, ESA, NASA; 32–33 U.S. Air Force 55th Space Weather Squadron; 34–35 Steve Albers, Dennis di Cicco (Sky &Telescope magazine), Gary Emerson (E.E. Barnard Obs); 36–37 (alle) The SOHO EIT Consortium; SOHO ist ein Gemeinschaftsprogramm von ESA und NASA; 38–39 (beide) SOHOEIT Consortium, ESA, NASA; 40 Mit freundlicher Genehmigung von National Solar Observatory/Sacramento Peak; 40–41 T. Rimmele, M. Hanna/AURA/NOAO/NSF; 42–43 NASA/USGS; 44–45 (beide) NASA/NSSDC; 47 Calvin J. Hamilton; 48–49 NASA; 50 NASA; 52–53 Original NASA Fotografie, gedruckt nach Digitalvorlage © Corbis; 55 NASA/digitalisiert von Calvin J. Hamilton; 56–57 NASA; 59 Phil James (Univ. Toledo), Steve Lee (Univ. Colorado), NASA; 60–61 NASA/JPL/Caltech; 62 Archive Photos; 63 NASA/National Science Foundation; 64 NEAR Spacecraft Team, JHUAPL, NASA; 64–65 R. Evans & K. Stapelfeldt (JPL), WFPC2, HST, NASA; 66–67 Astrogeology Team, U.S. Geological Survey; 68–69 NASA/JPL/Caltech; 69 NASA/NSSDC; 70–71 NASA/JPL/Caltech; 72–73 Bild von Solar System Visualization Project und Magellan Science Team im JPL Multimission Image Processing Laboratory; 73 NASA/JPL/Caltech; 74–75 NASA/NSSDC; 76–77 NASA/NSSDC; 78–79 (beide) NASA/JPL/Caltech; 80–81 Original NASA Fotografie, gedruckt nach Digitalvorlage © Corbis; 82 (beide) SeaWiFS Project, ORBIMAGE, GSFC, NASA; 82–83 SVS TOMS, NASA; 84–85 NASA/JPL/Caltech; 86–87 NASA/JPL/_Caltech; 88–89 NASA/JPL/Caltech; 89 EOSAT; 90–91 Naval Research Laboratory; 92–93 NASA/JPL/Caltech; 94–95 NASA; 96 Apollo 16, NASA; 97 Naval Research Laboratory; 98–99 (beide) NASA; 100–101 Datenverarbeitung durch NASA Goddard Spaceflight Center und U.S. Geological Survey; 102–103 Greg Shirah, SVS; 104 oben Viking Project, JPL, NASA; 104 unten NASA/NSSDC; 104–105 USGS, The Viking Project, NASA; 106–107 (beide) NASA/JPL/Caltech; 108–109 NASA/JPL/Caltech; 110–111 NASA/JPL/Caltech; 112–113 Galileo Project, JPL, NASA; 114–115 Mit freundlicher Genehmigung von V.L. Sharpton, LPI; 115 B. Zellner (GSU), P. Thomas (Cornell), et al., WFPC2, HST, NASA; 116–117 NASA/JPL/Caltech; 118 NASA/JPL/Caltech; 118–119 Galileo Project, JPL, NASA; 122–123 (beide) Galileo Project, JPL, NASA; 127 Reta Beebe (New Mexico State University), D. Gilmore, L. Bergeron (STScI) und NASA; 128–129 NASA/JPL/Caltech; 130 NASA/JPL/Caltech; 131 H. Hammel (Massachusetts Institute of Technology) und NASA; 132–133 NASA/JPL/Caltech; 134 A. Stern (SwRI), M. Buie (Lowell Obs.), NASA, ESA; 138–139 NASA/JPL/Caltech; 140–141 NASA/JPL/Caltech; 142–143 NASA/JPL/Caltech; 144–145 M. Belton (NOAO), J. Burns (Cornell University), et al., Galileo Project, JPL, NASA; 146 The Galileo Project, NASA; 147 John Spencer (Lowell Observatory), NASA; 148 NASA/JPL/Caltech; 148–149 NASA/NSSDC; 150–151 (beide) Galileo Project, JPL, NASA; 152–153 Erich Karkoschka (University of Arizona) und NASA; 154 oben NASA, JPL, Voyager 2; 154 unten NASA, Voyager 1; 154 155 mit freundlicher Genehmigung von J.T. Trauger (Jet Propulsion Laboratory) und NASA; 156 NASA, Jet Propulsion Laboratory, Voyager Project; 157 Erich Karkoschka (University of Arizona Lunar & Planetary Lab) und NASA; 158–159 Erich Karkoschka (University of Arizona) und NASA; 160 NASA/NSSDC; 161 oben Astrogeology Team (USGS), The Voyager Project; 161 unten NASA/NSSDC; 162–163 NASA/JPL/Caltech; 164 NASA/NSSDC; 165 NASA/NSSDC; 166 A. Stern (SwRI), M. Buie (Lowell Obs.), NASA, ESA; 166–167 Dr. R. Albrecht, ESA/ESO Space Telescope European Coordinating Facility, NASA; 168–169 J. C. Casado; 170 Royal Observatory, Edinburgh; 170–171 European Southern Observatory; 172–173 Mit freundlicher Genehmigung von J. Morse (University of Colorado) und NASA; 174–175 Nino Panagia, Roberto Gilmozzi (STScI/ESA), Shawn Ewald (JPL), und NASA; 176 D. Padgett (IPAC/Caltech), W. Brandner (IPAC), K. Stapelfeldt (JPL) und NASA; 178–179 FORS Team, 8,2-Meter VLT, ESO; 180 Anglo-Australian Observatory, Foto von David Malin; 182–183 Anglo-Australian Observatory/Royal Observatory Edinburgh-Fotografie von UK Schmidt-Platten von David Malin; 186 Philippe Crane (European Southern Observatory) und NASA; 188–189 Q. Daniel Wang (NWU), UM/CTIO, UIT, ROSAT; 194–195 FORS Team, 8,2-Meter VLT Antu, ESO; 197 Christopher D. Impey (University of Arizona); 198–199 Robert Williams und Hubble Deep Field Team und NASA; 200–201 Jeff Hester und Paul Scowen (Arizona State University) und NASA; 202 C. O'Dell und S. Wong (Rice U.), NASA; 203 Rodger Thompson, Marcia Rieke, Glenn Schneider, Susan Stolovy (University of Arizona), Edwin Erickson (SETI Institute/AMES Research Center), David Axon (STScI) und NASA; 204–205 Foto von Jerry Lodriguss; 206 Anglo-Australian Observatory, Foto von David Malin; 206–207 C. Robert O'Dell und Kerry P. Handron (Rice University, Houston, Texas) und NASA; 208 Hubble Heritage Team (AURA/STScI/NASA); 209 oben li R. Thompson (U. Arizona) et al., NICMOS, HST, NASA; 209 unte li Matt Bobrowsky, Orbital Sciences Corporation und NASA; 209 oben re J.P. Harrington und K.J. Borkowski (University of Maryland) und NASA; 209 unten re B. Balick (U. Washington) et al., WFPC2, HST, NASA; 210–211 Bruce Balick (University of Washington, Vincent Icke (Leiden University, The Netherlands), Garrelt Mellema (Stockholm University) und NASA; 212–213 Hubble Heritage Team (AURA/STScI/NASA); 213 H. Bond (STScI) und NASA; 214–215 Till Credner & Sven Kohle, Bonn University, Calar Alto Observatory; 216–217 Hubble Heritage Team (AURA/STScI/NASA); 217 Anglo-Australian Observatory, Foto von David Malin; 218–219 (beide) J.J. Hester (Arizona State University), WFPC, HST, NASA; 220–221 P. Seitzer (U. Michigan); 222–223 Rex Saffer (Villanova University), Dave Zurek (STScI) und NASA; 223 Michael Rich, Kenneth Mighell und James D. Neill (Columbia University) und Wendy Freedman (Carnegie Observatories) und NASA; 224–225 H. Ford und L. Ferrarese, (Johns Hopkins), W. Jaffe, Leiden, NASA; 226–227 H. Ford (JHU und STScI), R. Harms (ARC), NASA; 227 Gary Bower, Richard Green (NOAO), STIS Instrument Definition Team und NASA; 228–229 (alle) John Bahcall (Institute for Advanced Study, Princeton), Mike Disney (University of Wales), und NASA; 230–231 STScI, AURA, und NASA; 232 IAC, Foto von Isaac-Newton-Teleskopplatten von David Malin; 233 T. Boroson (NOAO/USGP), William C. Keel, University of Alabama/NOAD; 234–235 Brad Whitmore (STScI) und NASA; 236 Kirk Borne (STScI) und NASA; 237 G. Fritz Benedict, Andrew Howell, Inger Jorgensen, David Chapell (University of Texas), Jeffery Kenney (Yale University), und Beverly J. Smith (CASA, University of Colorado) und NASA; 238–239 E.J. Schreier, (STScI) und NASA; 240–241 Foto von Jerry Lodriguss; 242 Galileo Project, University of Arizona, JPL, NASA; 246 High-Z Supernova Search Team, HST, NASA; 248–249 Mit freundlicher Genehmigung von Y. Grosdidier (Université de Montreal und Observatoire de Strasbourg), A. Moffat (Université de Montreal), G. Joncas (Université Laval), A. Acker (Observatoire de Strasbourg) und NASA.

GEHEIMNISSE DES KOSMOS
DIE SPEKTAKULÄRSTEN BILDER DES UNIVERSUMS
Von James Trefil
Vorwort von David H. Levy

Veröffentlicht von der National Geographic Society
John M. Fahey, Jr. *President and Chief Executive Officer*
Gilbert M. Grosvenor *Chairman of the Board*
Nina D. Hoffman *Senior Vice President*

Herausgegeben von der Buchredaktion
William R. Gray *Vice President und Director*
Charles Kogod *Assistant Director*
Barbara A. Payne *Editorial Director und Managing Editor*
David Griffin *Design Director*

Mitarbeiter an diesem Buch
Tom Melham *Project Editor und Text Editor*
Charles Kogod *Illustrations Editor*
David Griffin *Art Director*
Rebecca Beall Barns *Researcher*
Tom Melham, James Trefil *Bildlegenden*
Alexander L. Cohn *Research Assistant*
R. Gary Colbert *Production Director*
Lewis R. Bassford *Production Project Manager*
Richard Wain *Production*
Sharon Kocsis Berry *Illustrations Assistant*
Peggy Candore *Assistant to the Director*
Dale-Marie Herring *Staff Assistant*
Deborah Patton *Indexer*

Herstellung und Qualitätskontrolle
George V. White *Director*
John T. Dunn *Associate Director*
Clifton M. Brown *Manager*
James J. Sorensen *Budget Analyst*

TITEL DER AMERIKANISCHEN ORIGINALAUSGABE

Other Worlds. Images of the Cosmos from Earth and Space

DEUTSCHE AUSGABE

Steiger Verlag, 2000 Weltbild Ratgeber Verlage GmbH & Co. KG, München

Übersetzung aus dem Amerikanischen:

Dr. Eva Dempewolf, Starnberg

Fachredaktion:

Margit Röser, Reichartshausen

Die Deutsche Bibliothek – CIP-Einheitsaufnahme

Ein Titeldatensatz für diese Publikation ist bei der Deutschen Bibliothek erhältlich

Printed in Spain

ISBN 3-89652-230-2